JN255660

外濠の近代

水都東京の再評価

高道昌志 著

法政大学出版局

はじめに

東京の外濠を正しく説明するとすれば、「近世城郭最大の規模を誇る江戸城の総構えで、国の史跡に指定された歴史遺産」、おそらくこのような言い回しが適当であろう。確かに外濠は江戸城のお濠であるし、市域をかたちづくった巨大な土木構造物でもあることに違いはない。けれども、いまを生きる私たちにとって外濠といえば、土手を走る鉄道や土手公園でのお花見、あるいは電車の車窓から見える釣り堀や水上レストランなど、もっと身近な風景がイメージされるように思う。

以前、外濠周辺にお住まいの方々にインタビューを行ったことがある[1]。そのとき、とてもおもしろい話を聞くことができた。戦後直後から高度成長期にかけての時代、外濠の土手や護岸は、自由に立ち入ることのできる、とても開放的な場所であったという。そこには、釣りをする人や、凧揚げをする人などがいて、なにより子供にとってかっこうの遊び場であったというのだ。土手の斜面を自転車で駆け下りた、という痛快なエピソードを聞いたとき、外濠がいまの様子からは想像もつかないほどに、精神的にも身体的にも近い存在であったことを思い知った。

人々にとって身近だったのはなにも土手だけではないようだ。ボート場での思い出はもとより、神田川のほうには船便があったという記憶も、様々な場面で教えて頂くことができた。それはまさに、史跡というよりはひとつの水辺の生活舞台としての光景である。

戦前の様子にも目を向けてみよう。その頃の新聞記事を見てみると、お濠まわりでマラソンが開催された話題や魚の養殖が行われた事実、さらには土左衛門があがったことや飛行機が墜落した事件など、活き活きとした描写からネガティブな話題まで、実に多様なエピソードを見つけることができる。[2] こうして見てみると、かつての外濠という巨大な環境空間には、人々の営みや社会的な関心がいま以上につよく向けられていた、という状況が思い起こされるのである。

しかし考えてみれば、防衛上のお濠であった外濠は、本来であれば人を寄せつけないことがその本分に違いない。それにも関わらず、これほどまでに人々の関心をひきつけるようになった経緯とは、いったいどのようなものであったのだろうか。おそらく、その最初のきっかけとなったのが、明治維新による社会の変動である。城郭としての機能を失ったことを契機として、外濠という場所には様々な人々の要請が向けられ、地域に開かれた生活の舞台として変貌していったと考えられるのである。

もちろん、その背景には、土地の処分をはじめとした近代の都市政策が深く関わっていたことは言うまでもない。しかし、ここで特に強調しておきたいのは、外濠という場所と、周辺のまちが交わしてきた、応答の軌跡である。外濠という環境空間の価値や特性は、史跡であるという歴史的な価値をベースとしながらも、普段の生活のなかでそこを活用してきた人々の営みによって、意味を成すものとして考えてみたい。

東京はいま、二〇二〇年のオリンピック・パラリンピックを目前に控え、再開発や高層マンションの建設によって急速な変化の渦中にある。大規模かつ面的に繰り広げられるその目まぐるしい変化のなかで、いま求められているのは、都市全体のビジョンを問う大きな視野と、それと同時に、個々の地域が持つ魅力や価値を丁寧に紡ぎ、ひろく発信していく、足元からの眼差しであるように思う。小さな魅力ある個の集合が、大規模な開発だけに飲み込まれない、多様性のある東京の姿を引き立ててくれると思えるのである。開発ラッシュが一段落する二〇二〇年以降を思えばなおさらのことであろう。

このとき、外濠と地域が育んできた歴史が、多くのヒントを与えてくれる。外濠は約四〇〇年という歴史を持ちながら、「外濠とまち」といった主題があまり意識されてこなかった。個々に魅力的なまちが広がっているにも関わらず、全体を結んでいくひとつのコンセプトが不在だったのである。しかし、まちを捉える焦点を外濠（＝水辺）へとすこしだけスライドさせてやることで、この一帯はまとまりを持ったひとつの地域として輪郭を帯びてくる。固有の歴史遺産でありながら、水と緑の環境空間でもある外濠と、そこで営まれた人々の諸活動、その相互関係という見方は、このまちに新たな意味を与えてくれるはずである。

本書が題材とするのは、明治期というごく限られた期間に過ぎないが、上記のような「外濠とまち」の関係が一気に育まれた瞬間こそ、まさにこの時代であった。城郭という限定された機能から、生活の舞台として変貌していく様子は、外濠の開放という言い方もできるかもしれない。そのような状況と比べれば、現代の外濠は決して開かれた空間とは言いがたいものの、冒頭で触れたように、わずか数十年前までは、より地域にとって馴染み深い場所であったこともまた事実である。

外濠はこの数十年の間で、飯田濠が反対運動のなか埋め立てられるという事態を経験し[3]、土手の立ち入り制限という時代的な制約を受けてきた。それらの評価は難しいものの、その一方で、水質改善に向けた動きや、コミュニティ形成を目指した地域活動など、外濠を中心としたポジティブな動きもまた、近年では活発に見られるようになってきた[4]。「外濠とまち」の関係は、その萌芽であった明治期と地続きに、いまもなお変化を続け、未来へ向けて開かれているのである。東京をかたちづくるひとつの水辺として、そしてその未来に向けての足がかりを得るために、外濠の過去の姿にスポットを当てていきたい。

最後に、本書は著者が二〇一六年三月に提出した博士論文の内容をベースに、一部加筆や修正を加えたものである。全体の構成は、本論を三部によってまとめているが、その内容は、第2章で前提となる外濠の背景を押さえ、第3・4・5章で外濠の水際である土手とまちとの関係を、そして第6・7章では周囲のまちの変化を外濠との関係から見ていくものである。その流れは、下流域から徐々に舟で遡上しながら上陸し、そのままま ちへと歩を進めていくイメージである。とはいえ、各章は独立した一本の報告としてまとめられているので、どの章から読みはじめて頂いても、問題のないような内容になっている。全体の流れを念頭に置いたうえで、関心のあるところから読み進め、外濠のイメージを広げていっていただければ幸いである。
それでは、現代そして未来へつながる、外濠のまちの歴史の断片へと、針路を取ることにしたい。

注 釈

(1) 法政大学エコ地域デザイン研究所編『外濠――江戸東京の水回廊』(鹿島出版会、二〇一二年四月、一三七〜一四三頁)の「外濠の生活史」、ならびに、二〇一七年四月二二日に開催された、地域活動「第8回外濠市民塾　外濠をあそぶ――未来へつなげる地域の記憶と体験」で実施したインタビューより。
(2) 渡邊翔太および福井恒明「明治・大正・昭和期の新聞記事にみる江戸城外濠・内濠」『景観・デザイン研究講演集』一一号、土木学会、二〇一五年一二月、二二〜二六頁。
(3) 昭和四七年(一九七二)に、市街地再開発事業として、飯田濠を埋め立て、再開発ビルが建設されることが決定されたが、これに対して地元住民の有志が集い、反対運動を起こした。現在、飯田橋駅西口の外堀通り沿いに、それを記念した看板が残る。
(4) 例えば、法政大学エコ地域デザイン研究センター、東京理科大学神楽坂地域デザインラボ、大日本印刷株式会社ソーシャルイノベーション研究所が主催する「外濠市民塾」や、地元町会による外濠再生に向けた提言の作成を目指した「外濠再生懇談会」、水循環によって外濠の環境改善を目指す「水循環都市東京シンポジウム」の活動を挙げることができる。

目次

第1章

東京と外濠

水都へのアプローチ

1 江戸東京の水辺

水辺とは何か

近年、水辺がおおいに注目を集め、地域振興や活性化を目的とした取り組みやイベントが、日本各地で見られるようになった。戦後の都市開発による負のイメージによって、人々の意識から長らく遠のいていた水辺は、いまや都市生活のトレンドとして取り入れられるまでに、そのポテンシャルを回復しつつある。

人が水辺に惹かれる理由はどこにあるのか。おそらく、そこが公共空間であることに加え、地域の歴史や個性を最も分かりやすく実感し、体験できる場所であることが大きいように思う。近年、東京でも、隅田川沿いのテラスや観光船が賑わう様子を見ることができるが、おそらくそれも、そこが最も東京らしく、または江戸情緒を感じさせる場所として人々に受け入れられているからではないだろうか。水辺はその地域や町の特性を写し出すスクリーンのような場所であるように思えるのである。

外濠も東京の水辺のひとつであるが、城郭を成す要害として造成された外濠は、隅田川や日本橋のような、東京を代表する華やかな水辺とは、事情がかなり異なっている。しかし、そこにはそれぞれの歴史的な経過によってかたちづくられた、独自の空間特性を見出すことができる。ひとことに水辺といっても、その存在形態は多様で、また地域との関係についても様々なケースが想定できるはずである。

そこで、外濠という水辺に迫っていくために、まずは「水辺とは何か?」という前提について整理を行いたい。それは、「なぜ外濠なのか?」という、本書の根底を成すフレームに関わる重要な問題でもある。単に水があるから水辺、ということではなく、文化や社会、生活など、水が都市に与えうる根源的な意味まで枠組みを広げ、そのうえで、外濠という場所の特性を、都市の視点から考えていきたい。

では、都市にとっての水辺はとはどのような存在であるのか。水辺ないし水路や河川は、生産力や輸送力、生命力を潜在的に備え、都市の発展に欠くことのできない根源的な存在であるといえよう。その歴史的な経緯を見てみれば、都市やそれぞれの地域の存在形態を強く規定してきた状況が見えてくる。それは、環境や機能、空間といった様々なレベルで人々の生活に関わり、まさに血脈として都市や地域のかたちを長い時間をかけながら築きあげてきた過程である。

水辺がまず直接的に都市空間に影響を及ぼすのがその立地であろう。河川や海、湖や沼といった自然条件が巧みに利用され、また一部で改変が加えられることで世界には様々な都市類型が生み出されてきた。近年、建築史家である陣内秀信が提唱している「水都学」[1]においても、立地と形態の条件から水辺に寄り添い発展してきた都市を分類して、次のような整理を提示している。

(1) 海の入り江　地中海・瀬戸内海の古い港町に多い。

a 背後に丘／山：ナポリ、アマルフィ、ジェノヴァ、マルセイユ、ギリシャのヴェネツィア殖民都市（ナウパクトゥス、ハニア）、鞆

b 平野：バルセロナ

(2) 大きな湾の内面

入口が大きな湾：外洋の近く　リオデジャネイロ

奥の方　沖積平野　江戸東京、横浜、大阪、名古屋

入口が狭い湾：サンフランシスコ

変化に富んだ湾の内部：ニューヨーク　複雑に入り組んだ湾の少し内側で川の河口
シドニー　複雑な湾内部で川の河口
ボストン　河口の湾に出るあたり
シアトル　氷河地形的な湾の内奥

（3）海に直面
a　背後に丘／山：トリエステ、尾道（海峡）
b　平野：サン・マロ（英仏海峡のフランスの港、掘り込みで安定水域）
リヴォルノ（計画都市）、カレー（フランス）

（4）ラグーナ：ヴェネツィア

（5）河口デルタ（埋め立てで形成）
a　背後に丘／山：東京（同時に後に登場する水路網）、新潟（同時に水網型）
b　平野：大阪（同時に水網型、上町台地はあるが）、広島、名古屋（堀川、中川運河）
c　ニューオリンズ型：ミシシッピー河口の堆積した土地

（6）河口を少し上った位置
a　背後に丘／山：三国、酒田、竹原
b　平野：オスティア、リヴァプール（運河、閘門、ドックもつ）、ダブリン（運河、閘門、ドックもつ）

（7）川港
a　背後に丘／山：ローマ、フィレンツェ、大石田
b　平野：ピサ、パリ、ナント、ロンドン（運河、閘門、ドックもつ）、ブリストル、ニューキャッスル、ハンブルク、ビルバオ、オールバニ（NYからハドソン川上る、外洋船で遡上できる限界）、バンコク、上

海、佐原

（8）低地の水路網　ミラノ（環状運河、閘門）、ブリュージュ、アムステルダム（閘門）、バンコク、蘇州、水郷鎮、柳川（水門で調整）

（9）ループ型　リューベック、サンアントニオ、富山

（10）二重ループ型　パドヴァ（閘門）、日本の城下町（内堀、外堀）、東京、高知

（11）高台の運河網型　バーミンガム（連続する閘門で運河を上がる）

（12）岬または半島　バーリ、イスタンブル

（13）島　内陸部：マントヴァ、徳島
　海上の島：ガッリーポリ、シラクーザ、ドゥブロヴニク（海峡が埋められ岬状に）

（14）水上集落　ブルネイ

（15）湖
　a　背後に丘／山：コモ
　b　平野：シカゴ、デトロイト

（16）イスラーム世界のオアシス都市　モロッコのカスバ街道（内陸部、水の確保）

（17）水網農村地域　日野、府中、国立

世界の多くの都市が水都として位置づけられており、都市にとっての水がいかに根源的な存在であったかを伺い知ることができる。それぞれの要素が重複した複合的な水都の存在や、都市内部の河川や水路を規模や形態によってより細かく見ていくことができることを考えれば、こうした水との関係性による都市の分類は、さらなる広がりを与えることもできそうだ。また、日本に目を向けてみれば、海に囲まれ、複雑な海岸線を持ち、多くの

河川が縦横にめぐる国土の性質から、そもそも水都が成立しやすい状況にあったことが理解できる。特に、近世以降においては、土木技術の飛躍的な発展に伴い、こうした水辺の立地条件を大きく改変しながら成立し、発展した都市類型の存在を見出すことができる。

とりわけ、近世城下町はそうした事例の最も特徴的な都市類型といえよう。河川の氾濫原を大規模な土木工事によって造成した近世城下町の多くは、豊富な水路ネットワークを背景に、その恩恵を受けながら発展してきた。城下町の内部には、幾つもの河川や掘割が毛細血管のように張り巡らされ、水際に設置された物揚場や河岸地が地域へと資源を供給し、人々の生活を支えてきた。また、こうした都市内部河川は、輸送力や生産力を担うと同時に、地区やその地域を分節する境界装置としても機能し、さらには防衛や防火といった機能をも担う総合的な都市インフラとして活用されてきたのであった。

加えて、都市の水辺は、こうした実利的な機能だけではなく、江戸の隅田川での花火に象徴されるように、行楽や遊興、さらには祝祭の場となることもしばし見受けられる。寛永期の江戸木挽町が描かれた「江戸名所図屛風」には、水辺に連なる劇場の様子や、海に張り出した桟敷席から芝居を楽しむ人々、さらには見物客を乗せた舟で覆われた海上の様子が見事に描かれ、水陸が一体となった遊興空間の趣を伝えている[(2)]。江戸に限らず、大阪の道頓堀や、京都の四条河原など、水辺に芝居町のような非日常的で享楽的な場が形成された事例は枚挙にいとまがない。水辺はより情緒的なレベルからも人々の精神を搔き立て、日常の中にハレを演出する場でもあったようだ。

しかしここで注意を向けたいのが、そもそも水は都市にとって災害を招く危険性をも備えているという点である。水は時として暴力的で、それまでの営みをいとも簡単に破壊してしまう。水辺は本来的にはとても不安定な場でもあるといえよう。しかし、だからこそ、人々は水辺に特別な意味を見出してきた。都市生活を支える根源でありながら、人間にとって制御することができない自然の脅威、つまり畏怖の対象でもあったからこそ、生活の拠点でありながら信仰の対象ともなり、またときに非日常的な享楽の場を築いてきた。近づけば恩恵を受ける一方で、近すぎれば危険であるという両義性を備えた姿こそ、都市の水辺の本質的な有り様ではないか。

このような立場で水辺を見てみると、そこが単に生活の拠点というだけでなく、都市環境そのものを制御するうえでの重要な場所としての意味を見出すことができる。そのため、その活用にあたっては一定の制限が設けられることが多い。それぞれの時代の社会的な背景に即して、厳格な管理の下に置かれることが、ある意味では水辺の都市空間における存在形態を決定しているともいえるであろう。

こうした「管理された場」としての側面と、積極的に活用もできる「営為の場」としての性質によって水辺空間は生成されていく。このとき、その過程に最も直接的に影響を与えるのが、実際に水を活用し、そこで生活を営む人々であり、また彼らが住まう水に寄り添うそれぞれの地域であろう。港町の漁師であれ、河川沿いの廻船問屋であれ、水上を糧とする人々でも、陸上での生活や生業を欠くことはできない。水辺とは、こうした隣接する町との関係性によって意味づけられるものである。だとすれば都市内部をめぐる河川や掘割と、そこでの人々の営み、そして彼らが拠点とする町、これらが一体となった環境全体を水辺空間として位置づけ、そこから都市における水辺の意義を見出していくことができるはずである。そして、東京の外濠もまた、そうした水辺空間のひとつとして数えることができる。

江戸の発展と水

水辺からの視点に立ってみると、東京は実に多様な表情を見せる都市といえる。東京の骨格は、太田道灌による中世江戸城の建設に始まり、家康の江戸城とその城下町の建設によって築かれている。広大な関東平野の突端という立地は、江戸前島に囲まれた天然の入江である日比谷入江を備え、江戸湊を眼前に抱えることで、舟運による物流拠点としての良好な条件に恵まれていた。江戸湊に関しては、中世期までに海洋交易によって独自の発展を遂げた地域でもあったことが指摘されている。[3] 要するに、道灌にしても家康にしても、江戸の造成はこうした水辺としての土地の資質が充分に考慮されたことで、その後の発展が可能になったといえる。

家康の近世江戸城に関して言えば、城下の建設のために真っ先に手を加えられたのが、日比谷入江の埋め立てと土地造成である。日比谷入江の埋め立ては、関ヶ原で勝利を収めた家康が、政治的中心地として江戸の建設を本格的に進めるうえでの、最初の大規模な都市改変事業であり、これを経て、水運と街道による陸運が交錯する物流拠点としての日本橋、さらには江戸湊に面した商業地が沿岸部に生まれることになる。[4] 江戸城石垣の搬入口となった江戸前島を南北に貫く外濠に加え、日比谷入江の埋め立てに先立って開削されていた道三堀や小名木川、さらには大小幾つかの水路によって、最初期の江戸の骨格は築かれている。その後も、江戸湊、本所深川地区といった低湿地帯の埋め立てや開発が次々に執り行われ、水に寄り添い、また同時に水を制御することで、巨大な近世城下町が建設されていった。

水辺との親和的な関係によって成立した江戸は、その後も水路や河川といった水資源よる恩恵を大いに享受しながら、さらなる成長を遂げていく。江戸の水辺の様相として特徴的なのは、なんといっても下町に縦横無尽に張り巡らされた水路網と、その流域ネットワークによる交易であろう。こうした緻密な水路網の存在は、日本橋や神田地区のような隆盛な市場社会の発生に関わっていくばかりか、木挽町の芝居小屋や岡場所の発生など、遊興の場の生成にも深く関わっていく。こうして築かれた土地の磁場は、そのまま近代へと受け継がれ、深川の工業地帯や、日本橋地区の一層の発展の根拠ともなっていく。[5] 江戸を引き継いだ東京もまた、水に寄り添い、大規模に発展を遂げた都市として位置づけることができる。

こうした江戸東京の水の都としての側面は、これまで多くの専門家によって指摘されてきた。建築史や都市史の分野においても、江戸東京が水辺という視点から捉えられる場合、このような見立ては決して特別なものではなく、よく周知された一般的な理解であるといえそうだ。[6] 要するに、交易や流通などといった、水辺の実利的な機能とその空間、社会構造に関心が向けられ、それが都市研究における江戸東京の水辺のイメージとして固定化されてきた。

しかし、このような枠組みから外れた水辺に関しては、あまり関心が向けられてこなかったという状況も、一方では存在する。本来、都市の水辺の様相は、こうした実利に直結する存在形態には決して限定されないはずである。例えば、水路ひとつをとっても、そこは単に物揚場として活用されるのみならず、都市の境界装置としての側面や、景観や風景といった意識的な問題も深く関わりながら、実に多様な観点から都市の形態を規定しうる存在として捉えることができるのではないだろうか。これまで実利的な側面に寄りがちであった都市の水辺という枠組みを、より広義な視点から捉えなおし、従来とは異なる江戸東京の新たな水辺の姿を描き出すことを考えてみたい。

外濠の二面性

本書で対象とする外濠は、江戸城の惣構えを成す巨大な掘割である。俎板橋からはじまり、常盤橋、数寄屋橋を経て、虎ノ門から溜池に至り、そこから四ツ谷御門を大きく迂回して、飯田橋で神田川と合流、その後隅田川まで流れ込む「の」の字状の流路を描く。流路といっても水の流れは一様ではなく、四ツ谷御門を頂点としながら、市ヶ谷方面へと向かう流れと、赤坂方面へと流れるふたつの流路がある。また、ひとえに外濠といっても、地区ごとにその特徴は大きく異なっており、舟運利用が行われる水路のような場所から、防衛に特化した純然たる濠まで、空間の状態は様々である。本書が対象としているのは、江戸城西側にあたる四ツ谷御門から、牛込御門を経由し水道橋に至るまでの区間にあたる（次頁図1－1）。

当区間は、飯田橋で合流する神田川で水路としての機能を備えているものの、基本的には江戸城を構成する城郭であり、歴史的には物揚場や河岸地といった実利的な活用よりも、むしろ都市の要害としての性格が強い[7]。舟

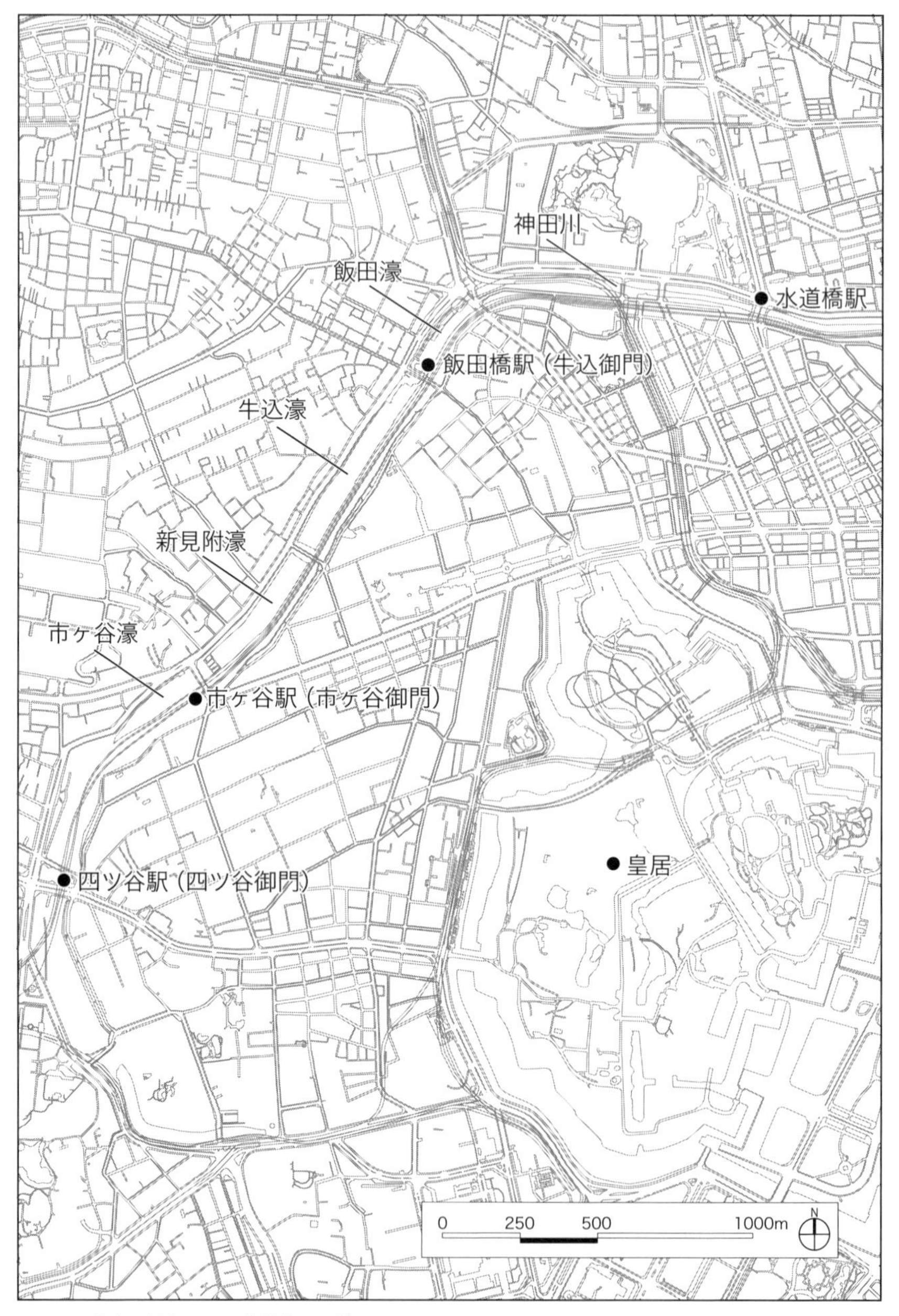

図 1-1　本書で対象とする外濠地区の範囲

運利用ができない牛込御門の上流はもとより、下流においても土手の利用に関して制限が設けられていた箇所が多く、江戸城の郭内に面する土手に関しては、物揚場のような利用はほとんど存在しなかった。そのため、これまでの都市史研究において、当区間の空間構造や生成のメカニズムが、水辺の視点から論じられることはなかった。こうした状況はおそらく、流域沿いの地域の大部分が武家地であったために、周辺地域と結びついた隆盛な市場社会を築くに至らず、都市と水辺の相互の関係性が希薄であるかのように見えてしまうところに、その原因があると思われる。

しかし、江戸東京の全体像から外濠地区を考えてみると、ここは日本橋や神田といった下町の商業地域から山ノ手の武家地へと、東京の地域性が転換していくちょうど中間点に位置していることが分かる。重要なことは、当地が東京の水路機能の最深部でありながら、陸の視点から考えたとき、江戸城西部に広がる広大な武家地にとっての唯一の水辺でもあるという点である。江戸の下町的な水路機能の限界点でありながら、山ノ手にとっては水辺への玄関口でもあるのだ。実際に、牛込御門傍の神楽河岸は、牛込地区の武家方へ物資を供給する重要な物流拠点であったことが知られており[8]、当地区における唯一の物揚場として歴史的に重宝されていたようだ。

湊としての顔を持ちながら、一方で武家地を中心とした山ノ手の居住空間でもあるという二面性は、そのまま水辺の構造自体を独特なものにしている。地形との関連から対象地を見たとき、山ノ手の起伏を活かした切り立った崖のような土手形状、低地部の物揚場の構成など、水陸の結節点の状況は実に多様である。また、城郭として市域を隔てる分節機能が、内外での水辺利用の違いを生み出し、さらには江戸城の西北部を広域に横断することから、異なる性格の町が連続的に連なる構成を造り出している。水辺自体の多様性と、個性的な周辺地域が相まって、外濠の水辺としての性格は特徴づけられる。

2 外濠の水辺空間を読む

研究対象としての水辺

多様な表情を持つ外濠であるが、これを都市史研究の対象地として位置づけ、そこから水辺という場所の意味をより広く捉えなおしていくためには、近代という時代に注目することが有効である。近代において東京の水辺は、それぞれの場所に応じての意味が読み替えられ、新たな性質が付加されながら、都市構造の変容に関わる様々な問題が水辺を舞台に表出することになる。近代東京を読み解いていくうえで、水からの視点が有効な方法であることを、先行研究を取り上げながらここでは確認しておきたい。

まず、これまでの近代東京に関する都市史的な研究に注目してみると、それらはもっぱら陸からの視点が一般的であることに気がつく。具体的な視点として、明治期の市区改正事業、防火政策、あるいは都市スラムの改善といった近代事業を取り上げながら、土地と制度の問題に焦点が当てられているケースが多い。これらの先行研究に関しての詳しい整理は次節に譲ることとするが、近代都市制度史に関する研究や[9]、都市事業史に関する研究が[10]、これまでの都市史研究の大きな流れを作り上げてきた。ここでは西洋の技術なり制度の導入過程とその構造化に目が向けられ、近代は西洋から押し寄せ、上から被せられるものとして、近世との二項対立の図式のもとで理解される傾向がみられた。そうした状況のなか近年では、近世からの連続性にも光を当てることで、近代の受容を一方向的なものでなく、諸要素の人的あるいは物的な継承とその影響関係のもとで進行するものとして描きだそうという研究も試みられるようになってきた[11]。

こうした一連の近代東京の都市史研究のなかでとりわけ重要なことは、分析のひとつの着眼点として土地権利関係の問題に焦点が当てられているということである。近代東京にとって、近世期までの身分制にもとづくゾーニングの放棄と、武家地の土地処理をめぐっての動向は大きなインパクトを持ち、その後に展開する都市事業の前提となっていく。こうした明治初期の動向を受けて、明治六年には地租改正が実施され、それ以降土地は不動産として扱われることとなるが、土地の集積過程や細分化の様子などを、地主や開発主体の動勢に検討を加え、地域社会や空間構造の変容といった都市史的な問題に切り込もうとする姿勢が、これまでの近代東京の分析手法として用いられてきた。要するに、制度や都市計画によって構造化されていく近代都市のなかで、むしろ民衆が自発的に場を読み替え改変していく際の、具体的な動きとして不動産化した土地の動向が観測され、そこから東京の近代性の一端が示されてきた。建築史家である鈴木博之による場所論では、土地所有の問題に軸足を置きながら、土地の来歴とそれをめぐる人々の動勢に焦点を当て、土地を持つもの・使うものの眼差しから近代東京を描き出すことが試みられており、こうした手法の先鋭的な取り組みであるといえよう[12]。

しかし、近代の、特にその黎明期の動向を見ていくと、土地所有をはじめとした陸上の市街地の状況変化にとって、河川や水路といった水の存在が深く関わっていたという状況も同時に見えてくる。例えば、都市史研究者である鈴木理生は、近代初期の明治一〇年代頃までは、東京の流通がほとんど舟運に頼っている状況であったことを示したうえで、工場制工業のための水車要地として、神田川や石神井川といった河川沿いの土地が積極的に活用されていたことを指摘している[13]。同様の理由で、下町の深川地区などが工業地化していったことはよく知られた事実であろう。つまりこうした近代における地域構造の変化には、水辺の存在が大きく関わっているケースが多分に存在すると考えられるのである。陸上での開発行為のみならず、個人や民間による生業や産業資本の水辺への流入過程を連関して捉えていくことが、近代東京の都市構造を読み解いていくうえでのひとつの立脚点となり得る。

そして、個々の事例を単に場所ごとの個別解に留めず、東京の全体構造のなかに位置づけていくことも大切である。対象となる地区が東京のなかでどのような特性を持っているのかを知るために、歴史的な経緯や地勢的な観点に加え、そこに関わる人々の属性や活動の質、さらには人々の場所に対する理念にまで視野を広げていく。近代においてなぜその水辺が求められたのか、またその主体とは何者なのか、そしてそれによって都市はいかに変容したのか、こうした水辺をめぐる人々の動勢に目を向けたい。

研究対象としての外濠

ここでもう一度外濠へと視線を移してみる。水辺としての外濠が、二面性を備えた複雑な場であることは既に確認したとおりであるが、近代においてこうした場所の性質は官民の様々な主体による意向によって読み替えられていく。城郭であるために管理された場としての側面が強かった近世期に比べ、湊機能の拡張や河岸地・物揚場の新設、さらには鉄道や近代工場の用地となるなど、積極的な都市活動の表舞台へと変質していく。濠沿いの市街地の大部分が武家地で構成されていたことを考えると、隣接する地域の変容も大規模に進行していったのであろう。水辺をめぐる人々の動勢に目を向けるということは、即ちこうした都市構造の変化を、それを牽引した主体の存在と、彼らによって再構成される水陸の有機的な結びつきから読み解いていくということである。

水辺に従事する人々の存在構造の把握という分析手法に関しては、近世史を中心とした江戸の河岸地に関する一連の研究が知られている(14)。そこでは、河岸地を舞台に、舟運・荷役を担う人々の分節的な社会構造と、その空間を一体的に描き出すことで、近世都市江戸の特質に迫ることが試みられている。流域都市として江戸をみながら、そこに運ばれる物資のみならず、それを都市内部へと供給する人々にまで関心を広げた、先駆的な取り組みであるといえよう。こうした成果を参照しながら本書で注目したいのが、そういった人々によって、既存のまちや地域が次代へと転換されていく変容のプロセスである。

そして、外濠という場所は、こうした変化を見るのにうってつけの対象といえる。もともとは江戸城の城郭でありながら、近代においては地主やデベロッパーの意向を受け止める営為の場でもあるという両義的な意味を持ち、近世以来の舟運利用から、生産や遊興といった近代のアクティビティまで、異なる要素が混在しながら全体が築かれていくという、そのダイナミックな変容の過程に、近代の水辺に特有の展開を見出すことができると思われるのである。

また、外濠地区には武家地の解体と再編という動きも関わってくることから、水陸の変化が連関し、近代への変容が特徴的に展開した地区であることも指摘できる。水道橋の水戸藩上屋敷跡への陸軍砲兵工廠の設置から、土手への甲武鉄道の敷設、さらには鉄道と舟運が結節するターミナルとして計画された飯田町停車場の開発まで、当地区における近代事業は多い。そればかりか、周辺の旧武家地の屋敷地としての開発から、それと連動しながら展開した明治期の盛り場としての神楽坂の発展など、近代における生活の場としての側面も強く表れている。これらの背景には、舟運機能はもとより、空地としての土手があったことや、風致的に優れるという意識的な側面など、水辺の重層的な意味を見出すことができる。

明治期の東京が、水運に依存しながら発展を遂げたことは既に確認したとおりであるが、その基盤を近世の水路網に求め、その強化・拡張という筋書きで近代の水辺は理解されがちである。そのため、明治期の水辺や河岸地・物揚場に関する研究は、近世期から引き継がれた下町の日本橋地域か、あるいはより広域に利根川水系の変化などに偏りがちである[15]。これ自体、水辺からみた近代東京の姿として重要な側面ではあるものの、武家地、町人地の住み分けという骨格を失った東京が、再度その構造を構築する際に、それを後押しした新興の水辺、河岸地・物揚場の意味を問うことも必要であるように思う。

水辺を近世期以上に活用した明治期東京の変化は、ある意味で下町的な水辺空間の拡大とも見て取れるが、外濠の場合、ここに居住空間としての側面、即ち近代の山ノ手としての問題も同様に関わってくる。先にみたとおり、外濠地区の屋敷街の生成は旧武家地の再編過程ではあるものの、その要因として、水運の存在とそれに伴う盛り場の形成、水辺の景観の問題などが深く関わってくる。こうした諸要素の影響関係のもとで、外濠地区の生活空間は輪郭を帯びていくことになる。これまで、明治期の東京といえば、失われゆく江戸を表徴したのが下町の水辺であるのに対して、川と運河を持たない陸の東京、すなわち鉄道や道路に象徴される山ノ手をはじめとした地区は、もっぱら近代の象徴であるという二項対立の構図として理解されてきた[16]。ところが、外濠はこうした見立てのどちらに当てはめるのも難しいし、場合によっては山ノ手でありながら下町的でもあるという見方もできるかもしれない。個人による地先の物揚場のような下町的な要素から、鉄道や工場といった公的な近代事業まで、連続性と新規性を同時に内包しながらひとつの構造をなしていくその全体性に、これまでの二分法ではない近代東京の一端を見ることができるのではないか。

江戸が解体され、徐々にかたちづくられていく明治期の東京にあって、外濠という場所を取り上げる意義を、単に水辺をめぐる個別解を示すだけではなく、広く近代東京の都市像を水辺から再考するための問題として捉えたい。

本書の目的

では、具体的にどのような視角から外濠を見ていくのか、最後にここまでの構想を前提としながら整理を行いたい。

まず、水辺空間という場所の定義についてであるが、これはここまで確認してきたとおり、水路や河川に加え、陸との接点である堀端や土手といった水際の場、そしてそれに隣接する町や施設といった、周辺地区を含んだ一体的な空間として捉えていく。そのうえで、重要な性質が、「管理される場」と「営為の場」であるという、水陸の相互の関係性である。ここまで、水際の場が、様々な生産活動や経済活動の舞台でありながら、ひとたび

「管理の場」という側面が強調されれば、一気にそれまでの状況が解除されかねない不安定な土地でもあることを確認してきた。例えば、天保の改革期には、江戸の河岸端の利用に厳しい取り締りが実施され、床店などの建物が撤去されていったように、こうした性質は様々な時代や場所で見出すことができる(17)。

そのため、水際は多くの場合、一般的な市街地のように独立したひとつの敷地というよりは、一時的で仮設的な利用がなされる場としての側面が強い。この空白地に対して土地利用が求められることで、例えば物揚場や物置場、蔵地や納屋地といった具体的な機能が付与される。水際はまさに、周辺地域や社会の意向が表出する場、つまり周辺地域の産業や生業、生活などとの相互の結びつきによって構築される場として見ることができる。

しかし、この水際の活動もまた決して恒久的なものではなく、具体的な構築物や土地利用も含めて、その空間の基盤はとても流動的である。空間のかたちが固定的ではなく、時間をかけて揺れ動く状態こそが水辺空間の前提であると考えれば、その輪郭が築かれていく過程、あるいはそれが変化していく動きを見るために、時間軸を設定することが有効であるといえよう。要するに、異なる主体による意向と、その相互関係のなかで生成される空間の変容を、時間の流れに沿って動態的に観察することが求められる。

外濠が最も劇的に変化したと思われる時代は近代であるが、水辺空間の動態を観察するにあたって、この時代はうってつけの対象となり得る。ここまで見てきたとおり、外濠は城郭であるために、一般的な水路とは異なる重層的な意味を帯びている。しかし、その場所の意味を失えば、管理と営為の関係から、そこでは再び空間の再構築が進行することになる。この一連の過程を動態的に観察するために、本書は、外濠の幕末期から明治初年にかけての、時代の転換期に照準を合わせることになる。

さらに、こうした水辺空間の変容を、陸上の都市空間の変化と連関して捉える見方も求められる。これまで、近代の水辺をめぐっての研究は、主に水路の開削や改修などをあつかう事業史や制度史からの論考が多く(18)、河川や掘割といった水辺と都市空間の変容の相互関係や、変遷のメカニズムを検討するという問題が意識されることはあまりなかったように思われる。特に、旧武家地や都市周縁部など、水辺との関係が意識されにくい地域に関しては、その傾向がなおさら強いといえよう。しかし、近代東京が近世江戸を骨格としながらも、部分的には地域構造を大規模に転換させ、そのうえ、その変化に河川や堀といった水辺の存在が重要な役割を果たしてきたことは、ここまでで既に確認してきたとおりである。であるからこそ水辺の土地とその周囲の土地がどのように結びついているのか、その空間構造を探ることが水辺空間を読み解くうえでの鍵であるといえよう。

以上のように、時間軸を挿入しての動態的な分析、近世から近代への転換期という時代の設定、そして水陸の事象を一体的に捉えることを、外濠の水辺空間の分析における視角として据えておく。近世から近代への転換期において、土手の都市的な意味が読み換えられ、周辺地域も含めた一体的な水辺空間の輪郭が再構築されていく過程を、水辺をめぐる様々な動向と、それらによってもたらされる地域の空間構成の変容を同時に観察することで、都市空間を変質・変容させていく力点としての外濠の姿を描き出す。

3　水辺研究の歩み

問題意識としての水辺

ここまで、水辺から都市を読み解くにあたっての問題の所在、加えて分析の視角を確認してきた。人や物が交錯し、都市産業や生業、生活や文化の拠点であることによって、水辺は都市解析の重要な視点として位置づけることができそうだ。特に、本書で取り扱う外濠に関しては、これまでにない新たな東京の都市像を秘めた、新規性のある場所であることが見えてきた。これまでも、都市の水辺に関する多くの知見が多くの専門家によって語られてきたが、本書もそうした水辺研究のひとつとして数えられる。

では、こうした都市の水辺という枠組みは、これまでの都市研究の中でどのようにしてかたちづくられてきたのか。また、どのような社会背景のなかから、その問題意識は生まれてきたのか。本節では、これまでの主要な水辺研究を振り返りながら、本書の立ち位置と、都市東京を水辺から見ていく意義を確認していきたい。

まず、これまでの近代都市史に関する研究には極めて厚い蓄積が存在するが、本書のように、河川や水路といった水辺の関係から近代の都市像に迫ろうという試みは決して多くはない。東京が水の都であるという都市像は、今や多くの人が知るところであるが、都市史研究においてこうした視点が自覚的に標榜されるのは、一九八〇年代以降の展開を待たなくてはいけない。

そもそも、都市史研究の対象として、水辺という枠組みが創出されてきた背景には、都市の裏側へと追いやられていた水辺に、もう一度光を当てて、未来に向けた新たな都市の空間イメージを描き出そうという意図が背景にあった。要するに、戦後の高度成長期に都市が経験した急速な近代化に対する反省と見直しという意識である。前節で示したとおり、水が都市にとって根源的な存在であるという認識に従って、そこから都市の姿を読み直し、近代化によって否定され、失われてしまった都市の魅力を、もう一度取り戻そうという問題意識が大きな動機としてあったのである。特に、高度成長とオリンピックを経て、既存の河川や掘割の多くが埋め立てられていった東京においては、こうした問題がより現実的な課題として、研究者や識者の意識として共有されていった。つまり都市の水辺研究という枠組みは、主に東京の都市化、工業化に対する反省と、それを乗り越えるためのひとつの立脚点として育まれ、発展してきたものであったといえよう。

この頃、つまり七〇年代までの東京を題材とした都市研究には、まだ水辺という対象はほとんど現れていない。なかでも、建築史をはじめとした、工学系分野からの近代都市史研究の多くは、制度史としての都市計画研究[19]や、明治期の都市計画研究[20]など、主に都市を管理・コントロールする側からのアプローチが多くを占めていた。この時代は、都市研究に多くの成果を生んだが、その背景には、それまでの近代化が抱えていた様々な問題に対しての反省を踏まえ、それらを改善し乗り越えていくための、新たな都市計画の手法を創出しようという時代的な要求があったのである。その他にも、世界的建築家である丹下健三を中心とした都市研究や[21]、デザイン・サーベイといった試みも[22]、歴史のなかに都市計画における新たなデザインソースを発見することを目指す取り組みであったと理解することができる。

多くの都市問題に対する問題意識が、この時代の都市研究には共有されていたように思う。水辺研究もこうした機運の中で誕生することになるが、それまでの都市空間のかたちや制度に関する研究と大きく違っていたのは、〝江戸〟という問題が意識されたことにある。水辺研究は、東京が失ったもの、即ち江戸という対象の発見から、都市研究の表舞台に繰り出してくることになる。

研究の発展

では具体的に、水辺研究が立ち現れてきた経緯を見ていきたい。これまでの近代都市史研究の背景のもとで、八〇年代から提唱されたのが江戸東京学である。「およそ江戸東京に関する学問分野がよりそっておこなう学際的総合研究」を目指した江戸東京学は[23]、それまで都市史研究で多くの成果を生んでいた、都市を管理・コントロールする側からの視点と、実際にそこで生活を営む人々の視点からの研究方法を、相互に関連づけながら体系づけることを可能にした。とりわけ画期的だったのは、近代を乗り越えるための鍵として、江戸を理想的に評価したことである。東京のなかに残る江戸との連続性を強調し、現代都市のなかにそうした重層的な空間を見出すことで、〝江戸東京〟という都市概念が強調されていった。こうした点に、都市研究の発展の過程での大きな意義を見出せる。

前提として、日本が経験した高度経済成長に伴う都市空間の破壊や、様々な都市問題に対する批判と反省という問題意識があったことは既に触れた通りである。その具体的な解答として、とりわけ研究にあたっては、都市生活と空間の視点に比較的大きな比重が置かれ[24]、都市で営まれる諸活動の総体として東京を捉えようという点に、それまでとは違った都市に対するアプローチがあった。

一方では、諸々の研究テーマに関する事象のみを断片的に抽出するという手法に陥ってしまい、都市一般の動向に対して動態的な分析が十分には伴わないという指摘もあるもの[25]、それまで西洋からの技術移植を前提とした都市化や工業化、あるいは資本の集積を軸に分析されることが多かった近代都市史研究の状況を、新たに乗り越える視座を与えたという点においては、江戸東京学の果たした役割は大きいように思う。水の都としての江戸東京という見方も、このときから少しずつ、一般的な認識として広がりをもっていった。

こうした動きのなかで、とりわけ水の都としての江戸東京を強調していたのは、江戸東京学の主要メンバーでもある陣内秀信であった。陣内は、近代を陸の発想に立った時代であるとして、学術的にも水の側から都市や社会を捉える発想が完全に忘れられてきたことを説き、自身のヴェネツィアでの体験と二重写しにしながら、東京の都市空間のなかに積極的に水の都としての姿を見出していった[26]。その方法には、特に空間人類学的なアプローチが試みられている[27]。都市がよって立つ地形や、土地の性質、歴史的な背景を手がかりに、様々な活動が立ち現れる総体として都市を見ていこうという眼差しは、そのまま水辺空間の解読手法として実践された。人々の生活や生業から、多彩な役割を担う水辺の様態を、空間的なコンテクストとして読み解いていく方法は、江戸東京学の目指すところと共通項も多く、八〇年代の都市研究のなかにおいて大きな存在感を示した。

また、水辺から江戸東京を読むという試みが、同時代に他の研究者からも提唱されていることは注目される。鈴木理生は、自然条件としての河川が、その流域の社会的背景に即して改変、管理されていくことで立ち現れてくる場を都市として位置づけ、大小河川の存在が江戸東京の基層をなしていることを精緻に描き出した[28]。都市の基層としての河川という見かたを提言した、おそらく最初期の成果であり、また、江戸東京学に先行する取り組みであったことに大きな意義がある。都市空間の存在形態を根底で規定していく存在として、河川ないし水辺を評価するという鈴木の姿勢は、都市史研究における水辺という枠組みの発展に大きく寄与するものであったといえよう。

江戸東京学をひとつの触媒としながら醸成された水辺という視点は、八〇年代後半以降においては、様々な分野から散発的に、多くの成果が生み出されるようになってくる。例えば、川名による近世水運史に関する研究は、利根川水系という江戸の消費文化を支えた後背地の存在をはじめて浮き彫りにし、都市空間と水辺の領域的な広がりとその結びつきを示す方向に水辺研究の舵を切って見せた。[29] さらに、都市内部の河川に関しては、伊藤が江戸の河岸地について詳しい研究を行っており、河岸地が公儀地でありながら、町方によって専有的に活用されていた実態などを取り上げ、それまであまり知られていなかった都市内部の水辺空間に焦点を当て、その社会構造を描き出した。[30] その後の水辺研究で見られる、具体的な土地利用や、河岸地を利用する人々の性質についての考察に重要な視座を与えた成果であり、また都市内における水際の場の特質を描き出した嚆矢と呼べる研究であった。

さらに、建築史の分野からは、近世城下町における水系に関する研究が行われている。[31] それまでの建築史からの近世城下町に関する成果には、江戸の都市設計に関する研究や、[32] 江戸町屋敷の空間構造に関する研究を挙げることができるが、[33] こうした都市のフィジカルな形態や計画の理念を読み解こうという研究が大きな成果を挙げるなかで、近世城下町における水の存在形態を精緻に描き出した一連の研究は、城下町の空間構造に水系という新たな構成要素を意識させる画期となった。

水都学の提唱へ

このように、八〇年代の研究動向は、水の都としての江戸東京という枠組みの構築と、具体的な対象としての水辺という場の発見によって大きな発展を見せた。しかしながら、それぞれの研究がそれぞれのテーマのなかで完結してしまっているきらいもあり、ひとつの研究領域として確立されるまでに至ってはいないように見受けられる。

こうした多方向的な展開は、まず九〇年代にウォーターフロントブームとして、社会的な動きへと結実していく。大都市が忘れ去ろうとしている人間性やロマン性などの要素が継承された場所として、水辺、特に東京の湾岸エリアが、二一世紀に向けた新たな都市開発の表舞台として注目を集めた。[34] こうした動きは、当時のバブル経済の後押しを受け、大いに盛り上がりをみせたものの、最終的には一過的なトレンドとして終息していくことになる。しかし、こうした社会的な経験を経たことで、単に手放しに水辺を称え、消費してしまうという事態に陥らないために、水と人の暮らしの関わりをいま一度、丁寧に掘り下げていこうという機運も生まれてきたように思われる。そうした考えを背景に、より深く都市と水辺の本質に迫ろうという動きが、九〇年代以降に現れてくる。

まず、陣内による空間人類学的な水辺研究のさらなる展開として、岡本や高村の研究を挙げることができる。まず岡本は、海運史や水上の交通史などの知見を取り入れながら、港町全体の歴史的な形成の論理を明らかとした。[35] それまでの都市史研究の領域として、あまり関心が向けられていなかった港町に、水辺という角度から光を当てることで、そこが重要な水辺の都市類型であることを描き出した。また、高村の研究は、中国江南地方の水郷都市を対象に、水と密接に結びついて成立する都市と建築の空間がどのような関係のもとに構成されているかを明らかとした。[36] その手法を、「地域全体から都市、地区、街区、敷地、建物へと、異なる次元を結んで有機的に成立する空間構造を動的に捉えること」と説いているように、周辺環境との関わりのなかで、都市のフィジカルな形態をコンテクストとして読み解くという、水辺研究の方法を打ち出した。

さらに、対象や方法的な広がりに加えて、水系と結びついた江戸東京近郊の地域構造にも関心が向けられていくのがこの時代である。例えば、利根川水系を利用した内川廻しに関する一連の研究では[37]、江戸東京を支えた後背地としての都市近郊地域の側面が強調され、都市の存立基盤としての水系と、それに拠って立つ川湊＝河岸の存在という構図が明解に示された。研究対象としての都市領域を、行政区や土地利用のみによって定めず、河川や水路といった環境的条件による有機的な広がりのなかで再定義しようというこうした取り組みのなかで、近年ではテリトーリオという概念を用いた研究が注目を集めている。

単独のまち、もしくは、役割分担をした複数のまちと田園、その受け皿となる自然の有機的な関係を読み解いていくテリトーリオは、イタリア人建築史家であるサヴェリオ・ムラトーリによって、一九六〇年代頃から体系化されてきた都市分析の手法である[38]。都市的な範囲を、異なるスケールで読み込みながら調和させ、広がりを持った領域として評価することを可能にしたこの手法では、特に分水流や河川流域といった都市を支える水系を、ひとつの重要な評価軸として位置づけている。都市的な領域を、水系とそれぞれの地域構造との関わりから把握するという見方は、都市と水の関係を考えるうえで重要な視点であるといえるが、こうした大きなスケールの一方で、東京のように、内部河川の充実した都市においては、個々の水辺の様態や、その相互の結びつきに関しても、充分に注意を払うことが必要であるように思われる。そうした東京らしい都市内部の水辺のひとつとして外濠もまた注目することができよう。

加えて、水辺のより細部への関心として、河岸地を対象とした重要な個別研究が幾つか現れてくる。伊藤が日本橋の河岸地を対象に行った研究では、明治以降に出現した河岸地拝借人という新たな社会層が、隣接街区の開発に積極的に関与していったことを、河岸地−街区空間の復元作業を通じて明らかとし、都市史的な問題が表出する場として河岸地の特質を描き出した[39]。また、小林の研究では、近世後期の河岸地に展開する床店葭簀張営業者を中心とした民衆世界と都市行政を精緻に読み解き、近代胎動期の河岸の社会と空間を高い精度で描き出している[40]。その他にも、河岸地の床店に焦点を当てた研究には、天保期における河岸地の床店を対象とした研究や、柳原河岸の床店に関する研究などを挙げることができる。[41] これらの研究の狙いは、必ずしも、水辺という枠組みが想定されていないものの、水際の場の都市史的な意味が問われ、様々な分野で水辺を舞台とした研究が相互に進展してきたという点において大きな意義があるといえよう。

以上のように都市の水辺研究は、陣内による取り組みを嚆矢に、その後多角的な展開をみせ、都市史研究のひとつの領域として確立されてきた。こうした研究蓄積の下、近年のさらなる動きとして、こうした状況を次の水準へと押し上げる「水都学」の提唱を見ることができる。[42] 水都学では、これまでの水辺研究の成果を踏まえながら、歴史とエコロジーの視点を挿入し、多様な文化や風景を育んできた水辺空間の様態を探ることで、その再生への視座を得ることが目的とされている。そのため、水辺空間の分析に対しては、生態学や環境学など、様々な角度から多様なアプローチが試みられており、水辺ないし水そのものとの関わりを問題にした、まさに都市と水の総合学問といった広がりが与えられている。相互にばらばらに展開しがちであった個々の水辺研究を集約することで、ひとつの学問体系としての立場が前面に打ち出された。

水辺の土地所有

水辺自体の研究とは別に、近代東京の都市史研究には、土地所有の問題から都市の空間構造に迫ろうという試みが、これまで多くの成果を生んできた。東京の土地処理をめぐっては、松山による近代移行期の東京に関する研究から、多くの知見を得ることができる。そこでは、桑茶令や市区改正計画といった明治初期の東京に関する都市的な動向に、土地権利関係の問題から検討を加え、それが家守制度に見られるような近世期からの地域構造の変質を促したこと、さらには三井の日本橋地区開発に見られる近代事業の前提として土地集積が行われていたことなどが明らかにされている。[43] また、水辺の土地処理に関しては、滝沢による研究が詳しく、明治政府による土地処理の動き、とりわけ明治六年に実施された地租改正へとつながる前段として、水際の土地が河岸地として処分されていくことが明らかとされている。[44] 特に、幕末の頃まで慣例的に認められていた、河川や水路に隣接する町屋敷による水際の土地利用である地先権が否定され、陸上の一般の市街地とは異なる土地として、水際の土地が別個に処理されていったという指摘は重要である。

このように、近代における制度や政策が、いかに都市空間へと受容されていくのかを明らかにするうえで土地所有の問題が有効な分析手法であることが理解されよう。明治六年の地租改正と、その後に続く産業構造の転換にともなって、土地はお金を生み出す不動産としての意味合いが強くなっていくが、こうした動きのなかでも特に、人々の意向や、土地の来歴による影響、社会構造との関係や、そこに建てられる建物の特徴など、土地の所有をめぐる人々のエピソードにまで目を向けることが必要であろう。先に触れた、鈴木による場所論では、それぞれの土地に込められた固有の来歴や性質が、地主層による開発や土地の集積過程に少なからず影響を与えることが指摘されているが[45]、水辺の土地という場所の特性も、そこでの都市的な動きに何らかの影響を与えたことは想像に難くない。本書で扱う土地は、一般の市街地だけでなく、土手や水路の物揚場である河岸地といった場所も含まれている。こうした水際の土地に新たな検討を加えることで、水陸の相互の土地を一体的に捉え、その結びつきのなかに、人々の生活や生業、土地の歴史性や空間的な特徴といった様々なエピソードが見出せるはずである。

外濠研究の立ち位置

以上のように、八〇年代に萌芽を迎えた水辺研究は、それまでの過度な都市開発に対する見直しという社会的な機運のなかで育まれ、ウォーターフロントブームという潮流を経験しながら、より本質的な都市研究の方法として発展を遂げてきた。そして、そうした様々な分野で個別に展開してきた水辺への眼差しは、いま学際的かつ社会的な広がりを持ちながら、ひとつの体系を構築しつつあるといえよう。こうしたこれまでの航跡を照らし合わせることで、本書がなぜ水辺を扱うのか、またなぜ外濠なのかという、水辺研究のなかでの立ち位置を推し量ることができる。

まず、ここまでの整理を通じて、〝都市の水辺〟という枠組みが固定化されている傾向を確認できたように思う。環境問題や都市問題に対する意識が高まった七〇年代の社会背景を受けて、水辺研究はあくまで近世の水路や掘割を理想とする見方が強調されてきた。いわば、自明化された江戸的な水辺観が定着することで、問題設定や時代区分に偏りが見られたのである。

また、それと関連して、対象となる水辺に地区的な隔たりがあることも確認できた。従来の研究では、舟運や水利を前提とした実利的な側面が対象化されることが一般的であったために、議論の対象はどうしても江戸の流通機能や生産活動の中枢を担ってきた地区に集中しがちである。当然、外濠のようなタイプの水辺は、こうした枠組みからは外れてしまう。本章の冒頭でも触れたように、水辺が世界の多くの都市で、様々な存在形態を見せるのであれば、その比較という意味においても、東京あるいは日本に固有のタイプの水辺を取り上げ、その個別解に目を向けることが必要であるといえる。

こうした点に、本書が外濠を対象とする意義を見出せるのだが、ここで重要となってくるのがその方法であろう。ここまで、水辺それ自体に関心が向けられたいわば点としての水辺研究と、近年ではより巨視的な視点から都市全体を規定する地としての水辺という方法が見受けられた。こうした先行研究の方法との距離感からいえば、本書が試みるのは面としての水辺研究といえるかもしれない。それは、面つまり水陸を一体的にみた広がりを持った空間を水辺のまちとして位置づけ、それらが濠を介してつながるひとつの地帯としての水辺の姿を描きだすものである。

そして、かつての水辺研究が人間性や精神性といった近代都市が失いつつあった側面に光を当てることを志向していたのに対して、近年の水辺はどちらかといえば再生や利活用といった観点から、持続的かつ根源的な地域資源としての方向に可能性が開かれているように思う。個別の水辺がいかに地域へ寄与するのか、こうした現代的な問題にも応え得る方法として、個人それぞれの営みといった細部の状況から地域変容を捉える水辺研究のかたちを、本書では外濠を舞台に考えてみたい。

4 研究方法と本論の構成

分析方法

水辺から都市の空間構造や変容過程を見ていくために、本書では水と陸の結節点である「土手」をめぐる動向に焦点をあてていく。外濠や神田川のように、都市の中心部を流れる水路においては、資源としての水を享受しようとするのは主に周辺の町の人々であり、その活動の舞台となるのが「土手」である。

ここまで見てきたとおり、水際である「土手」は、時代や社会的な背景に即して様々な意味づけがなされる。管理のされかたによっては、手つかずの状態が維持されることもあるものの、多くの場合は、近隣の人々が生活や生業のために活用しようと、利用の要請がいつも向けられた場所といえる。その際、最も基本となる最初の動きが、「土手」の借地を求めようとする権利の取得過程であろう。

近世期まで、隣接する町人地の地先として発展してきた「河岸地」に特徴的であるように、水際は一般の市街地とは異なる性質が与えられた土地である。これは、水際の土地が、都市の管理主体側から見て、一般市街地とは異なる都市機能が期待された場であるからに他ならない。

しかし、水辺空間をかたちづくるのは、こうした「管理された場」としての側面だけでなく、それを「営為の場」として活用しようとする人々の動きが重要であることは、既に前節までで確認してきたとおりである。とすれば、近代においても、水際を管理しようとする明治政府や東京府の態度とは別に、民間の人々がいかにその権利を取得し、どのような目的や理念のもとでこれを活用してきたかのか、その一連の動向を調べることが、水辺空間を解読するための重要な手がかりといえそうだ。本書が外濠の「土手」に焦点を当てるのは、こうした考えによるものである。

しかし、「土手」といっても、そのかたちは様々であるし、それぞれが担う機能や意味合いも場所ごとに異なっている。そのため、それぞれが培ってきた歴史的な背景や地勢的な条件に目を向ける必要がある。水路として利用可能な区間においては、水際の土地は「河岸地」として利用されていくことが多く、明治初頭、あるいはそれ以前から、人々の利用や借地の要請を受け成立してきた。ここでいう「河岸地」とは、近世期までに成立した河岸地とは異なるもので、明治政府による水際の土地の処分を経て生まれた、近代の制度の下においての「河岸地」である。この近代の「河岸地」の成立過程を見ていくことが、本書での重要な分析作業となる。

それと同時に、水路利用ができない区間もまた、本書では分析の対象としている。これは、水路機能のみによらず、例えば景観や風致といったより内面的な側面からも、水辺と都市の関係に迫っていくためである。この場合、「土手」自体に大きな変化はないものの、水辺の植栽や風景という要素が、周辺の生活空間の構成や建築デザインなどに影響を与えていくことが考えられる。

これらを具体的な対象としながら、水辺と都市の関係を見ていきたい。

分析のポイント

次に、こうした方法で分析を進めていくに当たっての、具体的なポイントを整理していきたい。

1 水辺と周辺地域の空間構成の解明

水辺とその周辺地域との関係を解明するために、水辺の土地とその周囲の土地がどのように結びついているのか、その構成原理を探っていく。その際、土地所有や河岸地の借地権、あるいは利用権などが重要な手掛かりとなる。近世期まで先行する利用があまり多くない対象地の土手では、水陸の空間の再編過程が、河岸地の借地権の取得や周辺の土地取得といった、土地の利用権の問題として顕著に表れてくる。これらの土地の所有関係を前提としながら、建築から敷地へ、さらには隣接する町から街区、そして都市へと連続していく空間構成を、時間軸をいれて動態的に捉えていく。

2 水辺の開発主体の解明

明治以降に再編されていく地域にあって、その動きと連動しながら水辺の開発や権利の取得を進めていった主体の存在を確認していく。対象となる外濠周辺は、大部分が旧武家地であるため、水辺の開発主体の多くは、明治以降に移り住んだ新たな住人であり、その稼業や立場も近世期までとは異なる種類のものであることが想定される。彼らの所在地や職業から、いかなる要請がどのような場所から水辺に作用したのかを確認し、水辺の開発主体の性質を解明していく。また、その開発手法や水辺の利用形態を復元的に描き出していくことにも注力したい。

3 水辺の開発主体の地域への影響

水辺の開発主体が、その周辺地域に及ぼした影響を、土地の取得や具体的な開発を事例に検討していく。こうした開発行為は、対象とする外濠周辺の大部分が旧武家地であることから、水辺の開発や土地取得と連動しながら特徴的に進行するものと考えられる。面的な開発の動向を、個々の敷地の土地所有の変化を観察しながら解明していく。また、開発主体のなかには地域を越えて流域沿いの土地を取得し開発していくケースや、さらには水路のネットワークを通じて、遠隔地での開発を連動して行うケースも想定される。あるひとつの地域での面的な開発に加え、より広範な地域での開発にも注目し、その変容過程を見ていく。

④ 地勢的・歴史的な条件による空間の差異

開発が行われた水辺の地勢的な条件や隣接する町の性質によって、生成される空間の特質は異なってくる。そこで、地勢的な条件、並びに歴史的な条件を考慮し、それらの関係によって生じる空間の違いを検証していく。特に、地形的な条件が崖地や荒地など、そこを利用しようとする開発主体にとって、土地の造成や整地といった土木的なアプローチが求められるようなケースでは、水辺空間の基盤を根幹から改変していく動きが想定されるため重要である。また、歴史的な条件として、隣接する町との関係や先行する土地利用の状況が、周辺地域の再編、水辺空間の変容に与えた影響にも触れていく。

⑤ 景観や風致といった側面から見た動き

景観や風致といった観点からも水辺空間の特質に迫りたい。水辺空間は必ずしも実利的な側面のみでかたちづくられてはおらず、その見た目や美観という内面的な側面もおおいに関わってくる。風景が維持されるような状況や、改変されていく背景には、様々なレベルでの人為が作用していると考えられる。特に、近代においては土地が不動産化していくことを前提として考えたとき、そういった動きは土地取得の動機や、土地利用の傾向として表れてくるとみられる。こうした点に注目しながら景観や風致といった側面からも、水辺と周辺地域との相互関係の問題に迫っていきたい。

6 水辺の意味の多様性

水ないし水辺は都市にとって根源的な存在であり、様々な営為を誘発する都市活動の主要な舞台である。こうした水辺の性質の根底には、水が人々の生活に欠かすことのできない資源であるという前提と同時に、時に災厄をも招く畏怖の対象としての側面も備えていることが大きく関わっている。そのため、都市の水辺は古来より、物流や交通のみならず、遊興や祝祭の場として特別な意味が込められ、多様な行為を誘発してきた。こうした多様で複合的な意味は、近代以前から脈々と引き継がれ、より深層で人々の行為を誘発する、精神的な水辺の側面であるといえる。水辺が特殊な意味を内在させた場であり、そしてそれを享受する人々の行為が様々な活動を生み出してきたことを、分析を進めるうえでの前提として据えておく。

用語の定義

さて、ここまでの本文中でも既に使用されているが、以下の用語については、様々な語彙を含んでいるため、その定義をここで改めて明確にしておきたい。

1 「河岸」と「河岸地」

本書では、明治期における外濠とその周辺地域の関係を、土手の変容過程から検討を試みていく。そのなかで、特に焦点を当てているのが河岸地の成立過程である。この河岸という言葉が持つ意味はひろく、一般的には川沿いの荷揚場や船着場のような場所が連想されるが、ときには川の湊、あるいはそれに付随する市場も含めた一体的な場として捉えられることも多い。日本橋魚河岸のようによく知られた市場のような用法から、水運が発達した地区で見られる古い町名、さらには「河岸を変える」のような言葉の比喩など、様々な場面で用いられているにも関わらず、明確な意味づけはなく、場所と機能については曖昧である。

もともと「河岸」という言葉は、中世期まで用いられていた「津」と同義で、近世以降に幕府の権力下にある関東で盛んに用いられるようになった言葉であるという[46]。その語義は、単に物揚場や船着場を指すものではなく、「一般的には河岸問屋などの運輸機構をも含め、またその集落を含めての呼び名」であったようだ[47]。つまり、「河岸」とは、単一の機能や場を指すものではなく、湊機能に関わる様々な諸活動と、周辺の地域社会をも含めた面的な広がりを持った場であったことが理解される。こうした定義は、江戸市中の河岸が、隣接する町人地の地先として、一体的に活用され発展してきたという歴史的な経緯とも見事に合致する。「河岸」という言葉の本意は、こうした川沿いに展開する、湊町の領域的な場を指しているといよう。

これに対して、「河岸地」はより限定的に、川沿いの荷揚場・船着場自体を指していたようで、「河岸」に付随し、川と陸の直接の結節点に付与された湊機能とその場を指して用いられていた。しかし、実態としてはこのふたつの言葉は厳密に使い分けられていたわけではなく、物揚場のような単一の湊機能を備えた場も「河岸」と呼ばれることはあったようだ。江戸時代の幕府による河岸地の呼称を参照してみても、例えば本書でも取り扱う牛込御門脇の物揚場（神楽河岸）を指して、「揚場町地先河岸」と呼んでいるように、領域的な場というよりは、直接的に湊機能を担った川岸の区画自体を指していることが理解される[48]。要するに両者に厳密な区分はないように見えるが、ここではひとまず、上述のような定義に則って、湊機能を伴う領域的な場を「河岸」、荷揚場や船着場といった直接的な機能とその区画を「河岸地」とすることにしたい。

②「河岸地」と「物揚場」

ここで問題となるのが、「河岸地」と「物揚場」の違いである。近世期の荷揚場や船着場を参照すると、「物揚場」と呼称されている場所も幾つか存在していることが確認できる。この両者の言葉の違いについては、都市史研究者である鈴木理生による整理が参考になる。鈴木によれば、「河岸地」と「物揚場」は機能としては同質で、その利用主体の違いが両者の呼称の違いに他ならないという。(49) 町人地によって専有的に利用される場を「河岸地」、武家方によって活用される場が「物揚場」と、明解な定義がなされている。

しかし、「河岸地」の実態としては、町人が専有しながらも武家方との強い関係が見られるケースや、それとは逆に、武家方の「物揚場」に町人が入り込み、部分的に利用しているケースも存在する。特に、神田川の場合は、その周辺の大部分が武家地で構成されているため、「物揚場」が複数存在しているのだが、牛込御門脇の尾張徳川家の物揚場の場合（神楽河岸）、そこには多数の町人が入り込み、積極的な利用がなされている様子が明らかとなっている。(50)

さらに、牛込御門脇の物揚場には、町方が専有する河岸地も存在するのだが、その空間は、日本橋のように蔵や納屋地による高度な土地利用がなされた「河岸地」とは大きく異なり、こうした地区ごとによる違いを無視することはできない。

とすれば、一概に利用主体によって区別することは、本書においてはあまり有効ではないように思う。よって、本書ではその利用主体によらず、制度的な管理下におかれた水際の区画を「河岸地」とし、「物揚場」を単なる機能とその場を指す用語として定義したい。

また、ここでは「河岸地」が必ずしも「物揚場・船着場」といった水運業に関わる機能を伴う区画ではないことに気をつけたい。というのも、本書で対象とする明治期の河岸地には、江戸時代まで見られた地先の物揚場・船着場といった機能だけではなく、例えば居宅地や商店などのように、一般市街地と同様の土地利用がなされるケースも見られるようになる。こうした点は、近代の河岸地の特徴として重要な問題であるため、明治以降の実情を考慮して、明治政府をはじめとした管理主体によって指定された水際の土地を、機能によらず「河岸地」と呼ぶことにしたい。

ただし、注意が必要なのが、幕府や政府関係の文書のなかで、固有名詞として地先の河岸地のことを「物揚場」と呼称しているケースである。この場合は、文献内で使用された呼称に準じた表記とすることにしたい。

③「河岸地」と「土手」

最後に「河岸地」と「土手」である。ここでは、幕府や明治政府といった、行政機関の管理下に置かれた水際の区画を河岸地としたとき、それが立地する土地自体を「土手」と定義したい。河岸地があくまでも行政的な制度を基盤として、その管理下に置かれる場である一方で、こうした社会的な要素を排除し、単に物理的な地平として存立する場を「土手」とする。

とすると、すべての「河岸地」は「土手」に立地することになるが、東京全体の河岸地をみたとき、なかには土手という一般的なイメージからは程遠い場所も幾つか存在する。日本橋魚河岸などのように、高度な土地利用がなされた河岸地がこうした事例に当てはまるが、その成立時期に遡って見てみれば、おそらくそこは町人地の地先の空地であり[51]、成立段階においてはやはり水際の「土手」のような場であったことが想像できる。

一方で、多くの部分が空地で、なおかつ地形の起伏にも富んだ外濠や神田川においては、「河岸地」の区画との差別化を計り、空間的な特徴を捉えた呼称として、「土手」というフレーズが役に立つ。近世期まで、外濠や神田川の「土手」が、「御郭ノ土手」や「御濠端」と呼ばれていたことも、そこが土手のような場所であったことを想起させる。

もちろん地区ごとで形状は異なっているが、ここでは便宜的に水際の土地はすべて「土手」とすることで、そこに作用する営為を観察するという分析手法を明確にしていく。なお、土手ごとの個別の呼称については、その立地や存在する「河岸地」の名称から、「〜土手」とする（詳しくは各章を参照）。

資料について

分析にあたっては、おもに土地の権利関係とその主体に焦点を当てていくことになるが、特に河岸地の成立と展開をめぐっては、「河岸地台帳」と呼ばれる東京府発行の公文書を、主資料として活用する。「河岸地台帳」には、河岸地の拝借人、地坪、用途、借地期間などが記されており、明治以降の河岸地の状態を見ていくうえで大変有効な資料である。明治一五年に最初の台帳が発行され、その後数年おきに戦前期にわたって発行が続けられている。

それぞれの「河岸地」は、所在する区ごとにまとめられ、一筆ごとの情報が各頁に記載されている。ここで掲載される「河岸地」は、明治九年の「河岸地規則」に基づいて、正式に処理された河岸地を示しているため、各年代の台帳を見ることで、その時代においてどの河岸地が正式な河岸地として存在していたかを把握することができる。

本書では、明治一五年発行のものと、明治二二年発行の台帳をおもに利用することとしたい。明治一五年版は、上述のとおり最初の河岸地台帳であるため、近代河岸地の最初期の状態を確認することができる有効な資料である。また、明治二二年版のものは、公有地であった河岸地を東京府の基本財産として下付することを定めた「区部河岸地處分」直後の状態が記され、河岸地の意味が大きく転換していく過程においての、拝借人や規模、用途など、河岸地の利用実態を把握することができる。明治以降の土手の変容を河岸地の成立過程から検討を進めるために、このふたつの台帳を主に利用し、明治三〇年頃までの変化を動態的に分析していく。

なお、本書で対象とする河岸地は、神楽河岸、市兵衛河岸、飯田河岸、三崎河岸の四つであり、それぞれの所在地は順に牛込区、小石川区、麴町区、神田区である。明治一五年版に記載があるのは神楽河岸と市兵衛河岸のみで、あとのふたつは明治二二年版が初出となる。また、三崎河岸に関しては所在が神田区であるために、他の区とは別の綴りに掲載されている。よって、本論文では以下の三つの台帳を主に利用している。

【明治一五年版】

・東京都公文書館所蔵：河岸地免許証台帳〔麹町区、芝区、麻布区、牛込区、小石川区〕全、明治一五年、東京都租税課、一八八二年、請求番号 633.A5.10.

【明治二二年版】

・東京都公文書館所蔵：第一種・河岸地台帳〔麹町区、芝区、麻布区、牛込区、小石川区〕全一六冊の内第一冊、東京都地理課、一八八九年、請求番号 601.B4.13.

・東京都公文書館所蔵：第一種・河岸地台帳〔神田区〕全、東京都地理課、一八八九年、請求番号 601.B4.14.

「河岸地台帳」と先行事例

明治以降の「河岸地」を対象としながら、その分析に「河岸地台帳」を用いた代表的な先行研究として、以下のふたつの事例が存在する。これらを参照しながら、本書での台帳の扱い方と、その意義について整理を行う。

まず、「河岸地台帳」を用いた最初期の研究として、鹿内による一連の河岸地研究を挙げることができる。[52] 鹿内の研究は、日本橋周辺と東京の古川に設置された河岸地を対象としながら、明治から現代にいたるまで、水際のオープンスペースとしての河岸地がいかに維持され、また衰退したのか、即ち「公儀地」であった河岸地が、公的な目的に供されることのない普通財産として処理されていくまでの過程を、「河岸地台帳」に記載された具体的な用途や所有といった情報を基に分析を行っている。明治初期から戦前期までの台帳を利用し、定量的に河岸地の実情を把握する目的で「河岸地台帳」が用いられ、特に借用主体の公私が重要な問題として扱われている。

東京の水辺研究のなかで、河岸地拝借人とその用途に着眼した、最初期の成果である。

もうひとつ、河岸地の分析のために台帳を活用した事例として、岡本による明治期日本橋の研究が挙げられる[53]。先の鹿内と同様に、日本橋の河岸地を対象としているが、本研究の主眼は、地域構造のなかでの河岸地の位置づけに向けられているため、台帳の扱われかたは異なっている。本書では、台帳記載の情報のうち、拝借人の公私だけでなくその所在地にまで検討を加え、隣接する町の土地所有を照査し、河岸地の空間利用や市街地との結びつきを明らかにしている。このとき、河岸地拝借人が地域の空間変容を担う主体であることを、河岸地台帳の拝借人所在地や用途といった情報から分析を試みている。同時に、他の土地所有関係資料との相互検討が加えられており、こうした点に河岸地台帳利用上の特徴を見出せる。

以上のふたつの先行研究に対して、本書で「河岸地台帳」を活用する意義を、以下のように考えたい。これまでの河岸地研究は、主に「河岸地台帳」の情報の定量化と、その統計的な分析に比重が置かれていた。こうした前例に対して本書では、個々の河岸地拝借人の性質をより高い解像度で描き出すため、河岸地の借用に至る経緯やその動き、さらには可視化されないような水辺の開発主体の意向にまで踏み込んで分析を行う。そのため、個々の河岸地拝借人の所在地や土地利用はもちろん、借地期間にも留意しながら、それぞれの河岸地での拝借人の推移、規模の拡大や縮小、さらには土地利用の発展や展開過程なども通時的に観察する。

さらに、河岸地の借用に至るまでの前段階として、それぞれの当該区役所に提出される「河岸地拝借申請」も参照していく。当申請には、河岸地の利用や借用の経緯のみならず、なかには計画図や土手の現況図なども添付されるケースがあり、河岸地拝借人による水辺利用の実態をより鮮明に読みとることができる。このとき、東京府によって却下された申請も参照することで、当該地区にとっての河岸地の実像や、管理者側の河岸地に対する意向もまた読み取ることが可能となる。申請書に記載される保証人の素性からも、河岸地を介した地域構造のかたちに迫ることができよう。

以上のような位置づけのもと、本書では「河岸地台帳」を主資料として活用する。河岸地拝借人の動向を、河岸地の成立以前までさかのぼりその動向に留意しながら、河岸地の区画、敷地、通路、建築といった空間的なコンテクストの成立過程をできる限り高い解像度で復元し、動態的に水辺空間の仕組みを解明していく。

本書の構成

以上を踏まえたうえで、本書は、第2章、第3・4・5章、第6・7章の三部構成をとり、それぞれに以下の視点から考察を行う。

まず第2章では、明治期の外濠が、明治政府によっていかに処理されたのか、その制度的な変遷を確認する。もともと江戸城の城郭をなしていた外濠は、江戸時代までは幕府による厳密な管理下に置かれていたものの、明治期にはこうした存立基盤を失い、都市の空白地として取り残されていく。明治政府による法的な取り組みによって、再び管理されていく一方で、土手空間が持つ歴史や地勢的条件にも左右されながら、地区ごとに固有の変遷を辿ることになる。明治政府という新たな管理主体による意味づけと、現場での実態とを相互に観察しながら、近代の外濠としての基盤が確立されていく様子を見ていく。

第3・4・5章では、第2章で明らかとなった管理主体による意味づけを前提としながら、外濠の土手に対して、人々がどのような要請を働きかけ、空間が生成されていったのかを見ていく。ここで意識されるのは、先述の「分析のポイント」で確認した2・4の視点である。要するに、近代の新たな開発主体は何者であって、彼らがいかに土手空間を読み替えていったのか、また、それぞれの土手の歴史的・環境的な条件がそうした動きに与えた影響に注目する。さらに、隣接する町の性質や、土手の近世期までの利用状況を踏まえながら、近代の営為を異なるかたちで受容し、それぞれに独自の水辺空間を生成させていく過程を、動態的に把握していく。

具体的に第3章では、現在の新宿区側の土手を対象として、江戸時代までに活用されていた箇所を中心に、河岸地機能を拡張し、土手全体に展開していく様子を見ていく。第4章では、対岸の千代田区側の土手を対象とし、江戸時代までは手つかずの空地であった箇所に、隣接する町だけでなく、広範な地域の人々に利用が求められ、河岸地として開発されていく動きを見ていく。このように、第3・4章では主に河岸地の成立過程と空間的な展開に焦点をあてる。

そして第5章では、先述の「分析のポイント」のうちの5の視点から、純然たる濠でしかなかった市ヶ谷濠と牛込濠の土手を対象とする。ここでは、甲武鉄道による土手への鉄道敷設事業を通じて、事業主である鉄道会社と土手を管轄していた陸軍、さらには日本発の近代的都市計画事業として知られる市区改正事業の委員会といった異なる主体の意向が交錯するなかで、土手の機能や意味、空間の輪郭が定まっていく様子を見ていく。先の第3・4章とは異なり、舟運機能を持たない濠であることから、水辺の実利的な利用というよりは、濠の持つ景観や風致、歴史性といった性質が、土手の改変事業に与えた影響について分析を行う。

次に、第6・7章では、外濠の周辺に目を向け、第3・4章で明らかとなった、近代における土手の変化が、こうした地区の空間変容と相互に連関した動きであったことに触れていく。ここでは特に、先述の「分析のポイント」のうちの1・5の視点が深く関わってくる。第6章で注目するのは、ここまで見てきた河岸地拝借人のような水辺の利用者である。彼らが周辺市街地の空間変容も同時に担う存在であったということを示すために、水際の土地から隣接地、街区から地域へと、異なるスケールで見られる水陸の有機的な結びつきを、土地所有や土地利用の観点から示していく。

最後に第7章では、市ヶ谷濠と牛込濠の周辺地域に視線を移し、水辺の持つ風致や境界性といった歴史的特性や土手の形状などの地勢的な観点から、居住空間の変容に水辺が与えた影響を見ていく。河岸地など、実際に水を活用する直接的な結びつきとは異なるケースとして、都市と水辺の意味を解明し、近代における東京の空間変容のひとつの側面を描き出していく。外濠周辺の土地所有者が、水辺のみで完結しない地域変容の担い手でもあったことを、土地と空間の変化から復元的に見ていくことが重要な分析作業となる。

注　釈

(1) 陣内秀信「「水都学」をめざして」、陣内秀信・高村雅彦編『水都学Ⅰ　特集：水都ヴェネツィアの再考察』法政大学出版局、二〇一三年、一五〇～一五二頁。

(2) 近世期の木挽町に様子については、常山真央「水辺と劇場――江戸名所図屏風に描かれた芝居町木挽町の復元的考察」『江戸木挽町の芝居町と東京近代の大近河岸――水辺都市再生のための復元的考察』(法政大学デザイン工学部建築学科高村研究室、二〇一〇年) に詳しい。

(3) 鈴木理生『江戸の川　東京の川』井上書院、一九八九年、八三～八四頁。

(4) 前掲 (3)、一〇八頁。

(5) 深川や日本橋地区は、近代以降も近世期に築かれた水路網を活用、場合によって強化し、東京のなかで特に水辺のイメージを備えた一帯となっていった。陣内秀信「東京に映し出されたヴェネツィアのイメージ」前掲 (1) の五九頁。

(6) 都市史の分野から江戸東京の水辺を取り上げている研究の主な対象地は、町人地と結びついた地域、特に日本橋地区にその対象が偏っている傾向が強い。例えば、伊藤裕久「日本橋魚市場の空間構造――近世から近代へ」『都市史小委員会二〇〇六年度シンポジウム「都市と建築――内と外」梗概集』(日本建築学会、二〇〇七年)、並びに岡本哲志「明治期における日本橋の河岸地構造の変容に関する研究――明治初期と明治末期との比較」法政大学エコ地域デザイン研究所編『水辺都市再生に向けた地域デザインの構図 Vol4』(法政大学エコ地域デザイン研究所、二〇〇七年) など。

(7) 本書で対象とする外濠とは、本文のとおり、四ツ谷御門から牛込御門を経由して水道橋に至るまでの区間を指している。以後、外濠と表記する場合は、特に説明がない限り、本定義の区間を示すこととする。

(8) 近世期における神楽河岸の発達については、吉田伸之『シリーズ日本近世史④　都市　江戸に生きる』(岩波書店、二〇一五年) を参照。

(9) 代表的なものに、石田頼房『日本近現代都市計画の展開：1868-2003』(自治体研究社、二〇〇四年) がある。

(10) 代表的なものに、藤森照信『明治の東京計画』(岩波書店、一九八二年) がある。

(11) 松山恵『江戸・東京の都市史：近代移行期の都市・建築・社会 (明治大学人文科学研究所叢書)』東京大学出版会、二〇一四年。

(12) 鈴木博之『日本の近代10　都市へ』(中央公論新社、一九九九年、九八～一七九頁) では、幕末から明治にかけて江戸東京の土地がいかに処理され、どのような人々に扱われていったのかを、具体的な人物に焦点を当てながら描き出している。
(13) 前掲(3)、一八九～一九二頁。
(14) 吉田伸之「流域都市・江戸」伊藤毅・吉田伸之編『別冊都市史研究　水辺と都市』山川出版社、二〇〇五年、一三～二七頁。
(15) 日本橋を対象としたものに、前掲(6)の伊藤と岡本の研究が、利根川水系を対象としたものに、川名登『ものと人間の文化史139　河岸』(法政大学出版局、二〇〇七年)が挙げられる。
(16) 長谷川堯『都市廻廊――あるいは建築の中世主義』(相模書房、一九七五年)では、江戸の郷愁を表徴する対象として下町の水辺や路地が取り上げられ、そこを舞台とした文学や美術による、伏流としての文化的活動の展開が描かれた。
(17) 例えば、天保の改革によって河岸地の物置場が撤去される様子は、東京大学史料編纂所編『大日本近世史料　市中取締類集13　河岸地調之部3』(東京大学出版会、一九七八年、三〇八～三五二頁)に詳しい。
(18) 近代以降の東京の水辺の事業や制度を扱った研究として、例えば、昌子佳江「東京の都市計画と河川運河に関する史的研究」(一九九〇年度東京大学学位請求論文)を挙げることができる。
(19) 石田頼房『日本近代都市計画の百年』(自治体研究社、一九七八年)や前掲(9)。渡辺の研究に渡辺俊一『「都市計画」の誕生：国際比較からみた日本近代都市計画』(柏書房、一九九三年)が挙げられる。
(20) 前掲(10)。
(21) 東京都立大学都市研究会編『都市構造と都市計画』(東京大学出版会、一九六八年)や、都市デザイン研究体『日本の都市空間』(彰国社、一九六八年)をその主要な成果として挙げることができる。
(22) デザイン・サーベイは、単なるニュートラルな記録でしかないという指摘もあるものの、新たなデザインの可能性を見出すという目的においては、その後、建築単体ではなく、広がりを持った町や集落の空間のかたちを捉えようという見方が一般化された点で、多くの成果を残したといえよう。デザイン・サーベイの記録としては、一九六八年から主に『建築文化』で掲載されたものをまとめた、明治大学工学部建築学科神代研究室『日本のコミュニティ　その1：コミュニティとその結合』(鹿島出版会、一九七七年)や、法政大学宮脇ゼミナール編『日本の伝統的都市空間――デザイン・サーベイの記録』(中央公論美術出版、二〇〇三年)を挙げることができる。
(23) 江戸東京学の概要については、小木新造編『江戸東京学事典』(三省堂、一九八七年)を参照した。
(24) 都市生活史の視点から取り組まれたものとして、小木新造『東京庶民生活史研究』(日本放送出版協会、一九七九年)や、小木新造『東京時代――江戸と東京の間で(NHKブックス371』(日本放送出版協会、一九八〇年)などが挙げられる。
(25) 前掲(11)、一三～一四頁。

(26) 陣内秀信「建築類型学から空間人類学、エコヒストリーへ」(『二〇一〇年度日本建築学会(北陸)建築歴史・意匠部門 パネルディスカッション資料 都市と建築──その歴史的結合の解釈と方法的展開の可能性を巡って』日本建築学会、二〇一〇年)を参照した。
(27) 陣内秀信『東京の空間人類学』筑摩書房、一九八五年。
(28) 鈴木理生『江戸の川 東京の川』日本放送出版協会、一九七八年。
(29) 川名登『河岸に生きる人びと──利根川水運の社会史』(平凡社、一九八二年)や、前掲(15)などがある。
(30) 伊藤好一『江戸の町かど』平凡社、一九八七年。
(31) 波多野純「水道(用水)」『講座日本技術の社会史 第六巻 土木』(日本評論社、一九八四年)、波多野純「甲州甲府城下町における甲府上水について:都市施設としての用水を通して見た城下町設計方法の研究10」『日本建築学会 学術講演梗概集 E:建築計画、農村計画』(一九八五年)。
(32) 内藤昌『江戸と江戸城』鹿島出版会、一九六六年。
(33) 玉井哲雄『江戸町人地に関する研究』(近世風俗研究会、一九七七年)、玉井哲雄『江戸 失われた都市空間を読む』(平凡社、一九八六年)。
(34) 横内憲久「いま、なぜウォーターフロントか」、『FUKUOKA STYLE Vol.1』星雲社、一九九一年、六〜一一頁。
(35) 陣内秀信・岡本哲志編『水辺から都市を読む──舟運で栄えた港町』法政大学出版局、二〇〇二年。
(36) 高村雅彦『中国江南の都市とくらし──水のまちの環境形成』山川出版社、二〇〇〇年。なお、本文中の方法論についての言説は、本書より引用した。
(37) 難波匡甫「江戸東京と内川廻し──河川舟運からみた市域形成」陣内秀信・高村雅彦編『水都学Ⅲ』(法政大学出版局、二〇一五年、五九〜七八頁)、難波匡甫『江戸東京を支えた舟運の路──内川廻しの記憶を探る』(法政大学出版局、二〇一〇年)。
(38) ムラトーリによる方法論としてのテリトーリオの展開過程については、植田曉「イタリアにおける都市・地域研究の変遷史」前掲(37)の一六七〜二〇九頁を参照。
(39) 前掲(6)『都市史小委員会二〇〇六年度シンポジウム「都市と建築──内と外」梗概集』並びに、伊藤裕久「都市空間の分節把握」吉田伸之・伊藤毅編『伝統都市4 分節構造』(東京大学出版会、二〇一〇年)。
(40) 小林信也「近世江戸町方の河岸地について──新肴場河岸地を事例に」『史学雑誌』第一〇三編第八号(一九九四年)、小林信也「江戸東京の床店と市場」都市史研究会編『年報都市史研究4 市と場』(山川出版社、一九九六年)、小林信也『江戸の民衆世界と近代化』(山川出版社、二〇〇二年)、小林信也「江戸の民衆と床店葭簀張営業地」吉田伸之・長島弘明・伊藤毅編『江戸の広場』（東京大学出版会、二〇〇五年）。

(41) 南和男「江戸の床店――天保期の改革を中心として」『国立歴史民俗博物館研究報告』第一四集（一九八七年）、横山百合子「江戸町人地社会の構造と床商人地代上納運動――幕末維新期神田柳原土手通り床店地の事例から」都市史研究会編『年報都市史研究7 首都性』（山川出版社、二〇〇五年）。

(42) 「水都学」の狙いについては、前掲（1）に所収の、陣内秀信「「水都学」をめざして」（一三九～一八四頁）を参照した。

(43) 前掲（11）。

(44) 滝島功『都市と地租改正』吉川弘文館、二〇〇三年。

(45) 鈴木博之『東京の「地霊」』文藝春秋、一九九〇年。

(46) 前掲（15）の七頁によれば、「河岸」は幕府の影響力の大きな最上川や阿武隈川、幕府代官の派遣される場所などで盛んに使われた、近世初期に生まれた新しい言葉であるとされている。また、中世においては同じような場所を指して、「津」と呼んでいたことも述べられている。

(47) 前掲（15）、五頁。

(48) 天保期の河岸地取調掛の上申書に見られる、「神楽河岸」に対する表記として、「牛込揚場町地先河岸」という表現が見られる。ここから、「河岸」という言葉が厳密に領域的な場として使われていたわけではなく、川沿いの物揚場などの区画を指す言葉としても用いられていたことが考えられる。前掲（17）の三一一頁。

(49) 前掲（3）、一四二頁。

(50) 前掲（8）の二一六～二一七頁によれば、牛込揚場町の河岸（神楽河岸）は、尾張藩屋敷に納入する土・瓦を扱う町人が、揚場の管理を担いながら自身の「売荷物」も扱うなど、尾張藩の揚場部分も含めて、その大部分が民間の利用に供されていたことが指摘されている。

(51) 前掲（30）の七七頁では、江戸の河岸地は、空けておかなければならない水際の空地＝土手が、地先の町人などに取り込まれながら、公儀地としての側面が有名無実化し、成立した場であることが指摘されている。

(52) 鹿内京子・石川幹子「明治以降の日本橋における魚河岸の歴史的変遷に関する研究」『平成一五年度日本造園学会全国大会研究発表論文集（21）』（二〇〇三年）、鹿内京子・石川幹子「明治以降の日本橋における三河岸の歴史的変遷に関する研究」『平成一六年度日本造園学会全国大会　研究発表論文集（22）』（二〇〇四年）、鹿内京子・古澤博隆・石川幹子「明治以降の古川における三河岸の歴史的変遷に関する研究」『平成一七年度日本造園学会全国大会　研究発表論文集（23）』（二〇〇五年）、鹿内京子・石川幹子「明治以降の東京下町における亀島河岸の歴史的変遷に関する研究」『都市計画論文集　第40巻』（日本都市計画学会、二〇一一年)。

(53) 前掲(6)の岡本の論文。

第2章

外濠の土手空間

その管理と制度

1　はじめに

複雑な管理状況

現在、外濠の管理を担っているのは千代田区である。外濠は江戸城の城郭であるし、その形態も、いまの千代田区の輪郭に沿って張りついているのだから、歴史的な経緯から見ても、これは自然な流れといえそうだ。しかし、行政区を細かく見ていけば、区界自体はお濠のだいたい真ん中あたりを通っているので、部分的には新宿区も含んでいるし、土手公園や鉄道軌道用地も含めて見ていけば、東京都や国交省のほか、JRをはじめたとした民有地もなかには含まれている。外濠の権利関係は様々な主体が入り乱れて、とても複雑な様相を呈している。

これは、他の河川や水路にはなかなか見られない状況であるが、なぜ外濠ではこのような状態を招いてしまっているか。答えはおそらく単純ではなく、さまざまな事情が絡み合った結果として、いまの状況があることは想像に難くない。ただ、ここで確認しておきたいことは、こうした重層的な管理の状態が、実は江戸時代から近代にいたるまで、外濠では普通に見られた状況であるということだ。

江戸城の城郭でありながら、部分的に水路としても機能し、またあるときは土手の空地が利用されるという複雑な利用状況が江戸時代から続いていたのである。これは、外濠という水辺を考えるうえでとても重要なポイントであり、そうした性質が近代にも引き継がれた結果として、現代へつながる外濠の空間的な基盤はかたちづくられている。

こうした前提を考慮しながら、外濠とその周辺地域の連関した変容過程を見ていくために、まずは外濠の土手が、近世から近代にかけて、それぞれの政治権力下においてどのように管理されてきたのか、また制度や法令という網掛けのなかで、都市的な場としていかなる意味を帯びてきたのかを、詳しく見ていくことが必要であろう。本章では、そうした外濠の制度的な構成を、近世から近代にかけての変遷に注目しながらみていく。

特殊な場所性

神田川も含めた外濠の土手は、近世においては幕府によって、近代初頭においては明治政府を中心として管理が行われてきた。時代ごとの制度的な影響を受けながら、周辺地域との関係によって、その土地利用や空間はつねに変化を遂げてきた。こうした変化のプロセスは、江戸城の城郭であるということを前提に、単なる水路ではなく、より複雑な意味を与えられてきた場所であることによって導かれてきた。

外濠が城郭であるという性質が、最も直接的に与える影響として、まず空間利用の制限が考えられる。城郭は、防衛の要、あるいは権威の象徴であるから、自由で開かれた利用はまず考えられない。そしてもう一点、その形状的、地形的な特性によって、土地の使い方がつよく限定されるということが想定される。外敵の侵入を拒むためにつくられたそのかたちは、部分的に切り立った崖のようになっており、およそ一般の市街地のような土地利用は、そう簡単にはできそうもない。

本章では、こうした条件を念頭に、実際にみられた土手の空間利用にも触れながら、場所に与えられた意味を探っていき、実際に表れてくる空間がいかなる条件のもとで成立したのかに目を向けていく。そのうえで、管理主体側から見た、外濠に対する特別な場所であるという見立てが、近代以降にも引き継がれていった状況や否定されるような局面、さらにはそれらが、近代以降の土手の空間形成に及ぼした影響について触れていきたい。

また、土地の意味が社会的要因によって変化していく様子は、本書の上位目的である都市空間における水辺の意味を探るうえで重要なポイントでもある。水辺は、場所の存立基盤が不安定で、いとも簡単にその条件が変更される流動的な場であるからこそ、近世から近代という時代の転換期おいて、場の意味を柔軟に変化させていくことになる。そのとき、周辺地域とどのように相互の関係を育んでいくのか、そうした動きのなかに都市にとっての水辺の存在意義を見出すことができると思えるのである。本書は、第3・4・5章で近代以降の土手空間の変容を、第6・7章で周辺市街地の変容に焦点を当てることになるが、ここでの考察がそれらの分析を進めていくうえでの前提として重要である。

本章の狙い

江戸幕府による土手の管理から、近代の明治政府へと移行していくなかで、新たな制度が確立され、外濠という場所の定義が再構築されていく過程をみていく。そのとき、外濠という広大な空間に期待された都市機能や、近代の都市計画のなかでどのような場所として処理されていったのかという、明治期東京の都市政策との連関にも触れていきたい。

まず第2節では、外濠の土手という場所が、江戸の市域において、一般の市街地とは異なる特殊な場であったことを確認していく。幕府の管理下におかれた外濠の土手は、隣接する町の性質や、お濠の内外という差異によって、全く異なる状態を呈することになる。ある場所では、物揚場をはじめとした湊機能を備えた土手として、またある場所では利用が制限された純然たる土手として管理されており、他の水路とは異なる意味づけがなされていた。このとき、幕府はここを「御堀端」と呼称としているが、当の幕府にとっても、土手の所轄は決して明確というわけではなく、曖昧な見立てが混在していたということは注目される。厳格な管理という意向と同時に、他方、周囲の町との関係によっては物資の集散地としての利用を認めるなど、異なる意向の狭間で推移する土手の様子を見ていく。

そして第3節では、明治時代を迎え、近代へと移行していく時期に、都市計画や法制度のなかで土手がどのように扱われていったのかを確認していく。市区改正事業における水路としての神田川の位置づけと、甲武鉄道による土手への鉄道敷設計画、さらに明治政府ならびに東京府による河岸地に関する政策という三つのポイントが、重要な視点となる。

2 幕府による管理と土手空間の多様性

濠ごとに異なる土手の特性

外濠の成立は、江戸時代の初期にまで遡る。江戸城の外郭にあたる外濠が開削されたのは、寛永一三年（一六三六）のことである。外濠は、自然の谷地を利用しながら造成されているため、両岸を丘に挟まれたような形状をしており、特に千代田区側の牛込御門より上流に面する土手の大部分は、高さ二〇メートルに迫ろうという切り立った崖のような地形をしているのが特徴である。これに加えて、ちょうど牛込御門東側の船河原橋あたりで合流する神田川が、それより下流の外濠を担い、牛込御門を境に異なった性質の濠が繋がるという構成が取られている。

神田川は、かつて幕府の蔵地があった和田倉門方向へと抜けていた平川の流路を、元和六年（一六二〇）に蔵地を洪水被害から守ることに加え、小川町一帯への宅地造成の目的のため、現在の船河原橋で流路を東へと直角に曲げ、御茶ノ水の渓谷を切り通し、隅田川へと繋げることで築かれた流路である(1)。はじめの頃は、主に雨水などの排水としての機能しか備えていなかったようであるが、万治三年（一六六〇）に、伊達綱宗が「牛込、和泉橋間の舟入堀」のために神田川の拡幅を幕府より命ぜられことによって、牛込御門までの舟運利用が可能な水路としての整備が進められていった。[2] 牛込や小石川といった、外濠の外側にあった地域が、次々と市街地化していくのはちょうどこの頃からであり、江戸の拡大と神田川の水路としての機能は密接な関係にあったことが伺える。

純然たる濠

さて、こうして経緯によって、ひとつながりの輪郭をかたちづくっていった外濠であるが、全体がひと括りに同じような水辺ということはなく、その管理や利用の実態に関しては、幕府による土手の位置づけや、隣接する町の性質によって大きく異なっていた。

まず、市ヶ谷御門から牛込御門に囲まれた牛込濠を見てみると、他の水路から舟の乗り入れができない（水は循環しているものの）水たまりのような濠であることに気がつく（図2-1、図2-2）。これは、それぞれの御門に架けられた土橋が、堰堤の役割を果たすダムのような構造を持ち、接続する前後の濠で水位差が設けられているためである。また、土手の形状を見てみると、上述のとおり千代田区側では、切り立った崖のような土手が築かれており、人やその活動を寄せつけない、まさに防御のための障壁としてそびえ立っている。こうした地形は、もともとの自然地形を引き継いだものではあるが、外濠開削の際に発生した土砂を積み上げて堤防を築くなど、一部人為的な改変も加えられたことで、より城壁としての性質が強化されている。江戸城防衛の重要な施設であることから、その管理も徹底したものであったことは想像に難くない。例えば、現在の土手とは状況が違い、法面には一切植樹などはされていなかったことが当時の絵画から読み取れるし、また立ち入り自体も厳しく取り締まられていたと考えられる。

こうした城壁としての側面が色濃い濠の内側の土手に対して、外側の土手はこれとは異なる様相を呈している。外側、要するに現在の新宿区側の土手は、切り立った崖のような形状ではなく、数メートル土手を上がればそこには大通りが濠に沿って通されている。この現在の外堀通り沿いには、町家が軒を連ね、商業で賑わう水辺の町が広がっていた。詳しくは後述するが、千代田区側とは異なり、新宿区側の土手では、町人が一時的に物置場として利用するなどの動きが見られる。外側の土手は、隣接する町の町人らによって、部分的に活用されるなど、実利的な性質を孕んだ土地であった。

水路機能を持つ神田川

次に、牛込御門より下流を見てみたい。この流域が先に見た牛込濠と決定的に異なるのは、船河原橋で神田川と合流するために、舟運利用が可能な水路としての機能を兼ねているということである（図2-3）。

図 2-1　現在の牛込見附橋と手前の水面が牛込濠

図 2-2　同位置から南西側を向くと市ヶ谷見附橋が見える

図 2-3　牛込御門の下流で外濠は神田川と合流する（飯田橋から見る）

江戸時代に、水路として使われていた状況を知るには、寛政年間の「神田川通絵図」（国立国会図書館所蔵）が有効な資料となる。本図は、神田川の牛込御門から大川（隅田川）までの区間に設けられていた、物揚場や船着場が水路の図と一緒に書き込まれたものである。その様子を細かく見ていくと、朱色で描かれた請負人場が多くを占めるなかで、新宿区側の土手には武家方と町方それぞれの揚場が幾つも設置されていることが読み取れる（図２‐４）。請負人場とは、幕府から何らかのかたちで土手の管理を任された役職と見られることから、おそらくその範囲で荷揚などの行為を自由に行うことは難しかったものと推察される。

また、神田川の両岸で、その状況が顕著に異なることも注目される。武家方、町方それぞれの物揚場や河岸は、基本的に新宿区側の土手に設置される傾向にある。千代田区側の土手にはこうした機能はほとんど

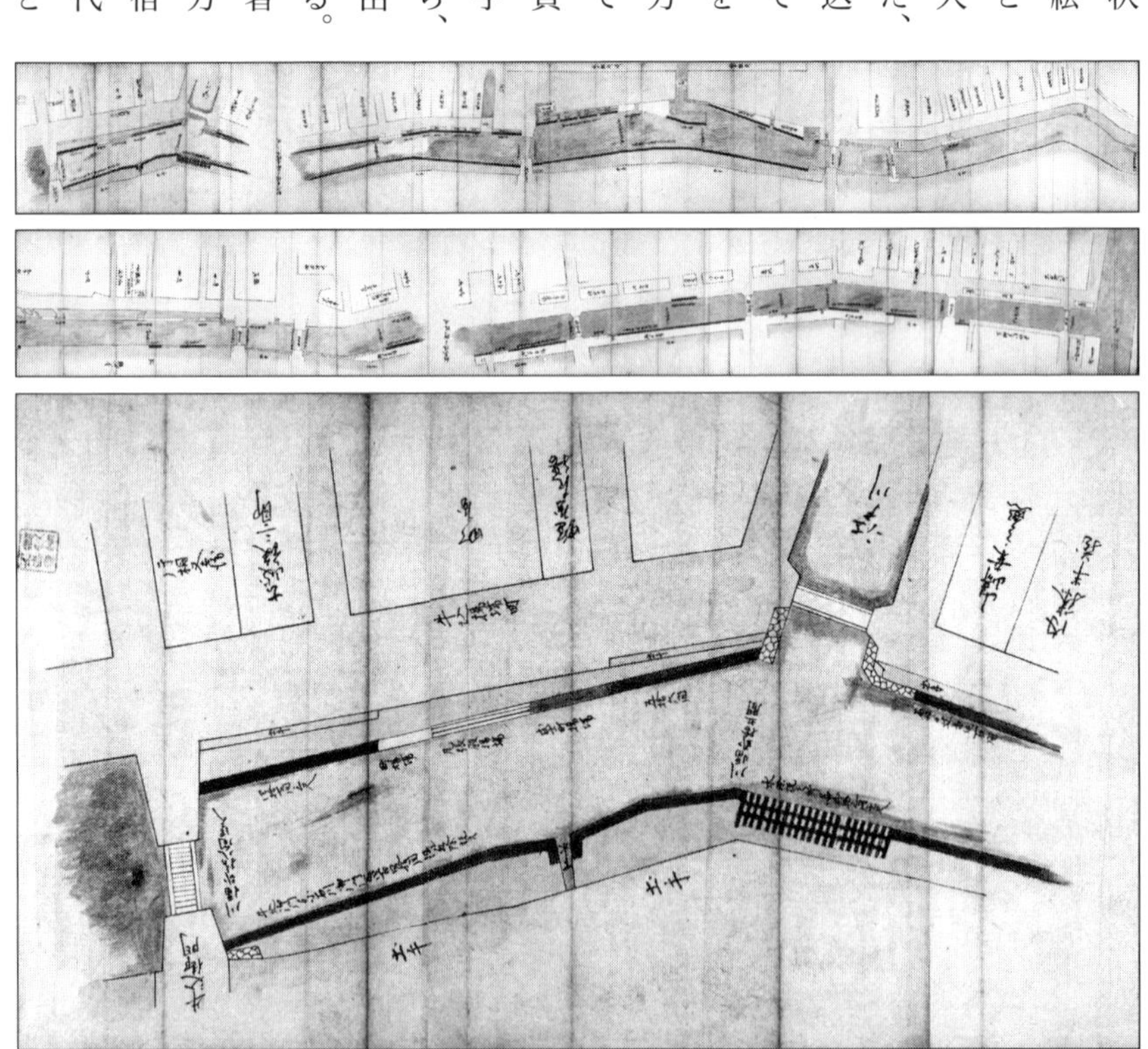

図 2-4 「神田川通絵図」にみる寛政年間における土手利用の状況（上・中）と揚場町周辺の拡大図（下）。黒い部分が請負人場

付与されておらず、幕府による管理の意向に、内外で明確な差異が設けられているといえよう。

このように、外濠の一部であることから、特に郭内側の土手で利用が制限されながら、その対岸では、尾張殿揚場や水戸殿揚場をはじめとした、武家方による専有的な利用が目立つ。武家地を横断するように流れる神田川の特徴的な面であるといえよう。また、御茶ノ水以西の郭内側の土手の全域が、すべて請負人場とされていることも、城郭としての神田川の特性をよく表している。

舟運基地としての神楽河岸

こうした管理と利用の状況を踏まえたとき、とりわけ重要な地区として、牛込の揚場町の地先に設けられた物揚場の存在が浮かび上がる。牛込御門の外側に立地した物揚場である当地は、隣接する町人地である揚場町の地先として古くから利用されてきた。「神田川通絵図」でも、町揚場、武士町揚場という表記が見られることから、水路としての積極的な利用が伺い知れる。

さらに、幕末の段階においても、尾張藩の物揚場である「尾州様物揚場」と、町方の揚場である「惣物揚場」が確認できることから[3]、江戸時代のほぼ全期間にわたって、武家方、町方の混在する状況が続いていたと考えられる。他の水路を持たない牛込地区で唯一の物揚場であり、この揚場町の地先が「山の手諸色物騒」の拠点として重要な役割を担ってきた[4]。

牛込地区は、一般的に山ノ手として知られているが、この揚場町を拠点として、歴史的には湊のようなまちでもあったのである。そこには、いくつもの舟が係留され、人、物が行きかう賑わいがあったに違いない。歌川広重作『絵本江戸土産』に描かれた「牛込揚場」からも、そうした趣が伝わってくる（次頁図2－5）。

以上のように、外濠では、濠の性質の違い、内外の違い、さらには隣接する町との関わりによって、異なる管理の実態が見られ、それぞれに独自の空間利用が行われていたことが確認できた。また、水路として外濠と神田川を見たとき、揚場町の地先の物揚場が特に重要な拠点であったという状況も分かってきた。これらを踏まえたうえで、幕府による土手に対する意向と管理の実態、さらには実際の利用状況を見ていきたい。

河岸地の管理状況

幕府が、外濠の土手をいかに管理していたのか、ここではまず河岸と物揚場の状況を取り上げる。

江戸の河岸地は、もともと公儀地として厳密に管理されていたものが、江戸中期以降に町人によって、物置場や蔵地として地先の土手が占有されていったことで成立したことが知られている[5]。江戸の後期までに、こうした水辺利用は隆盛を極めたと考えられるが、天保の改革期には、江戸市中の河岸端の利用に対して厳しい取り締りが実施された。無許可で、そのうえ火焚きや居住が行われた建物に関しては、一方的に取り払うという厳しい処置がとられたのである。しかし、その直後から、施設の再建を願い出る動きが各所で見られ、揚場町地先においても同様の事態が進行する。こうした河岸端の施設の再建をめぐってのやり取りからは、外濠が独特な管理状況に置かれていた状況が垣間見えて興味深い。

事例をひとつ見ていく。揚場町地先の「尾州様物揚場」内には、尾張家屋敷内に出入りの者も含めた、薪商人達の薪置場や火焚所等が設置されていたが、天保の改革期（天保一二〜一四年）にこれらの施設はいちど撤去されてしまう。これに対して、天保一五年、物揚場を占有していた市ヶ谷の尾張家から南町奉行所鳥居甲斐守に対して、ひとつの問合書が出された。そこには揚場内の一部を、町人が拝借することを求める旨が記されている[6]。

図 2-5　歌川広重『絵本江戸土産』に描かれた揚場町とその地先の様子（中央区立京橋図書館所蔵）

本件は、河岸地の町人による利用に関する問い合わせのため、町奉行所に判断を委ねられたものであったが、揚場町地先が江戸城の曲輪であり、堀端の一部でもあるという理由から、普請奉行にも照会が必要だと、奉行所からの返信が添えられている。要するに、外濠が江戸城の城郭であることから町奉行所として判断を決めかねている状況を見て取ることができるのである。[7] こうした一件からは、外濠が水路でありながら、城郭をなす堀端でもあるという、二重の意味を内包していたという事実が浮かび上がる。

そして、このやり取りでもうひとつ注目されるのが、神田川のどこまでを堀端として定義するかについて、明確な規定がなかった様子が伺えることである。というのも、本件をめぐっての河岸地取調掛による上申書によれば、禁漁令や火焚所の有無といった過去の状況から、牛込御門から昌平橋までを堀とし、それより下流を神田川とする、という判断があったことを見ることができるが、[8] 原則的にはお濠であるにも関わらず、このような確認作業を通じて言明されなければならないほどに、外濠の区分けはあいまいな状況となっていたのである。

一方で、当区間の水路としての側面は、揚場町の存在によるところが大きい。武家地への物資供給地として利用されてきた揚場町が拠点となることで、城郭を兼ねる神田川の水路としての性質が確立されてきた。

こうした外濠に与えられた二重の意味は、明治以降の制度下においてはむしろ否定され、水路としての側面のみが強調されていくことになる。しかし、江戸城の城郭をなす堀端であるという認識自体は残り、その後の土手の扱いに影響を与えていくことになるが、その過程については、次節で詳しく検討を加えていきたい。

営為を受け止める土手

ここまで、外濠が堀端として、あるいは水路として、幕府の管理下に置かれていることを見てきたが、実際の土地利用に関しては、揚場町地先の土手に物揚場が設けられている以外、どのような状況が見られたのであろうか。本節の最後に、実際に土手で行われていた土地利用に注目し、外濠の土手空間の実態に迫ってみたい。

まず、牛込濠の土手に注目してみると、千代田区側の土手に関しては、その地形的な条件もあって具体的な活用がほとんど見られないものの、対岸の新宿区側には、天保年間頃に以下のように複数の利用状況を確認することができる。(9)

【市ヶ谷田町四丁目地先堀端】

自身番所、材木置場、皺棹置場、床番屋、石置場、商ひ番屋

【市ヶ谷八幡町地先御堀端】

葭簀張茶見世×5、皺棹置場、自身番屋、懸ヶ床

【市ヶ谷田町壱丁目地先御堀端】

床番屋、たたみ床×6、商ひ番屋、たたみ床×5。葭簀張床店×2、たたみ床×2、紺物干場竹もかり、自身番屋、たたみ床×3、床番屋、火之見建梯子

【市ヶ谷田町上貳丁目地先御堀端】

自身番屋、石置場

【市ヶ谷田町下貳丁目地先御堀端】

木戸番屋、皺棹置場、自身番屋、車置場×2、石置場

【市ヶ谷田町三丁目地先御堀端】

木戸番屋、材木置場、車置場、皺棹置場、自身番屋

【市ヶ谷船河原町地先御堀端】

自身番屋

【牛込御門外同所牡丹屋敷】

掛床、同断

こうした状況からは、牛込濠の土手が、仮設的な建物や物置場の一時的な利用が部分的に許容されるような場であったことが分かる。その利用の多くは、図2－6や図2－7のように、隣接する町人地や社寺によって、地先が借用されているケースが多い。例えば、市ヶ谷田町四丁目の材木置場は、同町の材木屋伊兵衛によって利用されていたものであるし、市ヶ谷八幡町地先の床店は、八幡の門前町として営まれたものである[10]（次頁図2－8）。牛込濠では、舟運が使えないため先の揚場町のような状況とは異なるものの、隣接する町の要請に応えるかたちで、土手の利用は行われていたのである。

牛込御門より下流の地区ではどうであろうか。揚場町の地先では、上述の「尾州様物揚場」と「惣物揚場」以外にも、個人借用の物置場が存在する（第3章の図3－5を参照）。

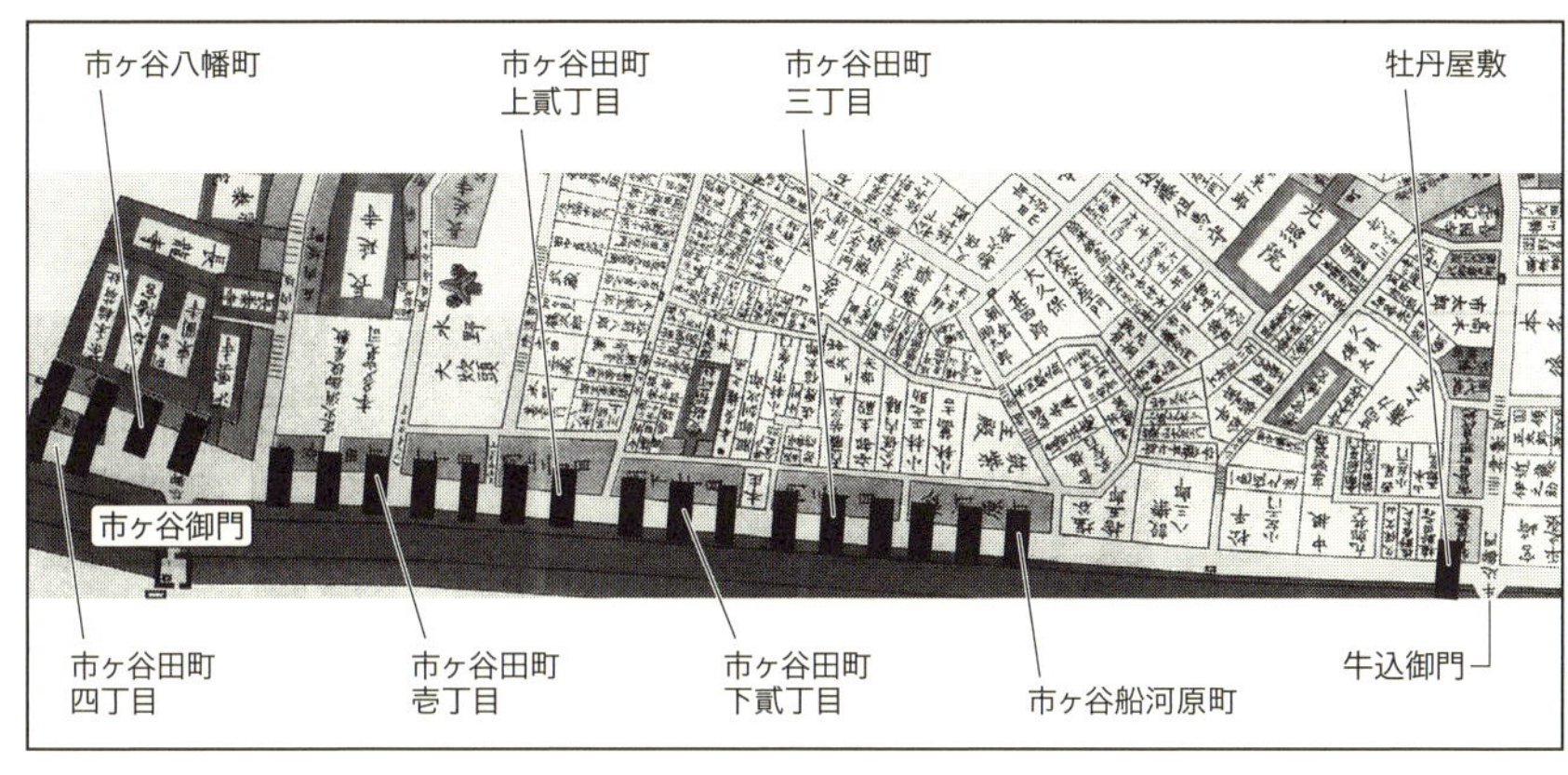

図2-6　牛込濠の土手を利用する町と寺社の分布（「尾張屋版江戸切絵図」より作成）

図2-7　現在の牛込濠沿いのかつての町人地の様子

例えば、牛込若宮町の清五郎は、物揚場南西側の「惣物揚場」に隣接して、間口三間奥行十間の土置場を個人で借用していることが確認できる。[11] こうした個人借用の物置場が、いつ、どのようにして成立したかは不明であるものの、この清五郎の土置場に関しては、寛延年間からの借用であることから、長い期間にわたって因習的に利用されてきたのであろう。

また、明治初年頃にも、土手に隣接した通りに沿って、複数の床店や葭簀張りを確認することができるうえに、[12] さらに下流に位置する水道橋の土手にも、水茶屋が建てられていたことが知られている[13]（図2-9）。こうした建物の仮設物は、必ずしも神田川の舟運と結びついたものではないと思われるが、このような土地利用が堀端では一般的に見られることから、[14] そこが単なる空地ではなかったという点をここでは確認したい。

以上、外濠の土手に見られる、実際の土地利用を見てきた。外濠は、堀端としての管理下におかれてはいたものの、周囲の町との関係よっては、部分的な土地利用が許可されてきた。おそらく、利用者側の要請があった場合に、その状況に応じて、その都度対応がなされてきた

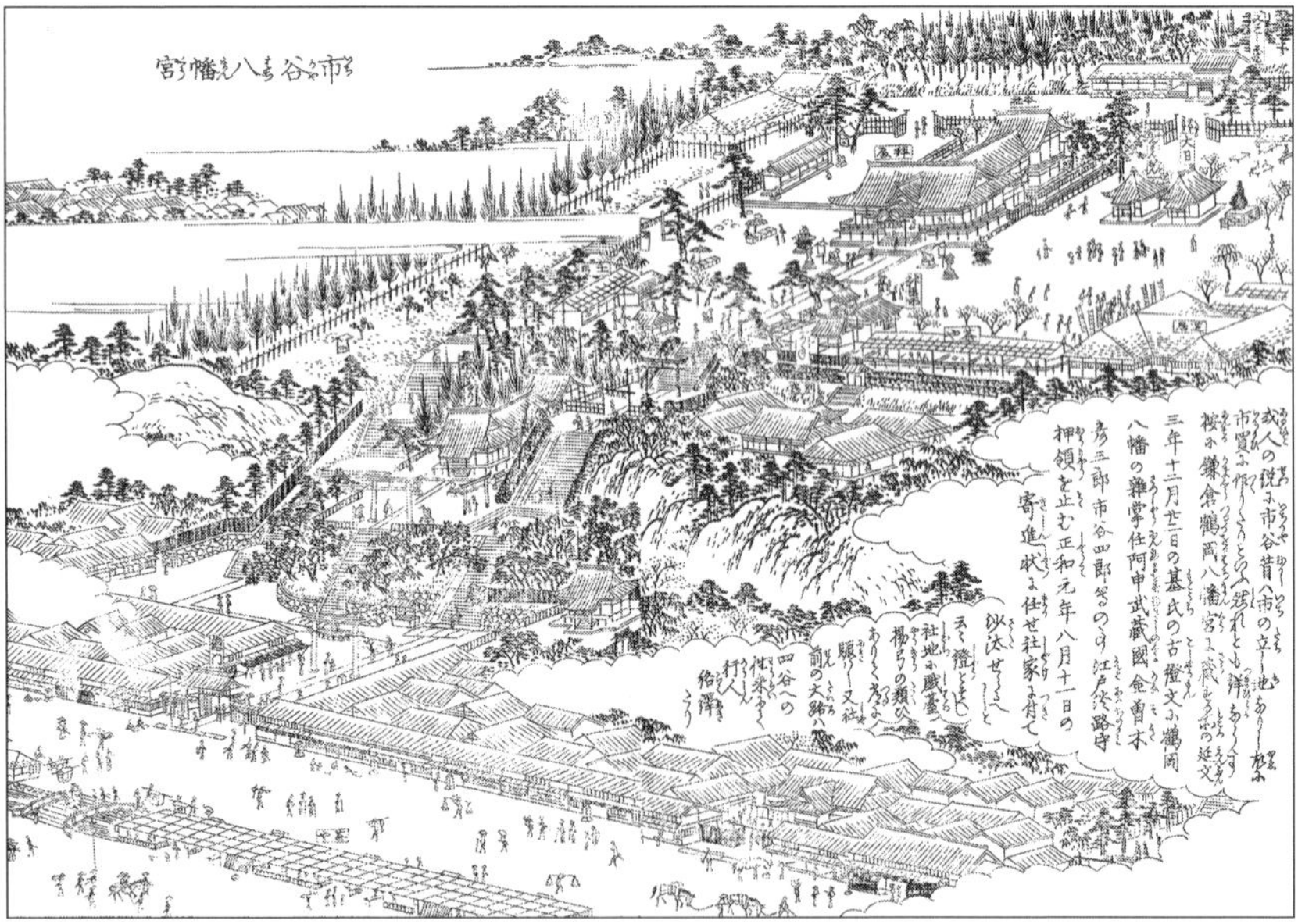

図 2-8　市ヶ谷八幡前の門前に堀端を利用した床店が見える（明治初期）

のであろう。しかし、こうした土地利用の状況は、ひとたび取り締りが強化されれば、真っ先に撤去されかねない不安定な性質を備えたものであった。近代以降の水際の土地に関する政策は、まずこうした場所の不安定さを解消する方向に向かう。要するに、水際の土地とは何であるか、その区分を明確に定めることが真っ先に進められていくことになる。

3　都市計画のなかの外濠

最初の水路改修計画

明治の初頭、当時の政府にとって、近世都市江戸を近代国家にふさわしい都市へと造りかえることは、まずもって取り掛からねばならない急務の課題であった。近代の新たな技術を導入し、欧米列強に対して体面を保つことが、時代の要請として求められていたのである。このとき、建築や橋梁などの構築物で都市の表面を飾り立てていくのと同時に、鉄道や街路といった都市インフラの改造にも関心が向けられた。都市内の河川や掘割も、こうした機運のなかで手が加えられていくことになる。

この頃、外濠はその管理主体を失い、広大な土手は都市の空白として取り残された状態にあった。他の水路や掘割も同様に、江戸と変わらぬ姿をそこに留めていた時代である。水路や掘割をいかに整備するかという問題は、そのまま既存の水辺の改修として事業化されていくことになるが、こうした明治政府の構想のなかで、外濠や神

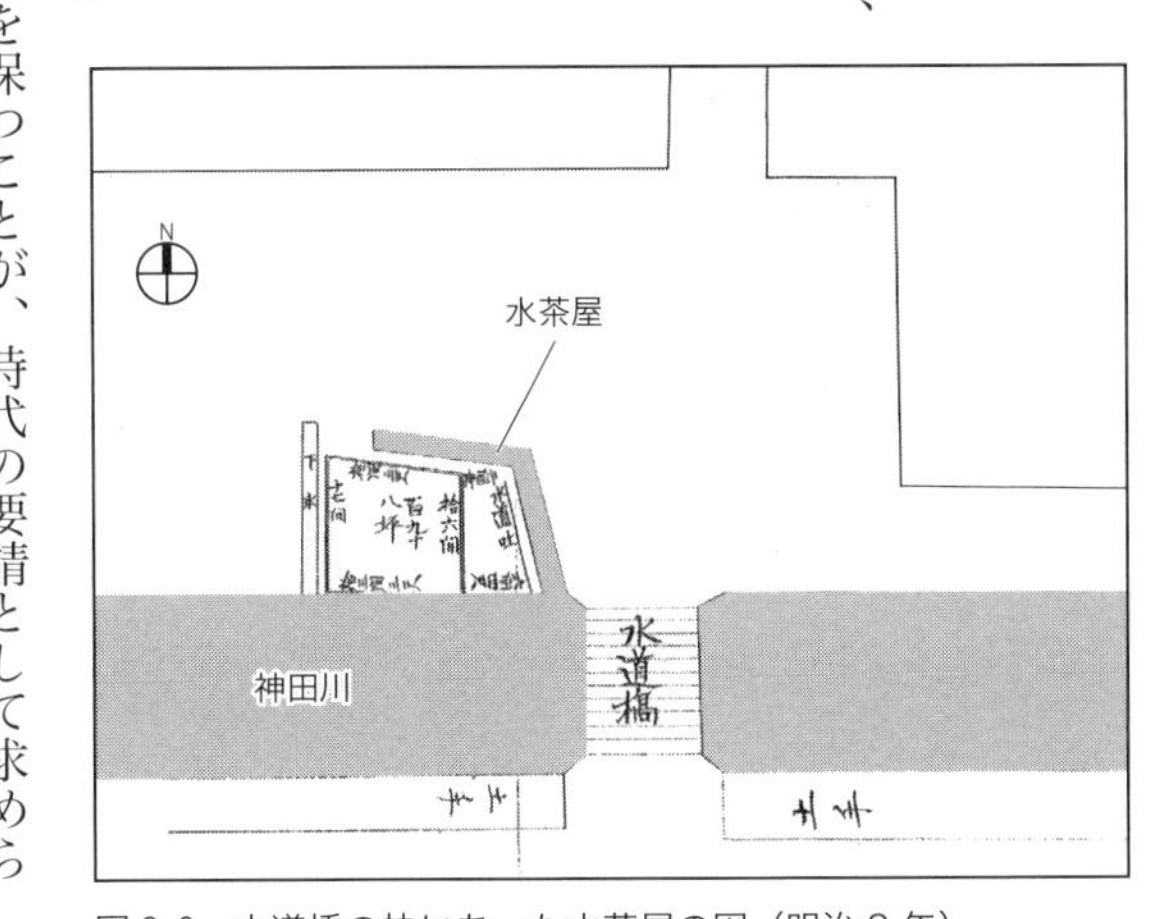

図 2-9　水道橋の袂にあった水茶屋の図（明治９年）

田川は、どのように取り込まれ、近代の都市施設として位置づけられていったのか。

まずは、明治初年から中期にかけての、東京の水路に関する明治政府、あるいは東京府の政策を時系列に沿って見ていくことにしたい。最初の大きな動きとして、「東京防火令」に基づく、明治一四年（一八八一）の東京府による新川開削の布達が挙げられる[15]。本計画は、

1　通塩町の緑橋で止まる濱町川を延伸して神田川まで繋げる新川
2　龍閑橋から旧今川橋の川筋を延伸し1に繋げる新川
3　八丁堀より新富町の間の大下水に沿い軽子橋の西へ開通する新川

といった三つの水路の新規開削の実施を予定するものであった。事業が「東京防火令」に基づいた計画であるため、あくまで府下に対する「防火線」の設置を主眼においたものではあったが、副次的に流通の便としての水路の機能にも留意しており[16]、明治期の東京において、都市インフラとしての水路網の改修に、最初に目を向けた事業であったといえる。

また、この三つの水路がすべて、日本橋と神田といった既存の水路が集中する地区であることから、江戸の水路網を下地とした改修という意図が垣間見える。この水路計画は、その後の市区改正事業によって計画される、神田川と日本橋川を繋げて循環させる構想の下地となっている点も見逃せない。近世期まで、他とは一切連絡しない単独の流路であった神田川は、こうした明治初期からの水路網の改修事業計画を通して、水路としての機能が期待されつつある状況にあったことをここではまず確認しておく。

市区改正計画における水路網構想

こうして部分的な改修からはじめられた東京の水路網に関する計画は、その後の市区改正計画に引き継がれていく。東京の市区改正計画は、当時の東京府知事であった芳川顕正によって明治一七年（一八八四）に作成され

た「市区改正意見書」を端緒とする。その後、内務省のなかに設置された東京市区改正審査会を経て、明治二一年（一八八八）に芳川顕正を委員長とした東京市区改正委員会の設置に至り、そこから具体的な事業として推進されていくことになる。最初期、芳川顕正の描いた構想は、用途地域性の導入から、都市インフラの整備に至るまで、多岐にわたる壮大なものであったことがよく知られている(17)。特に、道路・橋梁・河川に関してはとりわけ重要視されており、その概要としては概ね「交通中心主義」ともいえるものであったといわれる(18)。そのなかで、河川水路計画に関しても壮大な構想が打ち立てられ、新川開削から既存河川の改修までを含めると、総数四四件にも上る事業が計画されていた。その全容は、まさに江戸をそのまま留め旧態依然とした水路網を、首都東京へと抜本的に改造していこうという狙いを持った計画であった。

さて、このような河川水路計画は、以下のふたつの事項が、外濠に関わる問題として重要である。まずひとつめが、飯田町堀留より北神田川に達する路線に対する新川開削案や、神田川牛込神楽河岸より隅田川に至る路線拡幅による改修など、神田川を起点とした水運の充実が企図されていること。そしてもうひとつが、汐留川筋より新橋難波橋を経て直に虎ノ門に達し幸橋より北上して数寄屋橋に通じる水路を開くなど、外濠の水路化が積極的に提案されていることである。

芳川顕正によるこの初期案は、運河水路を重要な交通基盤と位置づけ、東京全体の水路網のより充実したネットワーク化が考慮されていた。しかしそれは、それまで各水路が担っていた役割や、それぞれの事情、周辺地域との関わりなどを顧みず、すべてを一緒くたにすることで、水路の性質を流通といった観点から、画一的に捉えようとした計画であるようにも映る。当時の都市計画のなかで、水辺という場所に期待されたイメージが端的に表れているように思う。

しかし、ここで構想されていた事業は、先述の市区改正審査会とその後に続く市区改正委員会での検討を経て、そのほとんどが見送られ実現せずに終わることになる。徐々に規模を縮小していった市区改正計画は、最終的には、とにかく迅速に事業を実施することを目指した、明治三六年（一九〇三）のいわゆる「新設計」によって、ようやく全体の構想が確定することになる。しかし、このときに残されていた水路計画はわずかに七件である。既に着手されていた事業も幾つかあったようであるが、以下に示す通り、その数は最初の構想から見れば著しく規模を落とした内容となっていた。

明治三六年までに着手された水路計画[19]

1　合引橋より亀井橋に至る築地川改修（明治二八年四月）
2　本所横網町河岸整理
3　小石川橋より飯田町堀留に至る新川開削
4　本所区千歳町より万年橋に至る河岸整理
5　浅草区南元町河岸整理
6　本所区押上河岸整理
7　浅草区代地河岸整理（明治三三年五月）
8　浅草区瓦町より御蔵前片町に至る河岸整理（同年七月）

一覧を見ても分かるとおり、事業の1と3以外は河岸地の整理となっている。結局、市区改正計画において、水路の新規開削や改修の多くは実現することなく、東京の水路網の抜本的な改造は見送られることになってしまった。[20]

外濠への影響

芳川顕正による初期の構想から見て、その多くが実現することなく終わった市区改正の水路計画ではあったが、部分的に実現した事業のなかには、外濠にとって重要な成果を挙げた場所も存在していた。そのひとつが、先述の「3　小石川橋より飯田町堀留に至る新川開削」であろう（図2－10）。

この新たな河川の開通の意義は、それまでどん詰まりであった神田川の水運が、日本橋川と通じることで、水路網のネットワークを築いたという点にある。小石川橋付近にはもともと江戸城の御門があり、また付近には講武所と呼ばれた広大な武芸訓練所があって、水路との結びつきはそれほど感じられない一帯であった。そのため、この場所の水路機能の充実化は、周囲のまちの構造を根底で変えてしまうようなインパクトを持ち得るものとなった。具体的には、周辺の土手で河岸地の発展が見られるなど、地域の流通拠点としてのポテンシャルは明らかに高まっていった。新川開削と時期を同じくして開業した甲武鉄道の飯田町停車場

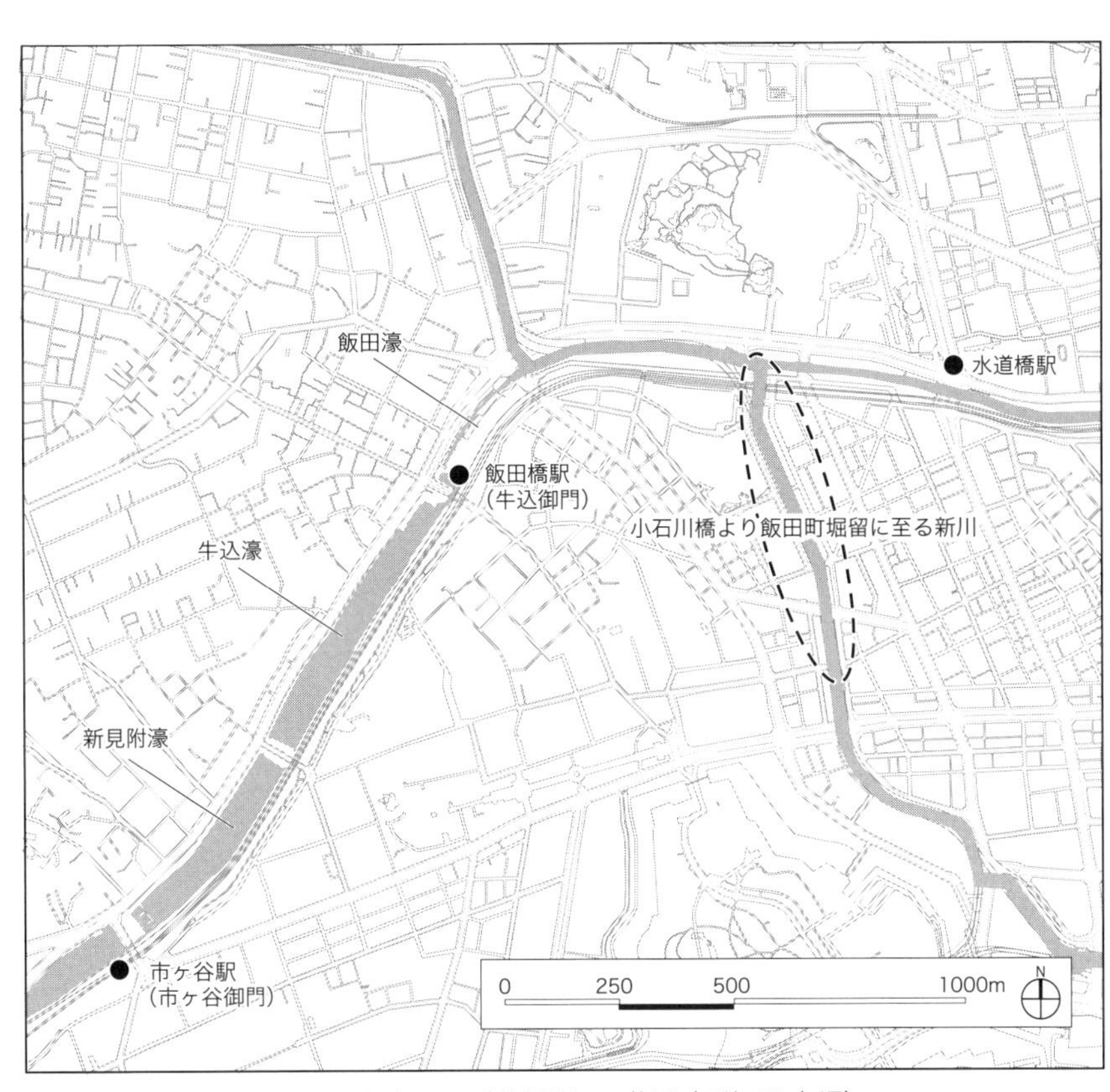

図 2-10　「小石川橋より飯田町堀留に至る新川開削」の位置（明治 30 年頃）

（明治二八年）の立地には、神田川と日本橋川が結びつくという地勢的な条件が大きく影響していたという[21]。

しかし、この水路開削事業は、市区改正委員会において度々の反対を受けながら、ようやく実現したという経緯がある。明治二一年一一月の委員会において、反対派の急先鋒であった益田孝が、「築港成リ船渠モ亦落成ヲ告ケ汽車ノ便開ケ道路ノ改正成ルノ後誰レカ迂遠ノ水運ヲ望ムモノアランヤ[22]」と、計画の中止を求めた。これに対して、小石川や牛込地域への物資の搬入や、特に駿河台からの雨水等の排水という観点から、多数の反対意見が出された。最終的には、多数決によって幅員十五間の水路の開削が決議され、そのうえ水路西側に河岸地を設けるというかたちで、事業実施されることが決定する。

こうした一連の議論のなかで注目されるのは、賛成派の意向としても、この場所を水運による流通拠点としていこうという構想が読みとれないことである。設置が決まった河岸地にしても、それはあくまで付属的な機能として扱われている。委員会の議論のなかでは、「河岸地ヲ設クレハ其土地ノ繁昌スルヤ疑ナシ[23]」といわれてはいるものの、計画の主眼はやはり神田川の代替としての役目、特に排水といった衛生的な観点に依るところが大きいように見受けられる。こうして計画された水路とそれに付随する河岸地は、地域構造のなかに唐突に表れた構成要素でしかなかった。

制度的な背景については後述するが、そもそも河岸地は、明治初年頃から水路とは別の次元で、段階的に土地処理と制度化が進められており、官の意向として河岸地がこれからの物流拠点であるという認識はあまりなかったようだ。市区改正計画における河岸地の整備の本質も、その借地料による事業の財源確保にあるといってよい[24]。つまり、水路と河岸地が異なる問題として別々に扱われてきたことで、当地における水路計画の趣旨も、排水や運搬といった表面的な問題にのみ機能が集約され、河岸地と地域、さらにその後背地といった有機的な繋がりを考慮することのない、「通せば使えるだろう」といった大づかみな計画であったことが指摘できる。

それでも、実際にそこを使う人々にしてみれば、水運機能の強化と河岸地の設置は、まさに願ったりかなったりの状況であり、計画を通じて神田川沿いの土地利用に対する需要は高まっていく。水路開削の計画と並行するように、神田川南岸にも新たに飯田河岸が設置され、多くの水辺利用者や産業を受け入れる体制が整っていった。以後、彼らの積極的な河岸地利用によって（詳しくは3章参照）、地域の構造は大きく転換していくことになるが、この官主導によって進められた水路計画は、隣接する地域の特性や場所性を鑑みることなく、みな同一の「水路」に仕立てあげてしまうという性質を孕んだものであった。

近代河岸地の成立

では河岸地のほうはどうか。時代が明治になったとはいえ、外濠が旧江戸城の城郭であることに違いはない。まして、江戸城が天皇の居城となったのなら、それまで以上にそこは重要な施設となっていたはずである。こうした他とは由来が異なる外濠の土手が、政府によっていかに処理され、どのように推移しながら、その立場は築かれていったのであろうか。

まず、明治政府によって、東京の水際の土手に対して実施され最初の処置として、明治五年の「河岸地其他取締」[25]を挙げることができる。ここで企図されているのは、主に河岸地に建てられた床店や葭簀張りの撤去であり、このさきに控える地券発行に向けて、違法な土地利用をクリアランスすることが意識されていたと考えられる。この取締を通じて注目されるのは、「御郭周」と「濠端」に関して、「一、御郭廻リ堀端ノ儀ハ、無税ノ官地ニ付、是迄許可ヲ請相立候番屋ノ外、總テ建物日數三十日限リ取拂可申、尤置場ノ分ハ追テ相達候事。」とあるように、他の河岸地とは区別して、その対応についての言及が見られることである[26]。この段階では、外濠の堀端が他の水際とは異なる場所であるという認識があったことが伺える。しかしながら、近世期以来引き継がれてきたこうした特殊な場所性は、この先の制度的な枠組みのなかでは否定されていくことになる。

東京の河川や水路の水際に対する制度的な位置づけは、明治初年頃の土地処理問題として取り上げられ、その後の河岸地政策によって確立するという手順を経ることになる。[27] その概略は、まず明治五年の地租改正に向けて、それぞれの土地の種別を確定する目的で「地所名称区別」が実施される。この区別では、「河川ノ沿岸ニシテ物貨陸揚舟積ノ用ニ供スル地」が、「河岸地物揚場」[28] として定義されていく。その後、明治九年に河岸地に対する最初の包括的な制度であった「河岸地規則」[29] によって、府下の水際は制度的な枠組みの中に収められていく。

ここで注目されるのは、「河岸地規則」による河岸地の定義が、「地所名称区別細目」による「河岸地物揚場」の定義に準じ、「舟楫ノ通スル水部ニ沿イタル地」とされたことである。文言通りに受け取れば、府内のあらゆる河川や水路の水際は等しく河岸地であることになる。つまり、制度的な網掛けの下では、「御郭周」も「濠端」もなく、すべての水際が一律に河岸地であると、このとき定義されたのである。明治政府の河岸地に対する見方は、隣接する町の地先であるという地域ごとの特性や、場所ごとの地勢的な条件、さらには物揚場としての機能などの既存の性質を考慮せず、あくまで一律に水際の個別の土地でしかないという認識に留まっていたと考えられる。安定した財源を得るために、遍く河岸地を一元的に管理していきたいという意図もあったのであろう。

しかし、こうした制度的な枠組みとは裏腹に、実態としては、土手ごとにそれぞれ個別の状況が生まれていく。「河岸地規則」制定以降も、各土手の河岸地への編入が府下のすべての水路や河川の水際で同時に一斉に実施されることはなく、その場所ごとの状況に応じて順次執り行われていくのである。

河岸地への編入

明治九年の「河岸地規則」以降に、府下に点在した多種多様な土手は、どのようにして河岸地へと編入されていくのだろうか。

「河岸地規則」以降、河岸地の管理を担っていたのは東京府である。[30] この頃、東京府が管轄していた最初期の河岸地は、すべてが一斉に河岸地となったわけでなく、その場所ごとの状況に応じて順次処理されていったものと考えられる。明治期の制度下で、土手が正式な河岸地として取り込まれていく過程については、東京府が行っていた、河岸地の命名の様子から読み取ることができる。

明治九年以降に段階的に実施される河岸地の命名は、近世期から継続してきたような主要な河岸地から、それまで俗称や通称でしか知られていなかったような場所まで、様々な土手を対象としての名称を明確にすることが試みられている。それと同時に、名称が確定した段階で、正式に河岸地として府の管理下に編入することも行われていたと見られることから[31]、河岸地の命名すなわち河岸地への編入、という認識がほぼ当てはまりそうだ。

その過程を詳しく見ていくと、明治九年の一一月に最初の河岸地への命名が実施されていることが確認でき、それ以降は明治一三年の一二月までに、実に九四か所もの河岸地の命名が実施されている。その後も、幾つかの河岸地が新規に加えられていくことになるが、ひとまずこの四年間の動きが、「河岸地規則」[32]を受けて既存の土手を正式な河岸地へと組み込んでいく最初のピークであったといえる。以下に、その一覧を示す。

【明治　九年十一月】俎河岸、浅草河岸
【明治　九年十二月】芝口河岸、小出河岸、鞍地河岸
【明治　十年　一月】竹河岸、北櫻河岸、佐久間河岸、駒形河岸
【明治　十年　三月】本材木河岸
【明治　十年　四月】昌平河岸、浅草河岸
【明治　十年　五月】日比谷河岸、将監河岸、南新河岸、北新河岸
【明治　十年　六月】南堅河岸、北堅河岸
【明治　十年　七月】濱町河岸、濱邉河岸、菊河岸
【明治　十年　八月】西河岸、大根河岸、南新堀河岸、北新堀河岸

【明治　十年　九月】鎌倉河岸、南鹽河岸、北鹽河岸、末廣河岸、鎧河岸
【明治　十年　十月】米河岸、行徳河岸、鳥越河岸
【明治　十年十二月】裏河岸、東萬河岸、西萬河岸、神楽河岸
【明治十一年　一月】市兵衛河岸
【明治十一年　二月】東緑河岸、西緑河岸、稲荷河岸
【明治十一年　三月】菖蒲河岸、東萬河岸
【明治十一年　五月】西萬河岸
【明治十一年　六月】白魚河岸、小舟河岸、本多河岸
【明治十一年　九月】城邉河岸、楓河岸
【明治十一年　十月】竈河岸、靈嚴河岸、永久河岸、船松河岸、壽福河岸
【明治十一年十一月】西豐玉河岸、南櫻河岸、東豐玉河岸、新門前河岸
【明治十一年十二月】湊河岸
【明治十二年　三月】魚河岸、紅海河岸
【明治十二年　六月】芝甎河岸
【明治十二年十一月】小田原河岸
【明治十三年　一月】共同物揚場（佐久間町地先）
【明治十三年　三月】共同物揚場（本多河岸内）
【明治十三年　四月】共同物揚場（芝金杉一丁目）
【明治十三年　五月】南金杉河岸、北金杉河岸、将監河岸地共同物揚場変更、萬年河岸
【明治十三年　十月】源森河岸、西横川河岸

【明治十三年十一月】巽河岸、伊達河岸、千歳河岸、埋堀河岸
【明治十三年十二月】小田原河岸（共同物揚場設定）、蜊河岸、新柳河岸、東六間河岸、西六間河岸、一色河岸、松村河岸、黒江河岸、南五間河岸、大島河岸、近江屋河岸、尾上河岸、北五間堀河岸、南堅河岸内共同物揚場設定、東六間堀内共同物揚場設定、北堅河岸内共同物揚場設定

商業の中心地である日本橋や神田といった地区がある当時の第一大区や第五大区に対して、深川や本所といったエリアの命名が遅れる傾向にあるなど、多少の偏りは見られるものの、総じて、明治九年以降に順次に河岸地の命名が執り行われてきたことが分かる。これらの近代の河岸地は、近世期以来の河岸や物揚場などを由来とするものが多い傾向にあることから、明治期の河岸地の構成は、概ね江戸を基層として成立していったといえよう。

しかし、より詳細に、河岸地の区画まで焦点を合わせて見ていくと、実は幾つかの河岸地では、近世期の区画を越えて範囲が指定されていることに気がつく。例えば、第三大区五小区（後の牛込区）の神楽河岸と命名された範囲は、「船河原橋ヨリ牛込橋迄」[33]とされているが、近世期までこの場所に存在した物揚場は、明治期に指定された範囲のほんの一部に過ぎない[34]。つまり、このときの東京の河岸地は、全体の分布は江戸を基層としているものの、明治九年の河岸地規則に準じて、水路に沿う区間がすべて河岸地とされた結果、全体の輪郭やスケールには多少の変化があったことを指摘できる。

制度と実態のずれ

明治政府によって実施された、「地所名称区別」から「河岸地規則」、そして河岸地命名にいたるまでの流れは、主に近世期以来の河岸や揚場を、東京のなかに河岸地として定着させ、一元的に管理することを目指す過程であったといえる。江戸の河岸地と物揚場の構成を下地とすることで、水際の土地処理は円滑に進んだかに見えるが、

その一方で東京には近世期に存在しなかった河岸地、つまり明治期に新設された河岸地も幾つか存在している。これらはもともと地勢的な条件からそうした機能を有さなかった場所や、水路の新設によって設置されたものなど、幾つかのケースに分けられる。「河岸地規則」によればすべての水際は河岸地であるとされているものの、実態としてはこのような河岸地の新規設置をめぐって、場所ごとに幾つかの問題が生じている。ここでは、以下のふたつの事例からその動向を検討することとしたい。

まず、明治二二年に新設された飯田河岸について見ていく。飯田河岸が立地するのは、牛込見附橋から神田川の小石川橋までにかけての区間の南岸に当たる。近世期までは純然たる土手として、物揚場をはじめとした水際の利用は行われてこなかった一帯である（図2－11）。とはいえ、河岸地規則に則ればここも河岸地であることに変わりなく、河岸地規則以降、この土手の利用を求める民間からの要請が、幾つも見られるようになっていく[35]（図2－12）。しかし、管理主体であった東京府は、この土手を河岸地として利用することに対しては、懐疑的な態度をとっていたことが当時の資料から読み取れる。

ひとつの事例を取り上げたい。明治一五年、岩崎忠照という人物が、当該地に水車場を設置するために土手の借用と利用を求め

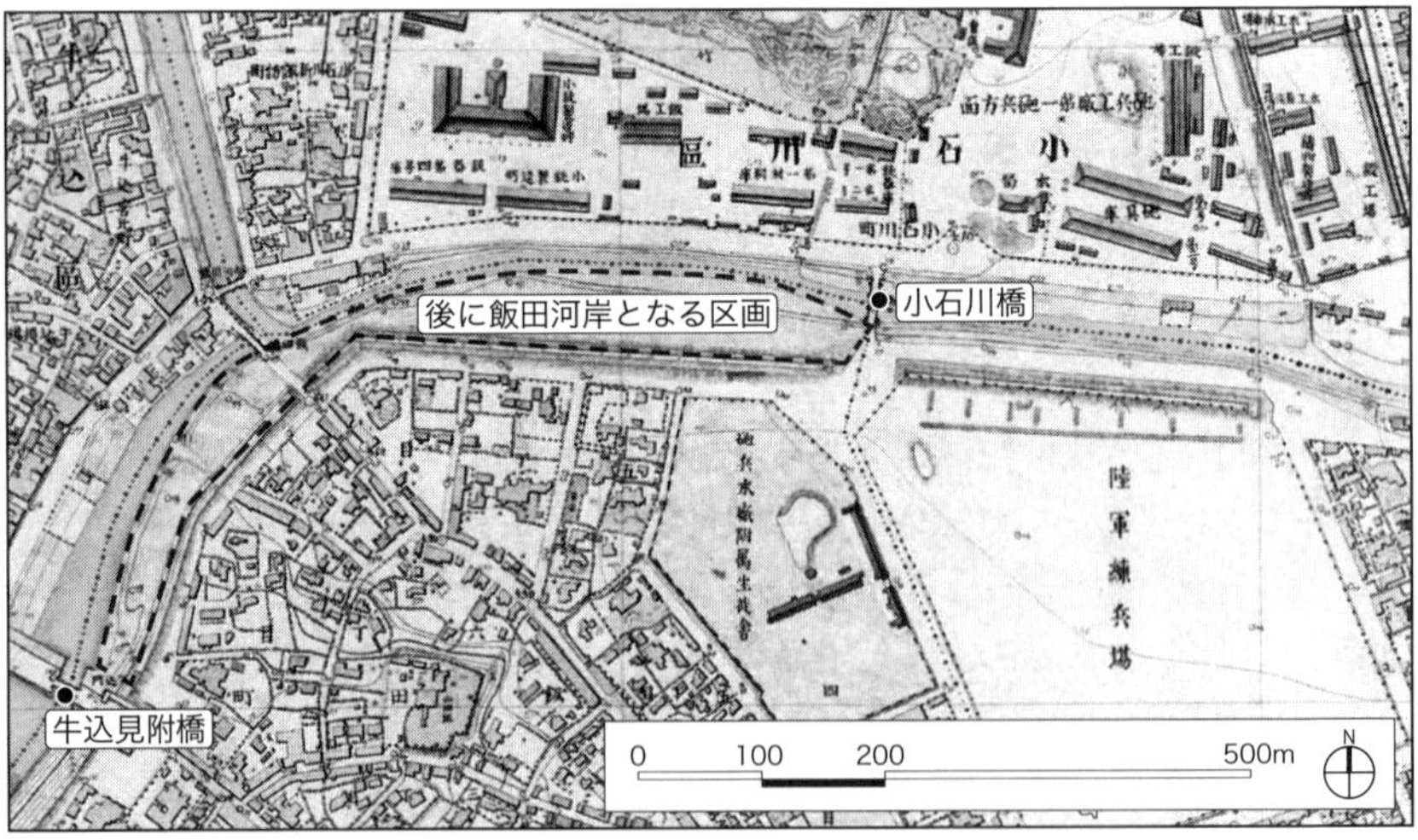

図 2-11　物揚場などの利用がなかった牛込御門下流部の土手の様子（明治 17 年頃）

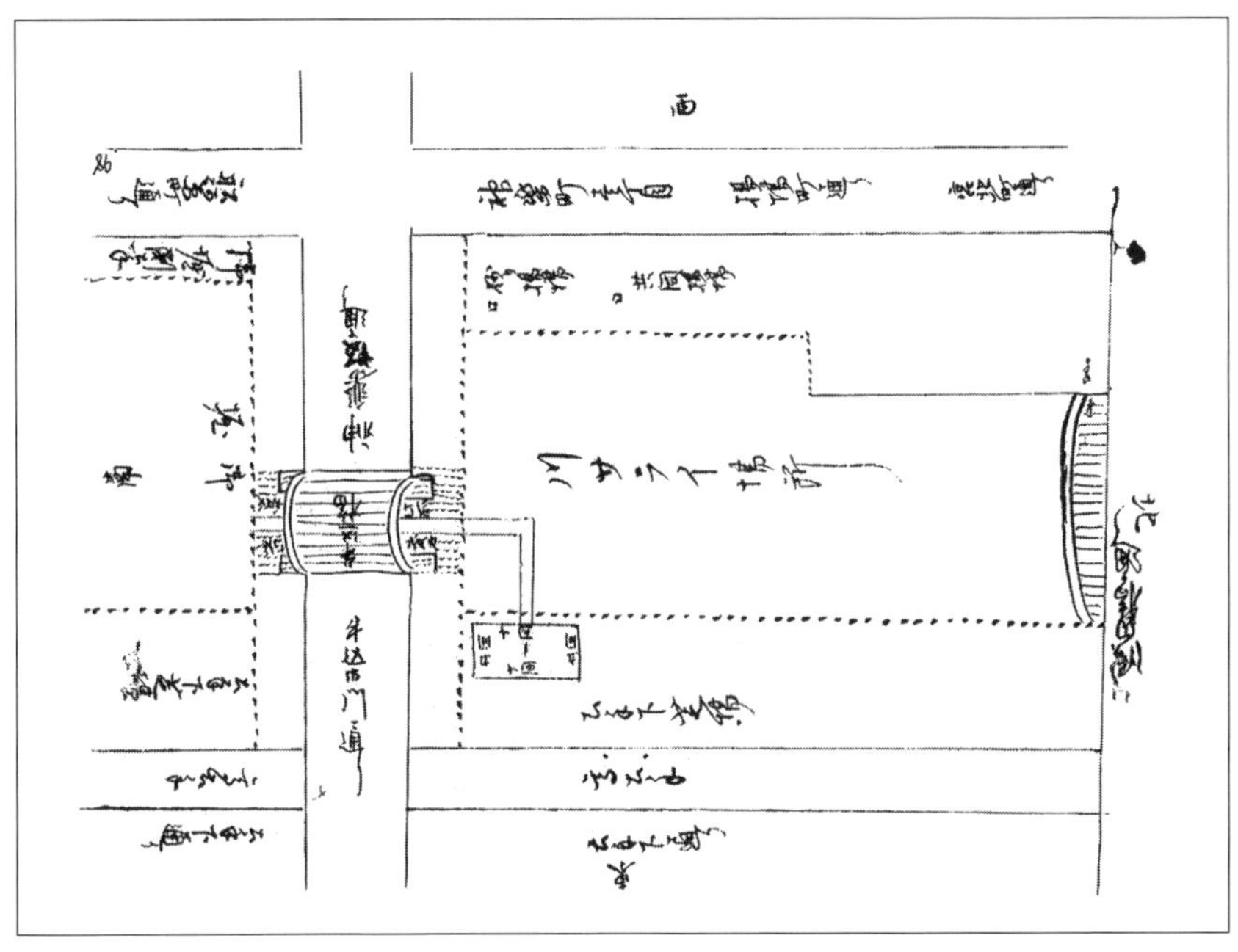

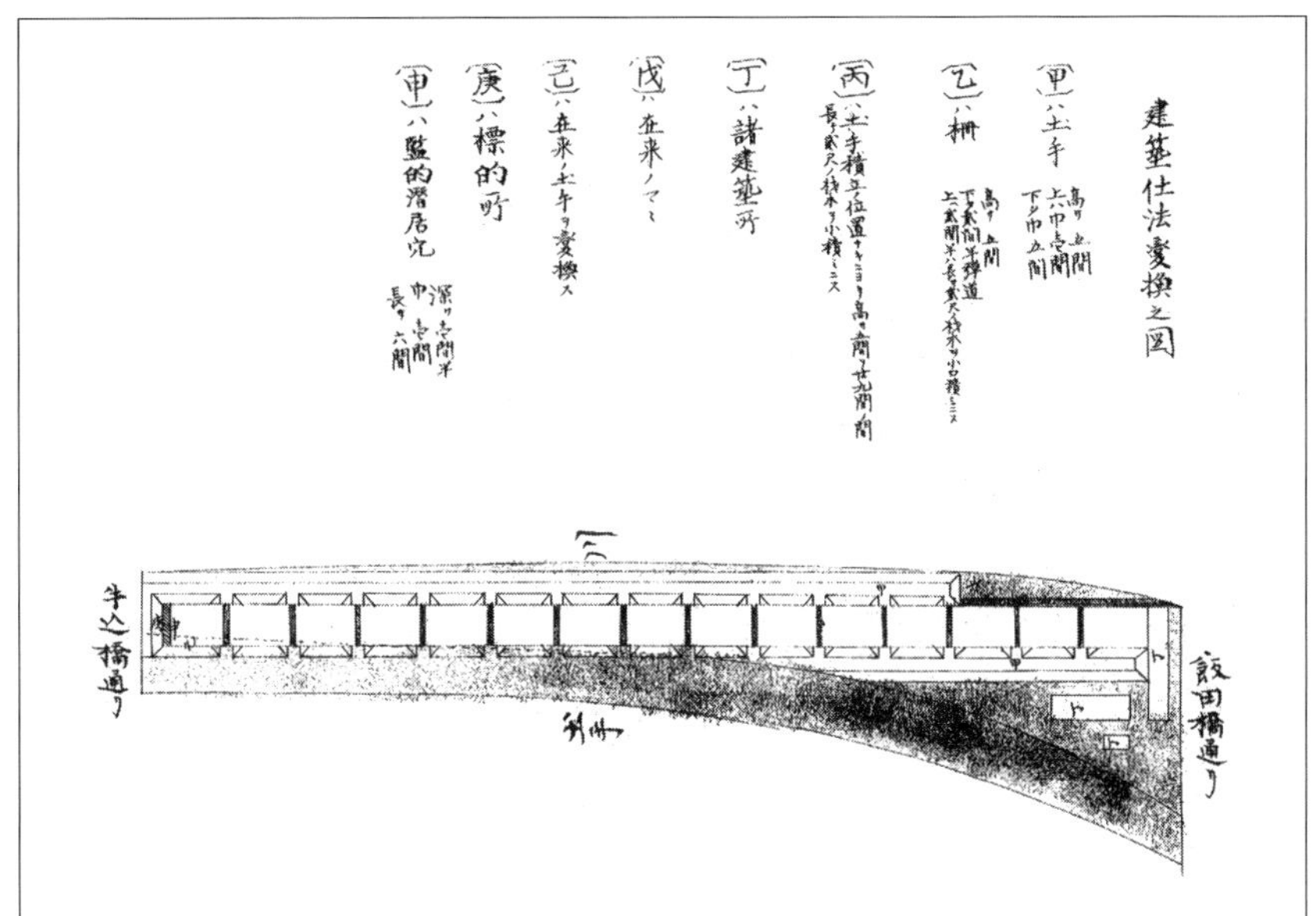

図 2-12　明治 10 年頃に見られる土手への拝借申請の一例（上：水車地、下：鉄砲射的場）

る申請書の提出を行った。しかし、東京府はこの要請を却下している。その理由を、同地が「御郭ノ土手」であることから陸軍の所管であるはずだがまだ定まってはいない状態であること、さらに当地が「市ヶ谷牛込ヨリ相連ナル一帯ノ塁壁ト接シ」、「愛スヘキ風致」を備えているために、土手を崩すべきでない、としている。[36] こうしたやり取りからも、東京府が濠端である当地の利用に対して、非常に消極的な態度であったことが読み取れる。結局は、明治二二年にこの土地が区部共有財産となったことを受けて、当地は河岸地へと編入されていくものの、こうした場所の特性が、河岸地の形成に時間的なギャップを生じさせていた。同時に、その形成の仕組み自体にも影響を与えていくことになるのだが、これは次章で詳しく見ていきたい。

この他のケースとして、御茶ノ水の土手をめぐっての動向が挙げられる。[37] 御茶ノ水の土手は、高さ二〇メートル以上もある切り立った断崖であるが（図2-13）、これも「河岸地規則」によれば河岸地の適用範囲内として、民間からの拝借申請が幾つか提出されている。河岸地といっても、物揚場として使うにはあまりに険しい地形であるため、その申請内容はやや特殊なものとなっている。

明治一一年に鮫島稲吉によって出された申請は、[38] 御茶ノ水北岸の崖に湧水を利用した瀧を設置し、そこまで降りていける道を通し、そこに葭簀張りを建てて商売を行いたいというものであった（図2-14）。先の事例と同様に、この申請も実現されることはなかったものの、「河岸地規則」によって土手が一元的な管理に向かう過程で、場所ごとの処置にそれぞれ違いが生じていたことが分かる。また、このような事態は東京の他の水際でも発

図 2-13　現在の御茶ノ水渓谷の様子

生していたものと推察できる。

明治期の水際は、制度的な網掛けによって、一律に河岸地として処理されていく一方で、こうした土地に応じた個別の問題をそれぞれが抱えていた。それらは場所ごとの異なる特性によって引き起こされ、異なる生成過程と多様な展開が水際において表出していくことになる。このあとの第3・4章において、より具体的なケースを取り上げながら、明治期の水辺が東京の都市機能として定着し、空間を築いていく過程を明らかにしていく。

制度からみた明治期の河岸地

ここまで見てきた、明治政府による東京の水際に対する処置からは、その後の水辺の空間形成を見ていくうえでの重要な視点として、以下の二点を指摘することができる。

まず、明治初期から段階的に進んでいった水際の土地に対する政策的な枠組みの中で、河岸地が町地と切り離された個別で単独の土地として扱われていったという点である。河岸地は本来的には江戸の町地の地先として成立してきたものである。明治政府の「地所名称区別」から「河岸地規則」にいたるまでの過程では、こうした歴史的な経緯は考慮されておらず、この段階において、河岸地は隣接する町とは異なる地目として、制度的に位置づけられたことになる。実態としては、隣接地と河岸地の結びつきは明治以降も引き継がれていたはずであるが、こうした施策の結果が、その後どのように地域形成に影響を及ぼしていったのか、ということが重要

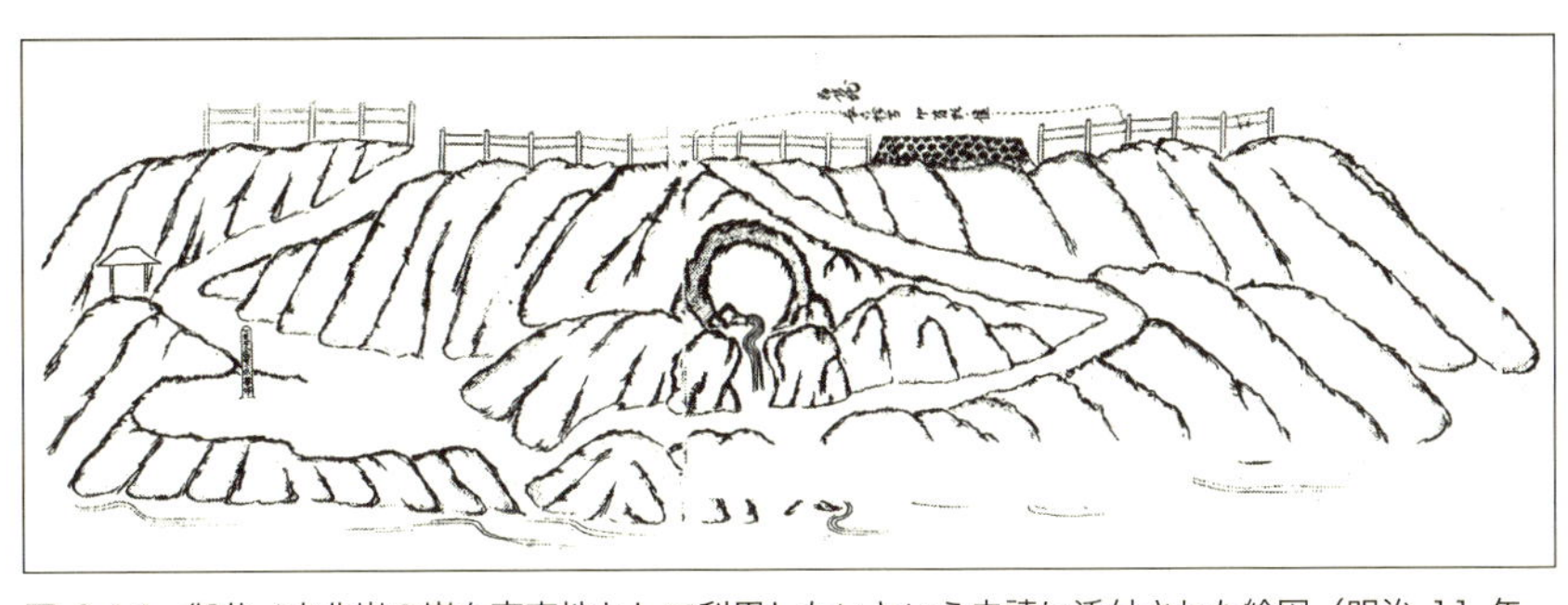

図 2-14　御茶ノ水北岸の崖を商売地として利用したいという申請に添付された絵図（明治 11 年。原図の汚れは削除した）

な論点として浮かび上がった。

そしてもう一点が、明治政府による政策の一方で、近世以来の場所性や地勢的な条件など、場所ごとの特性が現場でのやり取りのなかで表出し、それによって水辺が均質な変遷過程を経るわけではないということが、明らかとなった点である。こうした影響が、明治以降の東京の水辺に多様な展開を生み出していく。水辺空間の生成における多様な動向とその個別解を取り出し、それを集めることで全体像を描き出していくことが重要であろう。本書では外濠を舞台にそれを試みていく。

4　まとめ――近代へ引き継がれた外濠の意味

多様性を備えた御堀端

ここまで、江戸と明治という異なる時代において、外濠とその土手空間が帯びる都市的な意味づけがどのように変化してきたのかを、それぞれの管理主体による意向と、実際の土地利用の状況を通じて検証してきた。幕府と明治政府という異なる主体による土手空間に対する見立ては、それぞれの時代的な背景を反映しながら、異なる様相を呈していたのである。本章の最後に、ここで明らかとなったポイントを整理し、次章以降の具体的なケーススタディへと議論を繋げていきたい。

まず近世期までの状況を振り返ると、幕府による外濠とその土手に対する位置づけが、基本的には城郭としての御堀端であるという立場で一貫していたことが分かってきた。千代田区側に面した土手の制限をはじめ、外郭面にも一部の物揚場を除いて、土手の全域を専有するような大規模な河岸地が発達しなかったことは、こうした幕府による意向が強く関わっていたとえよう。

しかし、水路としての側面が強調されたとき、外濠のより複雑を場所性が浮かび上がる。揚場町とその地先の物揚場に形成された物流拠点の存在は、まさにそうした性質を特徴的に表す場であった。「尾州様物揚場」、「惣物揚場」を中心として形成された湊としての機能は、武家方、町方を含みながら、より実利的な活用の場として重宝される土手空間の側面を示している。そこには、町奉行、普請奉行という異なる主体に管理が委ねられた複雑な状況が生み出されたのであった。

さらに、隣接する町の町人等によって、物置場や資材置場として土手の一部が取り込まれていく様子は、土手が都市空間における空地でもあったという性質を特徴づけている。御堀端として幕府による管理下におかれながらも、実際の現場においては周辺の人々からの営為を受け止める場として位置づけられ、空間利用が成されてきたのであった。外濠の土手空間が、単に御堀端であるという以上に、多様な意味を帯びてきた場であることが理解されよう。

空間の下地としての場所性

こうした城郭としての水辺は、明治政府にとっては単なる水路として、一律に処理されていくことになる。明治初年から段階的に進められ、市区改正によって事業化された明治政府による水路計画は、府内の河川を物資の運搬や排水といった実利的な側面からのみ位置づけたものであり、場所ごとの特殊性を考慮するものではなかった。また、これに関連して、水辺の土手空間に対する処置も、府内の水際をすべて一緒くたに河岸地として、市街地とは切り離された個別の土地として定義していくことで進められる。それまでの多様な意味を帯びた外濠とその土手空間の場所性は、制度的な枠組みにおいて否定されていくことになったのである。

しかし、実際の現場においては、地形的な条件や場所の持つ由来に基づいて、どの場所も一律に「河岸地」として位置づけられていくことはなかった。明治期において、実際に河岸地の管理を担った東京府が、周辺の人物から出された土手の拝借申請を、「御郭ノ土手」である等の利用から断っている様子は、外濠の帯びる場所性が近代初期においても存続し、空間形成に影響を与えていったことをよく表した事例といえる。

こうした本章のポイントを通じて見えてくるのは、近代において単一化されたかに思われた外濠の場所性が、実は意識的な面で存続し、空間形成の下地となっていたという事実である。管理主体による意向と、実際の現場における動向は、外濠の歴史的な経緯を介して交わり、それぞれの個別解を場所ごとに生み出していったのであった。こうした事実は、都市空間における水辺の意味に迫るうえで重要な視座を与えてくれる。つまり、水辺空間の成立過程を読み解いていくには、地区ごとにそれぞれの場所が持つ固有の背景や条件に目を向ける必要があることを、こうした一連の事実は示している。外濠や神田川に即して考えれば、内外郭の違いや、既存の物揚場の有無、さらには地勢的な条件を考慮しながら分析を進めることが必要であるということが理解されよう。

歴史的にかたちづくられてきた外濠の部分ごとで異なる特性は、その後も様々な経緯を経て、現在の空間のなかに結実している。史跡である牛込濠や市ヶ谷濠と河川である下流の神田川部分での管轄の違いは分かりやすいが、そのほかに行政区の違いや、多くの主体が絡む所有権の複雑さなど、広大な土手の部分ごとに実に多様な意味が重ねられている。部分に宿る場所性から、地域との関係を見ていくうえで、外濠という場所はうってつけの対象といえる。こうした水辺の場所性を考慮しながら、土手空間、さらには周辺地域の変容過程に、次章から迫っていきたい。

注　釈

（1）　鈴木理生『江戸の川　東京の川』井上書院、一九八九年、一一四〜一二三頁。
（2）　東京都編『東京市史稿　市街篇　第七冊』東京都編、一九三〇年、九二五〜九三六頁。
（3）　揚場町地先の物揚場の利用状況は、幕末期、さらには近代にまで引き継がれていくことが、拙稿において明らかとなっている。高道昌志「明治期における神楽河岸・市兵衛河岸の成立とその変容過程」『日本建築学会計画系論文集』第七一二号、二〇一五年六月。

(4) 伊藤好一『江戸のまちかど』(平凡社、一九八七年、一〇五頁)によれば、「惣物揚場」は享保一七年(一七三二)に町奉行に出願し、揚場町の物揚場になったものである。

(5) 前掲(4)の七七頁では、江戸の幾つかの河岸地は、もともと空けておかなければならなかった河岸端が、物置場や蔵地として地先の人々に利用されることで成立していったことが指摘されている。

(6) 東京大学史料編纂所編『大日本近世史料　市中取締類集13　河岸地調之部3』東京大学出版会、一九七八年、三〇八～三五二頁。

(7) 本件に関して、町奉行所から老中牧野忠雄に対して出された上申には、「併右ハ御堀端之儀故私共おゐて計差極難申上候間、御普請奉行にも御尋御座候ち奉存候」とあり、普請奉行への照会を求める姿勢を見ることができる。前掲(6)、三一九頁。

(8) 前掲(6)、三二三～三二六頁。

(9) 東京大学史料編纂所編『大日本近世史料　市中取締類集11　河岸地調之部1』東京大学出版会、一九七四年、二二三～二三五頁。

(10) 図2-8は、法政大学図書館所蔵、松濤軒長秋編輯、長谷川雪旦図画『江戸名所圖會　四巻』(一八三四～三六年)に掲載の「市ヶ谷八幡宮」の図。

(11) 前掲(6)の三三八頁によれば、この土置場が寛延四年に地渡となり、当上申書が出された弘化三年までのおよそ一四〇年にわたって借用されてきたことが記されている。

(12) 明治初年頃における揚場町地先の床店等の様子については、吉田伸之『都市　江戸に生きる』(岩波書店、二〇一五年、二一六～二一七頁)を参照した。

(13) 前掲(6)の三五一～三五二頁。

(14) 図2-9は、明治九年の土手の様子であるが、天保期にも同じ場所に水茶屋を確認できることから、おそらくそれ以前から同地で営業が行われていたと考えられる。東京都公文書館所蔵:明治九年往復録・官庁所用之河岸地絵図、河岸地取調懸、請求番号 607.C7.13.

(15) 東京都編『東京市史稿　市街篇　第六四冊』東京都編、一九七三年、六一三～六一四頁。

(16) 例えば、当時の東京府知事松田道之が示した東京防火令に基づく計画書によれば、「濱町川ハ通油町綠橋ノ北ニ止リ、之ヲ神田川ヘ開通スル」路線に対する新川開削の便益を、「川敷ニ當ル民有地ヲ買上ケ、地方税ヲ持テ開鑿致度、尤竣工ノ上ハ買上ケ地ノ内河岸地ニ存在スヘキ場所ヘ建物ノ制ヲ施シ候筈ニ付、運河防火ノ両得ト存事」としており、副次的であるにせよ、水運による便益が期待されていることが読み取れる。東京都編『東京市史稿　市街篇　第五八冊』東京都編、一九六六年、六九五～七〇三頁。

(17) 昌子佳江「東京の都市計画と河川運河に関する史的研究」（一九九〇年度東京大学学位請求論文、二七頁）では、芳川顕正の計画の主眼は、道路・橋梁・鉄道・河川等の交通計画にあると指摘されている。

(18) 石塚裕道『日本近代都市論　東京：1868-1923』（東京大学出版会、一九九一年、二三八頁）によれば、芳川顕正の「市区改正意見書」の概要は、都市交通体系の改革・整備を目指した「交通中心主義」であるとしている。

(19) 前掲（17）、四二頁。

(20) 新設計において、河川改善の計画案の数が大幅に減衰したのは、水運と排水の両方を兼ねていた旧設計の河川計画とは異なり、排水が下水改良事業に委ねられたことに起因する。前掲（17）、四二頁。

(21) 甲武鉄道の飯田町停車場は、神田川・日本橋川の水運と結びつけることを目指し計画され、その後、物資の流通センターとして機能していくことが知られている。鈴木理生『明治生まれの町　神田三崎町』青蛙房、一九七八年、一一六～一一八頁。

(22) 藤森照信監修『東京都市計画資料集成　明治・大正編　第一巻』本の友社、一九八七年、二七一頁。

(23) 前掲（22）、二六六頁。

(24) 市区改正委員会の議事録によれば、外郭の土堤を崩して新設した河岸地を区部の財産とすることで、当該河川新設のための費用を捻出しようという発言が見て取れ、河岸地を計画遂行のための重要な財源として位置づけていたことが分かる。前掲（8）、二六七頁。また、藤森照信『明治の東京計画』（岩波書店、一九八二年、一九五頁）には、官有河岸地売却費が、計画遂行の主要な財源となったことが指摘されている。

(25) 東京都編『東京市史稿　市街篇　第五三冊』東京都編、一九六二年、六一四～六一六頁。

(26) 河岸地其他取締のなかでは、外国人居留地区内河岸地、御郭廻リ堀端、府下往還幷下水上川中等の三つについて、一般の河岸地とは別に言及がなされている。前掲（25）。

(27) 明治初年頃の土地制度改革から河岸地制度までの流れは、前掲（17）の一四頁に詳しい。

(28) 手塚五郎編『近代土地所有権――法令・論説・判例』日本加除出版、一九八四年、三八頁。

(29) 東京都編『東京市史稿　市街篇　第五八冊』東京都編、一九六六年、六九五～七〇三頁。

(30) 明治九年の「河岸地規則」以降、河岸地の実際の管理を担っていたのは東京府であった。そのため、河岸地に対する借地の申請等は、当該地の各区役所に提出された後に、東京府長が承認するという手順をとっていた。

(31) 例えば、明治二一年の新設された飯田河岸では、河岸地の設置と命名が同時に実施されており、河岸地命名という行為が河岸地の編入、即ち区部の共有財産として指定されることと同義であったことが分かる。東京都編『東京市史稿 市街篇 第76冊』東京都、一九八三年、九二六~九二八頁。本文で示す河岸地命名された箇所の多くは、近世期から利用が継続されたものであるから、命名という行為は、それまでの河岸地を東京の河岸地として再定義していく過程であったと見ることができる。

(32) 東京都編『東京市史稿 市街篇 第五八冊』東京都編、一九六六年、七五八~七六七頁、東京都編『東京市史稿 市街篇 第五九冊』東京都編、一九六七年、三七〇~三九〇頁、東京都編『東京市史稿 市街篇 第六〇冊』東京都編、一九六九年、八七三~八七七頁、東京都編『東京市史稿 市街篇 第六二冊』東京都編、一九七〇年、一六三~一六四頁、東京都編『東京市史稿 市街篇 第六三冊』東京都編、一九七一年、二四五~二四九頁、及び東京都編『東京市史稿 市街篇 第七一冊』東京都編、一九七一年、二四五~二四九頁の、「河岸地命名」に関する記載から一覧を作成。

(33) 前掲(29)、七六七頁。

(34) 国立国会図書館所蔵『文政年間町方書上』の「牛込町方書上揚場町」によれば、近世期の神楽河岸はふたつの「惣物揚場」と、「尾州様物揚場」によって構成されていることが分かる。この三つの揚場の範囲は、河岸地命名によって指定された「船河原橋ヨリ牛込橋」までの区間の、半分にも満たない程度の規模である。

(35) 上の図は明治一二年に出された水車場設置の申請に添付されたもの(東京都公文書館所蔵:明治一二年 官地拝借・官地払下願書類、麹町区役所、第一七 稲葉源次郎より牛込橋下にて水車新築借地願の件、請求番号 610.B5.07)、下の図は明治一三年に射的場設置の申請に添付されたもの(東京都公文書館所蔵:明治一三年回議録・市街地理・改七、租税課、第七 国友某より牛込門続土堀外へ射的銃猟銃修理所建設并射的場築立度旨出願の件、請求番号 610.A8.09)である。

(36) 同申請書には、岩崎忠照の申し出に対する東京府の返答も収められており、本文中の引用はその一部を抜粋したものである。東京都公文書館所蔵:明治一五年願回議録・人民願ノ部、租税課、第一一 岩崎忠照より牛込門より飯田橋まで土手願伺之部、地理課、第一一 牛込門外堀端水車取設の為拝借地願 大森義、請求番号 613.B2.04.

(37) 当地を巡っての東京府と内務卿とのやり取りに関しては、前掲(1)の二〇五~二〇六頁に詳しい。本章では、民間からの拝借申請からその動向を示す。

(38) 東京都公文書館所蔵:明治一一年願回議録・願伺之部・第一ヨリ六大区迄〈河岸地取調懸〉、東京府、第二四 共同物揚場の内拝借願 鮫島稲吉、請求番号 609.C3.05. なお図2-14は、本申請に掲載されていた絵図である。

第3章

近代河岸地の成立と展開 I

堀端から河岸地へ〈神楽河岸・市兵衛河岸〉

1　はじめに

明治の人々と江戸の堀端

東京の神楽坂、休日ともなれば多くの人で賑わうこの界隈が、外濠に面した水辺のまちであることは意外と知られていない。坂を下って「外堀通り」にぶつかると、目の前には牛込御門へとつながる橋が見えてくる。その緩やかな斜面を登って、ちょうど坂の中腹くらいから周囲を眺めると、右手には牛込濠の巨大な水面が、そしてその反対にはマンションが天高く聳える光景が目に飛び込んでくる。そのまま視線を落としていくと、はるか下のほうに、淡い緑色に染まった小さな水面が見えるはずだ。ここが今回の舞台である飯田濠である。そして、かつてそこを拠点に栄えていたのが、神楽河岸であり、そのやや下流に位置するのが市兵衛河岸なのである。

外濠は牛込御門を境にして、上流が純粋な濠、その下流が河川にあたる。現在は埋め立てによって失われているが、この飯田濠は外濠が神田川と合流するちょうど結節点となるため、古くから荷揚場として重宝されてきた。また、市兵衛河岸に関しては、現在の東京ドームのちょうど向かい側、「外堀通り」と神田川との境に位置した物揚場である。このふたつは、現在はその機能を失っているが、ともに外濠の土手にあった物揚場がルーツという共通項を持っている。江戸時代まで、周辺が武家地によって構成されていたため、主に武家方の物揚場として活用されていたものが、明治時代以降に、民間の事業主や商人によって大いに活用されてきたのである。

ここで気になるのは、かつての物揚場は、明治という時代において、そのままのかたちで河岸地へと移行することができたのか、ということである。言い換えるなら、江戸城の堀端であったはずの外濠の土手には、近代の河岸地というシステムが、官の主導によって一方的に被せられてしまったのであろうかという疑問である。前章まで見てきた通り、外濠は江戸城の城郭であるが故に、特別な性質を常に帯びてきた。時代が明治になったからといって、果たして、そうした場所性や土地利用は全くの反故にされてしまったのであろうか。

ここで一枚の写真に注目してみたい（図3－1）[1]。これは、明治時代初頭に撮られた、おそらく神楽河岸を映した最も古い写真のひとつである。遠景であるため、詳細までは摑めないものの、江戸時代まで堀端として空地のように扱われていた場所に、この時点で既に多くの物資や建物が密集している様子を見て取ることができる。神楽河岸が正式に河岸地として扱われるのは明治一一年を待たなくてはならないが、この写真が撮られたと思われるのは明治の初頭、遅くても明治の一一年よりは以前のように思われる。つまり、明治時代に移行してかなり早い段階、明治政府による河岸地政策に先駆けて、既に土手では高度な土地利用が進行していたと考えられるのである。

こうした前提に立つと、明治期の河岸地の成立を、一方的に河岸地政策の成果と見ることはできず、むしろそれに先行した動きに注目しなくてはならないことが理解される。そして、おそらくそうした動きは、個々人の営みや、生業の延長として、水辺を活用するという明快な目的を持った活動として、表出してくるように思われるのである。先に触れたとおり、外濠の周辺には多くの武家地が存在する。明治以降、再編される武家地にあって、そこに移り住んだ新たな住人、あるいは元々の住人も多数存在したと考えられるが、彼らが外濠を何のために、どのようにして取り込んでい

図3-1　明治10年前後と思われる神楽河岸が成立する土手の様子（右奥）、（日本カメラ博物館所蔵）

ったのかという、水辺という場所に対する反応を捉える必要があるといえよう。

もちろん、神楽河岸と市兵衛河岸が、同じ境遇にあるとはいえ、より詳細な条件によって細かく分けて考察することも求められる。隣接する町の関係性や、土地の起伏、以前からある物揚場の分布など、先行する条件はそれぞれに異なっている。こうした点にも注目しながら、本章ではふたつの河岸地の成立過程を、そこに関わっていった主体の場所に対する態度から考察していきたい。そして、近世期からの物揚場に、いかに近代の河岸地というフレームが当てはめられ、そのうえで水辺空間がどのように形成されていったのか、その過程を水辺利用者の営みから見ていきたい。

本章の目的

本章で対象とする河岸地が接するのは外濠の河川部分に当たる。もう少し詳しく見ると、神楽河岸が接する部分の水面を飯田濠と呼び、それより下流は神田川である。飯田濠は、濠というだけあって、広大な水面を持つ外形が特徴だが、舟運利用が可能であるという点では下流部分とそう違いはない。もちろん、直接に神田川の水が流れ込む事がないから、船溜まりとしてはうってつけで、だからこそここが歴史的に舟運の拠点となってきたわけである。要するに、市兵衛河岸が川沿いの湊であるのに対して、神楽河岸はその終着点の入堀という見方を当てはめることができる。この両者の地勢的な違いにも考慮しながら、本章で取り上げる問題を確認していきたい。

さて、飯田濠、神田川はともに江戸城の城郭である。「の」の字状の外濠の北西部を構成し、牛込、小石川などの武家地を東西方向に貫いている。周囲を武家地に囲まれるという性格上、町人による河岸地としての利用は限定的であるが、外側、要するに現在の新宿区並びに文京区側の土手には、一部そうした利用や武家の物揚場を見ることもできる。今回のふたつの河岸地は、ともに外側に位置したものであり、明治期における河岸地の成立は、こうした歴史的な条件を備えた土地のうえで進められる。その名称も、それまで俗称だったものを改めて、明治一〇年代に神楽河岸と市兵衛河岸と名づけられた。

また、両河岸地の湊としての機能を支えているのは神田川である。神田川は江戸時代までは平川と呼ばれていたが、ここでは分かりやすいよう、あえて神田川という名称で統一することにしたい。この神田川は江戸時代から物流インフラとして栄えてきたわけであるが、明治以降にはそれがより活発になっていった河川のひとつに数えられる(2)。

例えば、大正一二年の東京市の調査によれば、定点観測から得られた二日間での神田川の通船数は一〇〇九隻にのぼっている。これは調査が実施された当時の東京市内全五九流路のうち上から一〇番目に多い数値であった。神田川舟運が飯田濠でどん詰まりになることも考慮すれば、これはかなり高い数値であるといえよう。

こうした神田川の強化もあって、その流路沿いの河岸地や物揚場は、近代の利用に向けて再編を受けていくことになる。特に物揚場としての利用が部分的であった対象地においてその変化は顕著で、旧来の土手の利用域を大幅に拡張することで河岸地が成立していくことになった。このとき河岸地を実際に借地し利用したのは隣接する町の商人に加え、工場をはじめとした近代の産業資本であることが想定される。彼らの水辺に対する関与とその一連の動きとはどのようなものだったのであろうか。そうした過程を、神楽河岸と市兵衛河岸の成立と変容という動きの中で捉え、把握していくことが本章の目的である。

先行研究のなかでの位置づけ

ここで、先行研究に目を向けてみると、このような近代において再編される河岸地の動向というのは、これまであまり明らかとはされてこなかった現況が見えてくる(3)。また、その傾向として、江戸市中の活発な市場社会と結びついた日本橋や神田などの河岸地、加えて利根川水系を中心とした江戸東京郊外の川湊としての河岸などにその対象が集中しがちである。都市内部の、しかも武家方に利用されていた河岸地の近代における動向を検討することは、こうした空白を埋めるうえでも重要な意義があるといえよう。[4]

さらに重要な点として、江戸期以前から成立していた河岸地が、基本的な区画や機能をそのまま継続するという傾向にあるのに対して、外濠のようにそもそも利用が限定的であった場所では、そうした属性は新規に生成されていく。そのため、他の土地では見られない水辺空間の形成過程や土地利用を見出すことができるはずである。

また日本橋では、河岸地を利用していた借地人が、明治九年「河岸地規則」に準じて、河岸地が公有地として定められことを契機に、そのまま河岸地拝借人となっていくが、これによって、地先の関係という結びつきが解消され、町地と河岸地が分節されていくことが先行研究によって明らかとなっている。これに対して、今回の対象地では先行する借家人や借地人がほとんど存在しないために、河岸地成立の流れの中で、隣接する町の主体によって水陸が一体的に借用されていく。これは近世期に黙認に近いかたちで存続してきた地先権が、土地の所有権・借地権という近代の制度の中で形態を変えて再構築されたようにも見える。そこには、町と水路と土手の結びつきの、原初的なかたちが表れているようで興味深い。

方法と資料

分析の手順としては、対象地の河岸地成立時における区画と拝借人から空間構造を復元し、その成立までの動向とその後の変容を順に考察することで進めていく。

まずは河岸地の復元である。ここでは、東京府が発行した明治一五年の「河岸地台帳」[5]と、明治一八年の「河岸地沿革図面」[6]を用いる（図３－２）。「河岸地台帳」には主に、坪数、拝借人、拝借人居所、借地期間、用途が各河岸の一筆ごとに記載され、「河岸地沿革図面」には一筆ごとの区画が図によって示されている。そのため、この両者の情報をそれぞれ照合することで、河岸地の区画や土地利用、さらには時間の経過による変化を復原することが可能となる。ただし、「河岸地沿革図面」には神楽河岸の記載しかないため、市兵衛河岸では台帳記載の情報に加え、土手の拝借願等に添付される絵図面を参照しながら、個別に復元作業を行う必要がある。

成立までの動向に関しては、東京府に提出される民間からの拝借願と、土手の利用状況が知れる明治六年「沽券図」を用いて分析を行う。おそらく、このときの利用状況が、その後の河岸地の構造に大きく作用するものと考えられる。そのため、河岸地形成に先駆けたこの時期の土地利用や借地の状況をできるだけ正確に描き、それに対してどのように河岸地のラインが引かれていったのか、その影響について考察を加えていくことが重要である。

また、そうした先行する状況が、その後の河岸地の発展過程、あるいは空間形成に与えた影響についても取り上げていく。その様子は、明治二二年から明治三三年頃までの神楽河岸と市兵

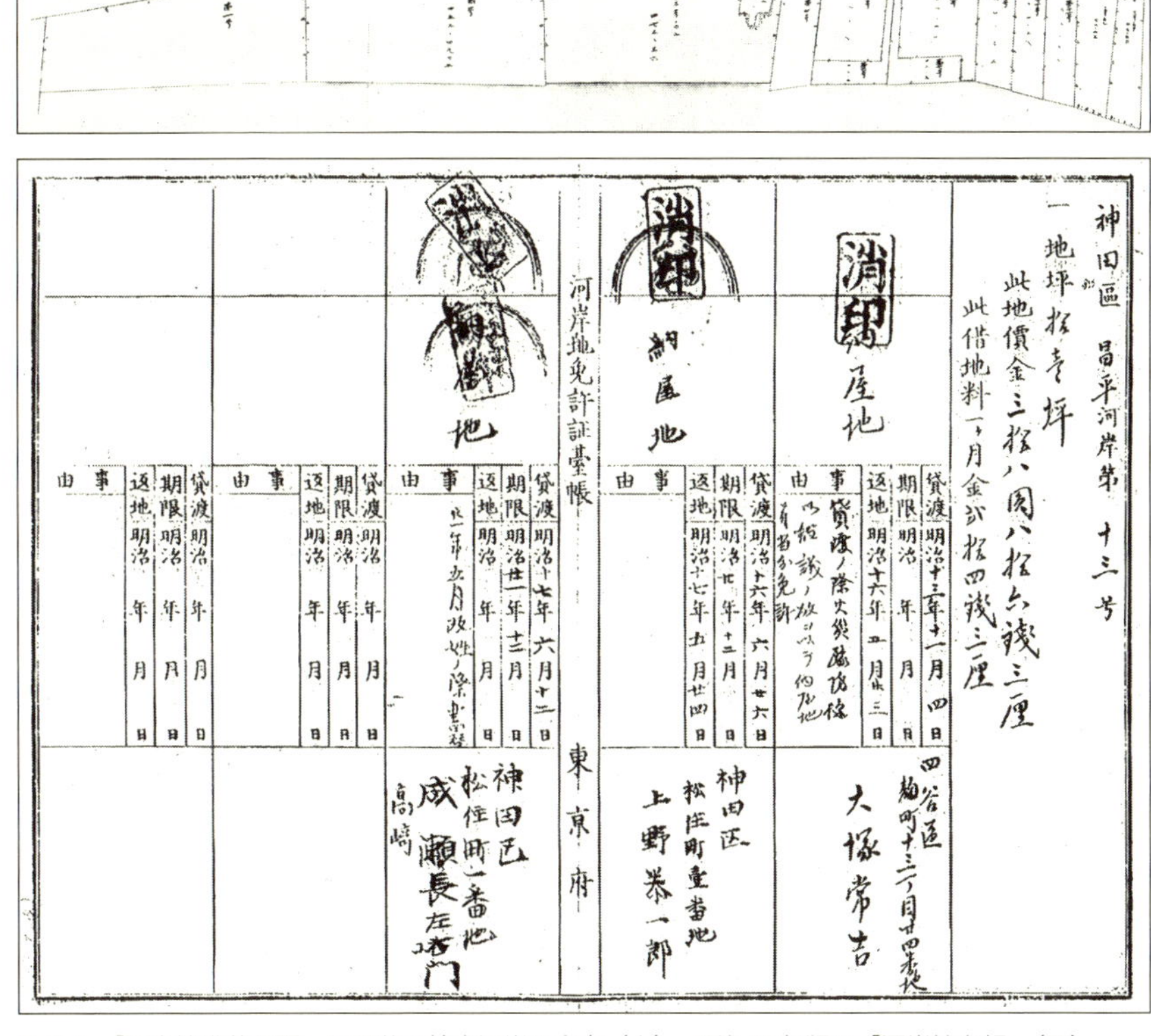

図 3-2 「河岸地沿革図面」に記載の神楽河岸の全容（上）、明治 15 年版の「河岸地台帳」（下）

衛河岸の状態が記載された、明治二二年版「河岸地台帳」[7]を用いて、拝借人と利用状況の変化を、台帳記載の約一〇年間にわたって分析することで把握していく。

なお、各章で復元図を作成するにあたっては、明治初期の市街地の状態を示した白地図を下図として利用している。当地図は、全体の輪郭を明治一六年の陸軍実測図[8]からトレースし、周辺市街地の敷地割りを明治二〇年の東京実測図[9]を参照して描いている。河岸地の輪郭から個々の敷地の復元には、この下図の寸法を基に行うこととする。

従前の土手の状況

神楽河岸と市兵衛河岸が接しているのは、それぞれ飯田濠と神田川である。これに対して、両河岸が依って立つ土手には特に名称がついていない。本文中で神楽河岸と市兵衛河岸という呼称を使用するときは、土手自体ではなく、基本的に明治一〇年代以降に正式な河岸地となった区画のことを指している。そのため、それ以前の状況との混同を避けるため、ここでは便宜的にそれぞれを神楽土手・市兵衛土手と命名することにしたい（図3-3）。そのうえで、この両土手の河岸地成立に先行した土地の状況、とりわけ幕末期から明治初頭における状態をここで確認しておく。

一般的に河岸地は、江戸の中期ごろから町人により専有される傾向がみられ[10]、また日本橋をはじめとする町人地に設けられた大規模な河岸地では、

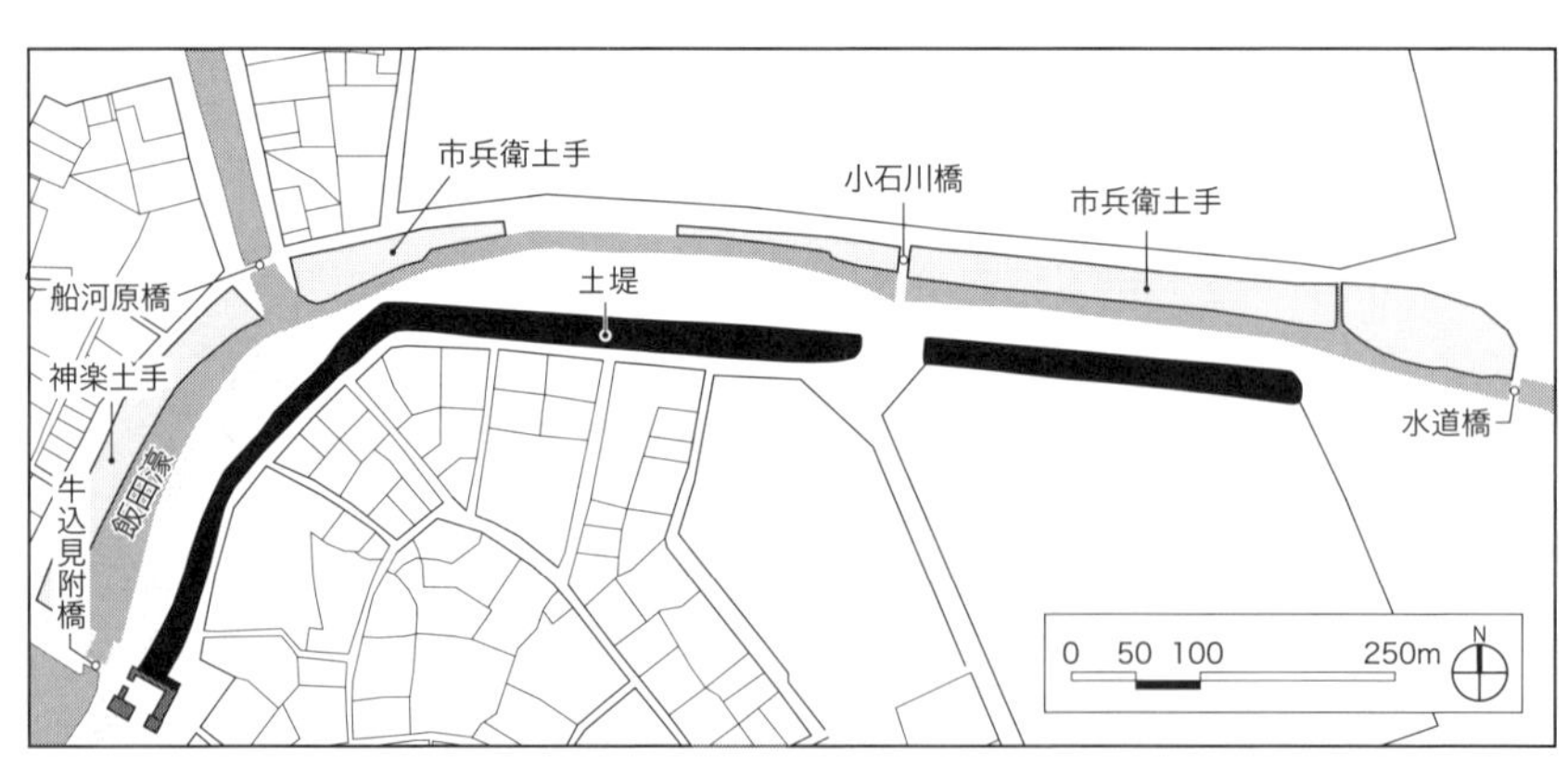

図 3-3　明治初年頃の対象地（船河原橋を境に西側を神楽土手、東側を市兵衛土手とする）

土蔵造りをはじめとした恒久的な建物が立ち並んでいくことが知られている。しかし、主に武家方の物揚場であった対象地の土手にはそのような傾向はほとんどなく、土手の利用はごく一部に限られていた。寛政年間に描かれた「神田川通絵図」（国立国会図書館所蔵）では、対象地の大部分が利用の制限区域を示すと考えられる請負人場によって占められているなかで、揚場としての利用は、神楽土手の「町揚場」や「尾張殿揚場」、市兵衛土手の「水戸殿揚場」といった町方・武家方による部分的なものに限られている。

では、そうした利用がどの段階まで続いていたのか。明治以前に、神楽土手で同様の利用が確認できるのは文政年間であるが[11]、明治二年にも「町方揚場」と「尾州様揚場」といった同様の土地利用が確認できることから、部分的な利用は幕末期から明治初頭まで継続していたと考えられる。また、市兵衛土手に関しては、正確な利用実態は不詳であるが、図3－4のように明治初期の段階で既に物揚場として利用されていたことを考えると[12]、上記のような部分的な利用が、幕末期まで継続していたものと考えられる。こうした先行する土地の条件に対して、明治以降、どのような動きがみられるのであろうか。

図 3-4　明治初年頃の市兵衛土手の様子（長崎大学附属図書館所蔵）

「河岸地規則」による変化

明治政府による河岸地に対する包括的な制度としては、まず明治九年の「河岸地規則」[13]が挙げられる。これによって「舟楫ノ通スル水部ニ沿イタル地」が河岸地として定義され、府下に存在していた幾つかの河岸がこれに編入された。それぞれの河岸地が編入された詳細な時期を確認することは資料的な制約から難しいが、最初の「河岸地台帳」にあたる明治一五年版の情報から、少なくとも「河岸地規則」以降で早期に河岸地となった場所は明らかとなる。台帳を見ると、対象地の神楽土手と市兵衛土手が、それぞれ明治一五年までに河岸地となっていることを確認できる。その一方で、幕末期まで全く利用されていなかった対岸の飯田河岸などはこの段階では河岸地に編入されていない。「河岸地規則」を受けて河岸地に編入されたのは近世期以来の河岸、あるいは荷揚場が中心であったことが伺える。

また、両土手がそれぞれ河岸地へと編入された際、その規模に変化はあったのであろうか。ここでは、前掲の「河岸地沿革図面」も参照して範囲を検証してみる。この沿革図面は、「河岸地台帳」とは作成主が異なり、作成年代も三年ほど後になっているが、記述された各敷地の坪数が台帳記載のものとほぼ一致することから、「河岸地台帳」作成時、つまり河岸地編入時の状態を示す図として判断できる。そのうえで、市兵衛河岸を見てみると、台帳に記載のある各敷地の総坪数は、土手の全域の面積に匹敵しており、明らかに、近世期の状態より利用域が拡大されていったことが明らかである。また、神楽河岸に関しても先述の幕末期における部分的な利用域を大きく越えて指定されていることが見て取れる。つまり対象地においては、未使用であった土手部分を河岸地に取り込むことで区画の設定が行われているのである。

また、「河岸地規則」に続く重要な政策として、明治一五年の「河岸地建物及置場制限」にここで触れておきたい。これは、河岸地の防火性を高める狙いから、各河岸に等級を設け、それに準じた制限を建物と置場にかけることを目的として定められたものである。ここでは、神楽河岸と市兵衛河岸は、最も低い五等の河岸地として位置づけられた。本章で重要な点として指摘しておきたいのは、この五等河岸地においては、建物の構造、部材、置場への壁の設置など、全ては拝借人の都合に委ねられていたという点である。特に、日本橋などの一等、二等河岸地と決定的に違ったのが、住居を設けることも特に制限されていないという事実である。つまり、河岸地を借用する側として見れば、建物の部材を煉瓦や漆喰とする手間と費用が掛からず、そのうえ住居とすることも可能であることから、非常に自由度の高い土地として活用が可能であった。これによって、この両河岸地の土地利用と拝借人の属性は、非常に多様なものとなる可能性が開かれていったのである。

こうした制度的な構成も考慮しながら、本章では新規に成立した河岸地の区域と土地利用が、いかに生成した変容を遂げていったのかを明らかにしていく。

2　河岸地の復元とその空間構造

区画の復元と形成過程の考察

いま、かつての神楽河岸や市兵衛河岸のあった場所に立ってみると、そこが思いのほかだだっ広い空間であることに驚くと思う。飯田濠の上には都営住宅が建てられ、神田川のほうには高速道路が通っているから、その面影を見つけるのは一見難しいように感じる。けれども、かつての濠に沿って歩いてみると、やけに広々と余裕のある空間が（当時より拡幅された外堀通りがあることもその一因だが）、そこにかつて人や物が行き交う川沿いの湊があったことを教えてくれる。河岸地とは思いのほかスケールの大きな空間である。

ここでは、この河岸地の最初期の状態を、資料を基に復元していく。広大な土手に対して、どのような区画が与えられたのか、また一筆ごとの敷地はどのように決定されたのか、まずは全体の輪郭を押さえることで、空間のイメージを捉えたい。そのうえで、そうした輪郭がどのように定まっていったのか、その成立までの動向について分析を試みる。なお、復元作業に関しては、「河岸地台帳」の拝借人とその居所の情報を基に行い、成立過

表3-1　神楽河岸の明治15年頃の拝借人とその居所

号	拝借人	拝借人の居所	借地期間
一	本府使用地		
二	陸軍省用地		
三ノ一	○清水岩太郎	牛込区揚場町七番地	明治15年2月28日〜明治17年12月
三ノ二	共同物置場		
四	○野嵜治兵衛	牛込区揚場町弐番地	明治14年5月27日〜明治18年12月15日
五	○升本喜兵衛	牛込区揚場町四番地	明治12年6月2日〜明治16年12月15日
六	○平戸長兵衛	牛込区揚場町八番地	明治14年5月27日〜明治18年12月15日
七	○大塚吉兵衛	牛込区揚場町八番地	明治14年12月27日〜明治18年12月15日
八	○鍋田清次郎	牛込区牛込下宮比町壱番地	明治14年5月27日〜明治18年12月15日
九	○野嵜重兵衛	牛込区牛込下宮比町四番地	明治12年4月〜明治16年12月15日
十	大塚藤八	北豊嶋郡高田村三百三番地	明治12年11月4日〜明治16年12月15日
十一	○升本喜十朗	牛込区揚場町四番地	明治13年1月15日〜明治17年12月15日
十二	○三好八十吉	牛込区神楽河岸	明治13年1月15日〜明治15年7月1日 ＊以後甲と乙に分割。
十二ノ乙	○三好八十吉	牛込区神楽河岸	明治15年7月1日〜明治19年12月15日
十二ノ甲	○菊池栄造	牛込区下宮比町一番地	明治15年7月1日〜明治19年12月15日

注）　拝借人欄の○は隣接町あるいは河岸地内を居所とする人物を示す。

程に関しては土手に対する周辺からの利用申請と、周辺地域に注目し考察を進めていく。

神楽土手：編入前

①「河岸地台帳」に見る河岸地の構造

神楽土手が神楽河岸と命名されたのは、上述の通り明治一〇年一二月のことである。先の「河岸地規則」の制定が明治九年であるから、かなり初期の段階で成立した河岸地であるといえよう。実際の借地に関してはどうであろうか。これは、最初の「河岸地台帳」である明治一五年版に、明治一二年からの拝借人の記載が確認できることから、「河岸地規則」制定の直後数年の内に、徐々に土地の貸出しが始まっていったのだと思われる。明治一一年の時点での利用状況が不明であるが、ここではひとまず、この台帳の時点を成立期として、そこに記載された情報から河岸地成立直後の状態を図表化してみる。

台帳記載の拝借人の氏名、その居所、借地期間などを抽出すると、表3－1、図3－5のようになる。ここからは、以下の二点を神楽河岸の構造として指摘することができる。まず、河岸地の区域が幕末期の揚場の両側に新たに拡大され、南西側を主に官地として、北東側を主に民間利用地として明瞭に区分されている状態が見て取れることである。一筆ごとの区割りの規模がそれぞればらばらであることにも注目したい。そしてもう一点は、個人に借用されている全一一筆中九筆までが、近隣に居所を構える人物で占められており、そのほとんどが揚場町と下宮比町に集中していることである。つまり、最初期の神楽河岸では、北東側に拡大された民間利用の区画を、隣接する町の人物が主体となって利用していたことが理解される。おそらく、彼らが河岸地の成立以前において、何らかの働きかけなり、要請を行っていたのであろう。

② 河岸地編入までの動向

ここで、少し時代を遡って、明治初年頃の状況に目を向けてみる。ここから、どのような過程を経て先の状態に至るのか、その流れを時系列に沿って追ってみたい。

まず、明治六年の「沽券図⑭」から神楽土手の様子を確認してみると、幕末期の利用状況をほぼ留めていることが読み取れる（次頁図3－6）。揚場町地先の「町方揚場」と、その両側の

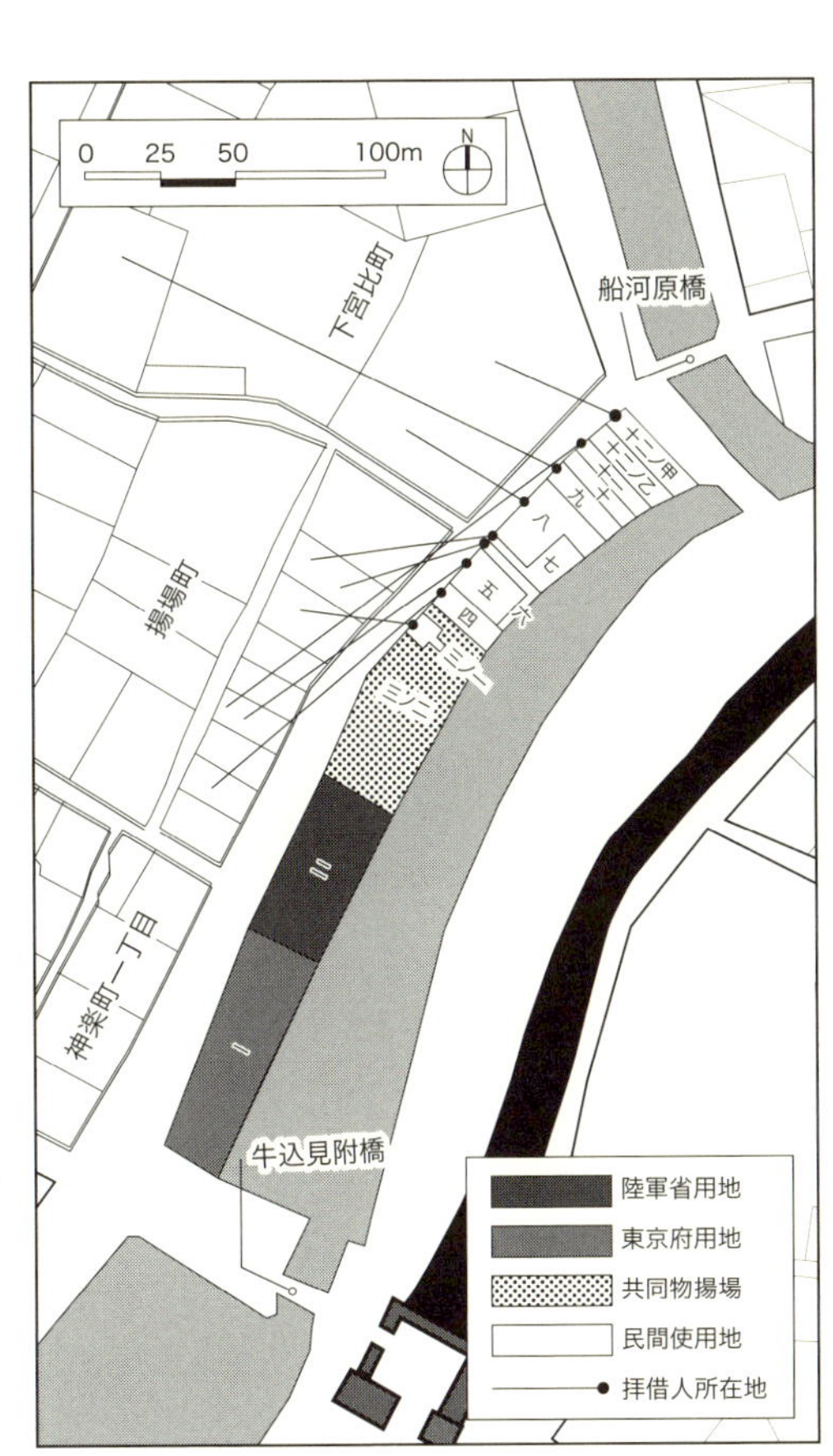

図3-5 明治15年頃の神楽河岸の利用状況

小規模な個人借用の土置場は、近世以来の利用域をそのまま踏襲したものである。一方、「町方揚場」は、揚場町の町方に利用されていた幕末期の「惣物揚場」をそのまま引き継いだものであり、個人借用の土置場も同様に幕末期からの利用が引き続き行われている[15]。要するに、この段階で外形的な変化はほとんど認められない。ただ、「尾州様物揚場」であった箇所だけは、明治六年では空白となっているようだ。これはおそらく、明治四年に尾張家の市ヶ谷屋敷が召し上げられたために空洞化していたものと考えられる。

　さて、幕末からこの明治六年の段階で明らかに異なっているのは、北東部に区画が拡大されていることである。「小金牧場御林炭薪会所」と記されているが、この箇所の土地利用はこの段階ではじめて確認されるものである。先の成立時の区画に至るまで、揚場町の地先、近世期までの物揚場を中心に、その利用域が両側に拡大していったことになる。こ

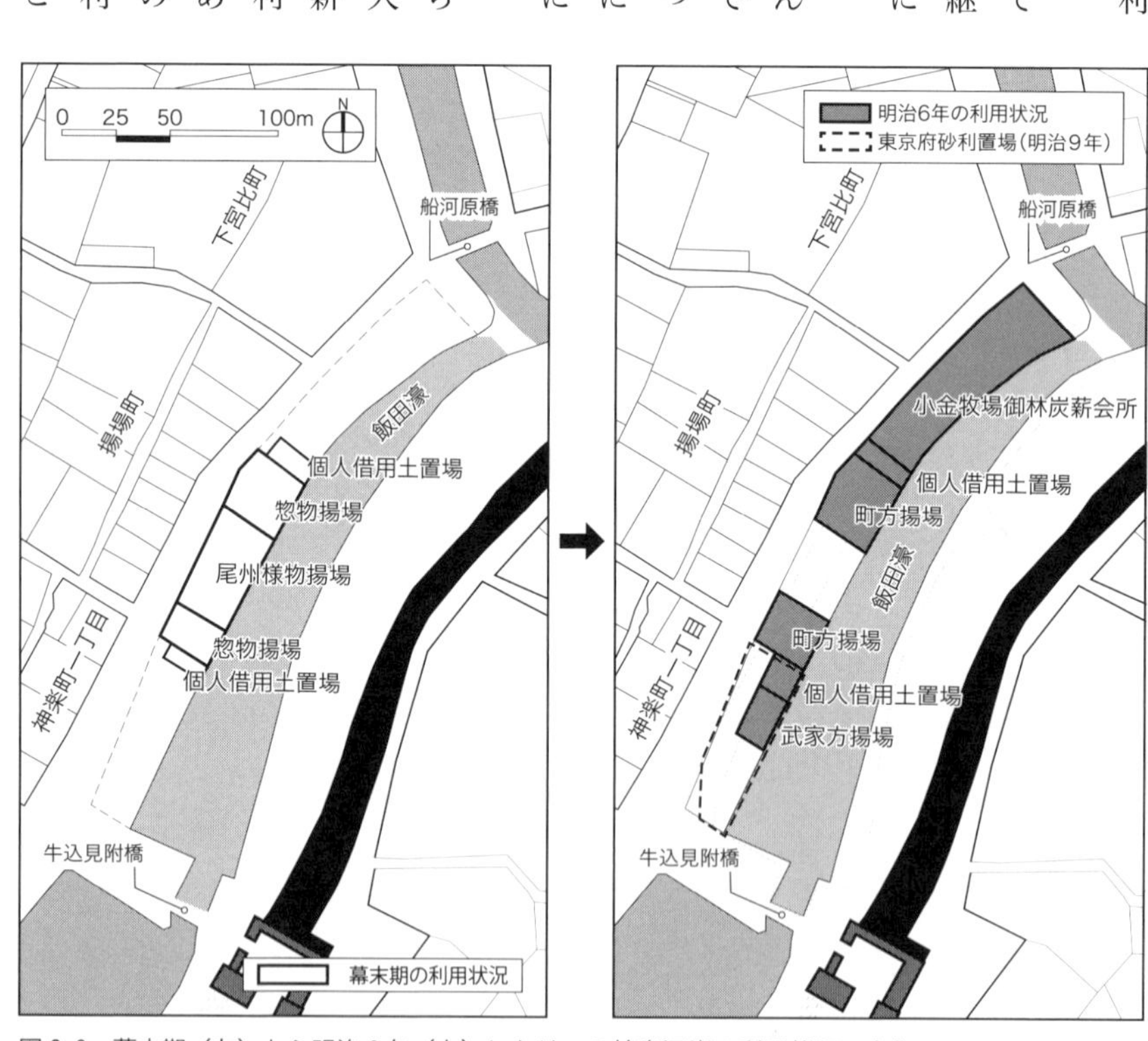

図 3-6　幕末期（左）から明治 6 年（右）にかけての神楽河岸の利用状況の変化

の両区域はどのような変遷を辿り、河岸地へとなっていくのか。

まず、南西側部分を見てみる。ここには、武家方揚場と個人借用の土置場があるが、明治九年にはこれを囲う形で四三四・八坪が東京府の砂利置場として指定されている[16]。「個人借用土置場」が寛延年間以来の利用であるのに対して、「武家方揚場」は幕末から明治初期にかけて設置された新設の揚場で[17]、その名称から幕末期の「尾州様物揚場」のように旧幕関係者によって利用されるものであったと推察できる。つまり南西側の区域は、明治六年頃までの個人による部分的な利用状況を囲うように東京府の利用地が確定し、土手の利用域が拡大されていったのである。この官有の揚場は、ほぼそのままの区画で神楽河岸一号地へと編入され、その輪郭を保ったまま以後も公的な河岸地として推移していくことになる。

北東側の拡大域はどうか。ここは明治六年の段階で「小金牧場御林炭薪会所」が確認できる。小金牧とは、明治政府が引き継いだ幕府の直轄地で、馬の放牧地であると同時に江戸に送られる薪炭の生産地でもあった。「小金牧場御林炭薪会所」は小金牧から舟で運び込まれた薪炭を積置する揚場で、明治初年に設置されている[18]。ここは武家方の地先に位置した土手で、幕末まで個人による利用はなく[19]、区画の設定は土手一帯に対して行われている。その後、河岸地成立までに区画は細分化され、主に隣接する町の住人からの拝借を受けていくことになる。

ここで、北東区画の河岸地拝借人が集中的に所在する揚場町と下宮比町に注目してみたい。まず、揚場町は地先の「総物揚場」を利用した商人が住まう町であったことが知られ[20]、また下宮比町も明治二年に市ヶ谷田町四丁目が移転したことで開かれた新開町である[21]。要するに、両町とも明治期においては商人層の多く住まう町だったのである。河岸地を借用する人物はこの二町の地主である傾向が強いが、特に五号地拝借人で揚場町四番地所在の升本喜兵衛は、周辺に複数の土地を所有する地主であり、神楽坂や周辺の町の土地を取得し開発を積極的に行った人物でもあった。

升本は、明治初年に本拠を揚場町に移し酒屋で財を成すと同時に、土地経営も積極的に行い、明治一一年の段階で揚場町内だけでも五筆もの土地を所有していた。[22] 地先の河岸地の借用はこれらの土地取得の動きと時期的に連動しており、地域の開発と稼業のために神楽土手の北東区画を取得していったのであろう。

また、十二号ノ甲地拝借人で下宮比町一番地所在の材木商である菊池栄造は、明治一四年の船河原橋の袂の土手に対して、砂利置場設置の申請を行っている。その理由を、「当今居住ノ地ニ於テ薪炭営業罷仕候得供表地無之営業ノ物品揚下ニ差閊難渋仕候間[23]」と述べており、水辺の利用を切望する態度が見て取れる。菊池の十二号ノ甲地の借用はこの直後であるが、上記のような物揚場の不足という状況のなかで、積極的に地先の土手を借用していったのは、彼らのような隣接する町を居所とする新規の住人達であったことが分かってきた。

市兵衛土手：編入前

1 河岸地構造の復元

隣接する町との密接な関係を持つ神楽土手に対して、市兵衛土手はどうか。まず前提として、この両者には性質上の明確な違いがふたつ存在している。ひとつ目が、市兵衛土手が河川に接する水辺であるということ。そしてもうひとつが、市兵衛土手には江戸時代まで隣接地に町人地をほとんど持たなかったということである。河川であるということは、多少なりとも水に流れがあるので、動力としての活用が期待できるし、既存の町人地がないということは、新たな産業を興すのにうってつけの条件といえるだろう。この二点の違いをまずは念頭に置いておく。

さて、市兵衛土手で河岸地としての利用がはじまったのは、だいたい神楽土手と同じ時期ではないかと思われる。明治一五年の「河岸地台帳」には、明治一三年からの拝借人が記載されており[24]（表3－2）、また「市兵衛河岸」という名称が命名されたのは明治一一年一月のことだからである。つまり、ちょうどこの間に河岸地とし

表3-2　市兵衛河岸の明治15年頃の拝借人とその居所

号	拝借人	拝借人の居所	借地期間
一	共同物揚場		
二	南部廣矛	牛込区弁天町六十七番地	明治13年10月8日～明治17年12月15日
三	○椎名藤兵衛	小石川区新諏訪町二三番地	明治13年10月8日～明治17年12月15日
四	村田氏壽	神田区駿河台鈴木町九番地	明治13年10月8日～明治17年12月15日
五	陸軍省用地		
六	共同物揚場		
七	陸軍省用地		
八	当府使用地		
九	陸軍省用地		
十	砲兵工廠		
十一	共同物揚場		

注）拝借人欄の○は隣接町の人物を示す。

ての利用がはじめられていったと考えられる。

この市兵衛河岸は、先の神楽河岸と違い、「河岸地沿革図面」に記載がないため、河岸地の区画を、文献資料・絵図と台帳記載の坪数などから復元していくことからはじめなくてはならない。その復元作業に当たっては、上述の河岸地命名の際の範囲の指定が全体の輪郭線の把握に役に立つ。そこでは、市兵衛河岸の範囲を、水道橋を東端とした船河原橋までの土手部分であるとしている。単純な方法ではあるが、この全体の輪郭に対して、台帳に記載された全一二筆の区割りを記載された坪数に応じてはめ込んでいく。当然、それだけではうまく噛み合わない箇所が出てくるので、土地の形状やそれ以前の土地利用も参照しながら整合性を図っていく。

まず、範囲内で最も大きな土地に区割りされているのが九号地の二七六三坪である。ここは、明治一〇年に陸軍砲兵工廠へ提出された神田川への架橋申請書の絵図[25]に記載されている「砲兵本廠物揚場」と規模が概ね一致することから、九号地を小石川橋から水道橋西側の水路までの区割りと特定した。ここを基準に、その隣の八号地を、明治一六年の砂利置場としての利用申請書に添付された絵図[26]を参照して特定した。さらに、一から五号地までに関しては、明治一一年に提出された河岸地拝借願に添付の絵図[27]を参照し、また十号、十一号、十二号（明治一八年に十一号に編入）は、明治九年の「官庁所用之河岸地絵図」に記載の区割りから特定していった[28]。ここまで来れば、おおよそのかたちは定まってくるので、残りを台帳記載の坪数と、地形条件を見ながら境界線を挿入し、復元を行った。

②「河岸地台帳」に見る河岸地の構造

以上の作業を通じて復元された市兵衛河岸の区画に、台帳記載の情報を加えていくと図3－7のようになる。先の神楽河岸と明らかに異なっているのは、まず一筆あたりの規模の大きさであろう。一〇〇〇坪を超えるような敷地も多数あり、スケール感覚が全く異なっている。土手のほぼ全域がすっぽりと河岸地の輪郭線で囲まれて、巨大な活用区域が生まれている。そしてもうひとつ気がつくのが、河岸地の大半が陸軍省と陸軍砲兵工廠によって借用されていることである。全体の六一・五パーセントもの土地が軍関係の河岸地によって構成され、民間借用の河岸地は西側の一部に限定されるのみとなっている。

しかし、全体の傾向としては類似した特徴も指摘できる。土手の利用範囲の拡大や、近接する主体によって地先の土手が拝借されるという構図は、主体の属性の違いはあるものの、神楽河岸に近い特徴を備えているといえよう。

③ 河岸地編入までの動向

ふたつの河岸地の独自性と共通性はどこから生まれるのか。ここでは、その形成過程の中にその要因を見出していきたい。

明治時代初頭、市兵衛土手には既に物揚場としての利用があったことは前掲の図3－4からも明らかである。しかし、その敷地の形状や、拝借人の名前などについて

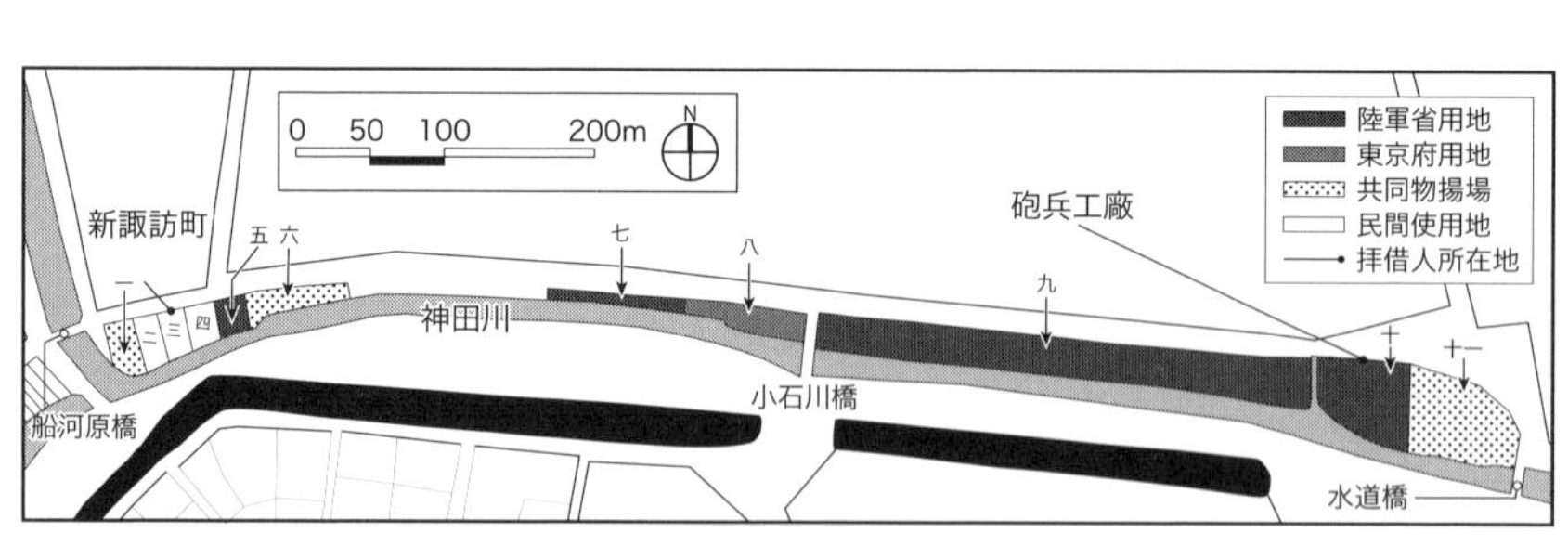

図3-7 明治15年頃の市兵衛河岸の利用状況

は、「沽券図」に土手部分の地目が表記されていないためにその様子が伺い知れない。そこで、ここでは河岸地編入までに提出された土手の拝借願の資料等から、明治時代のできるだけ早い時期における利用状況を探り、最初期の土手の状態を復元することとする。資料の年代的な偏りから、およそ明治一〇年頃の状況が妥当であると判断し、その状況を図3‐8として復元を行った[29]。これを見ると、初期の市兵衛河岸は、概ね全体が三つのブロックで構成されていることが分かる。順に見ていきたい。

まず小石川橋の両側一帯である。ここは陸軍や東京府などの官による利用が集中している。特に小石川橋東際の土手には、陸軍砲兵工廠の最初期の大規模な荷揚場である「砲兵工廠揚場」が明治四年に設置されている。この土手が砲兵工廠とその関連業者によって積極的に利用されていた様子は、明治一〇年に提出された「砲兵本廠用弾薬箱製造」を担う清水兵十郎の神田川への架橋申請[30]からも知ることができる。さらに小石川橋西際に関しても、小規模ながら「砲兵工廠物揚場」や「東京府使用地」といった官有の揚場が集中していることが分かる。河岸地成立後の区画と比較してみると、こうした明治初期の官による利用状況が、その後の区画と利用主体にピタリと重なることに気づく。こうした状況が下地となって、その上に河岸地の輪郭が敷かれていったのであろう。

次に、市兵衛土手の最西端である船河原橋の袂である。ここは主に民間による利用が集中した箇所である。資料を見てみると、明治一〇年前後から当地に対する拝借願が多数存在していることが確認できる。例えば、明治一一年には、牛込通り寺町八番地の加藤治兵衛によって、道具・石・材木等の荷出しといった目的で、土手の利用の

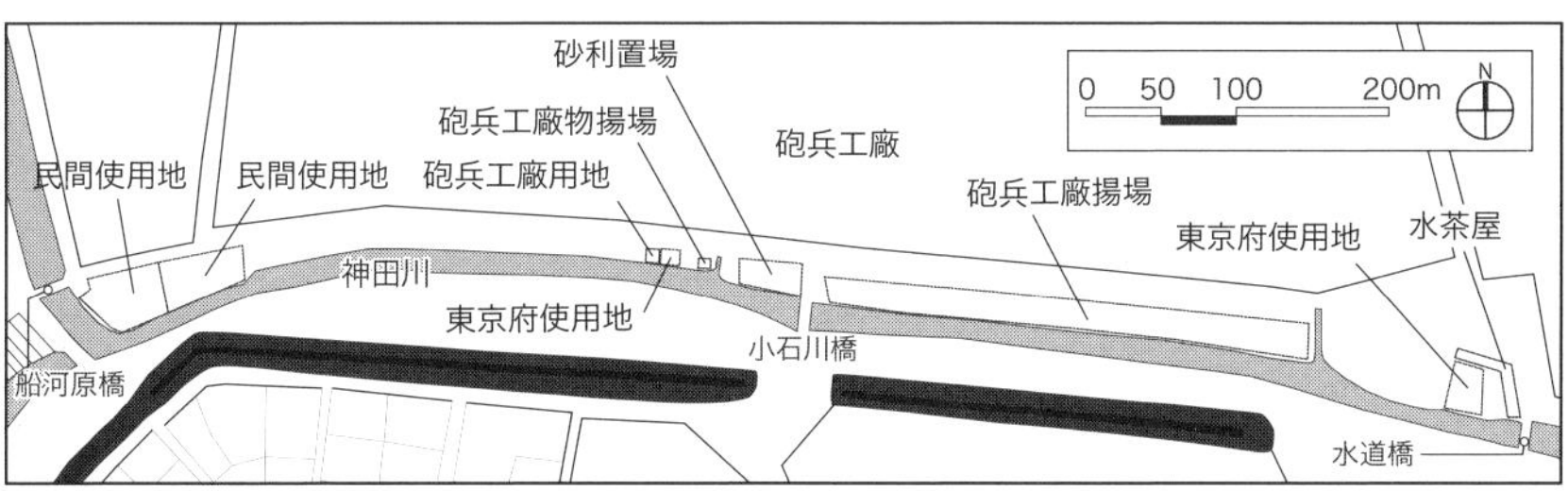

図3-8　明治10年頃の市兵衛河岸の利用状況

許可が求められている[31]（本申請は棄却されている）。神楽河岸でも見られた、稼業を目的とした水辺の利用である。このとき指定されている区画は、ちょうど河岸地の一〜四号地に該当しているのだが、この輪郭は唐突に加藤治兵衛によって敷かれたものではなく、それに先行する利用が既にあったことが資料から読み取れる[32]。その規模は七〇〇坪で、これがちょうど河岸地の一〜四号地に相当しているのである。

そこにあったのは水車用地である。いまでは信じがたいことだが、明治初頭、東京の都心部の水路に水車が設けられることは度々あったようである。工場の機械動力や、脱穀用の動力として利用されていたらしい。本節の冒頭でも触れたが、市兵衛土手の接するのは神田川であり、多少の水の流れがあった。この流れが、明治初頭の商人や実業家達の目には魅力的に映ったようである。当時の土手に対する拝借願を見ていると、水車用地としての許可を求める内容は決して少なくない。また、そうした人物は複数の土手を利用するケースもあった。明治初期にはこうした水車商とでもいうべき人々が水辺に勃興していたのである。

ちなみに、隣の神楽土手にも水車用地の申請はあった。ただし、こちらは濠であるから水の流れはほとんどない、どうしたのか。彼らは、外濠の水位の差に目をつけたのである。牛込濠と飯田濠ではかなりの落差があり、しかもこの時代、外濠は四ツ谷の玉川上水から余水を入れていたから、牛込見附の堰堤から流れ落ちる水はそれなりにあったはずである。外濠の広い土手が、関連施設の敷設に好都合であったという事情もあったのであろう。いずれにしても、江戸城の御門の傍らで、くるくると水車を回そうという発想は、外濠の場所性が江戸時代から全く変わってしまったことを象徴的に表しているようで面白い。しかし、残念ながらこの構想は実現せずに終わってしまったようだ。

話を市兵衛河岸に戻したい。その後、この水車用地の区画がベースとなって、実際の土地利用が見られるようになっていく。まず、明治一一年八月〜明治一三年まで、ここは四ツ谷区所在の山岡次郎によって、西陣染の工場地として利用されていた[33]。水車自体は明治二六年頃まで残存していたことが分かっているので、おそらく工場機械の動力として水力を利用していたように思われる。神田川の流れが土手の生産地化を導いていったのである。

西陣染工場の後は、台帳の記載があるために詳細に利用状況が把握できる。この時期に区画は四つに分割される。それぞれ、一号地が共同物揚場、二・四号地が南部廣矛（ひろほこ）と村田巌彦、三号地が隣接する新諏訪町所在の椎名藤兵衛によって借用されている。このとき、二・三・四号地の坪数がほぼ均等であることに気づくが、この三人の拝借人は、それぞれが相互に保証人となる関係を持っており、山岡次郎の工場跡地に対して同時に結託して拝借願を提出している[34]。つまり、三つの拝借願は連動したもので、その区画は先行する水車地の土地の一部を均等に三分割して造成されたと考えられるのである。市兵衛河岸最西端部の区画は、このように明治初期からの段階的な利用状況を下地として輪郭が定まっていったのである。

最後に水道橋の西側にあたる部分である。ここは幕末期には水茶屋などの営業地となっていた箇所で[35]、明治九年の段階においても東京府使用地の周囲に水茶屋が存続していたことが確認できる[36]。その後の河岸地は、ちょうどこれを取り込むようなかたちで区画が設定されている。また、「河岸地台帳」に記載された段階では、用途は共同物揚場となってはいるが、当時の警視庁の調査によればそこに多数の床店が確認されている[37]。それ以前からの水茶屋が存続していたのかは不明だが、他の敷地よりも床店等の数も多く、仮設物や簡素な建物が複数並んだ場所であったと思われる。ただ、本来は「河岸地規則」によれば、河岸の又貸しは禁止されているため、どのような権利関係でそれが可能となったのかについては、今後の重要な課題といえる。いずれにしても、市兵衛河岸の十一号地の区画においても、水茶屋や床店と東京府使用地がひとまとめに設定され、先行する利用が全体の輪郭に影響を与えた状況が浮かび上がる。なお、隣接地である十号地は、「砲兵工廠揚場」と上記の水茶屋地の間に区画され、河岸地編入以降は砲兵工廠によって借用されていく。

以上、市兵衛土手の河岸地の形成過程は、土手に面する主体の影響力と、先行する土地の条件によって、神楽河岸とは異なる経過を辿ったと整理することができる。特に陸軍砲兵工廠の存在は大きく、地先の土手に対して強い影響力を発揮し、全体の輪郭とその利用を規定していった。また、最西端の民間借用地では、明治初期の産業利用地を下地に、周辺地域や隣接地からの段階的な関与を経て河岸地が形成され、東端部においては幕末期以来の土地利用の状況が区画に影響を与えたことで全体の輪郭が決定されていった。

3 河岸地編入以降の展開

河岸地拝借人とその更新頻度

江戸城の北西部といえば、かつては牛込揚場町とその地先の物揚場のみが、舟運を活用した物流の拠点であった。これが、明治一〇年以降、河岸地化が進行したことで、神楽河岸、市兵衛河岸を拠点に、官民を問わない高度な水辺利用が行われる場へと変質していった。「河岸地規則」に記された通り、「舟楫ノ通スル水部ニ沿イタル地」がすべて河岸地となったのである。

しかし、ここまで見てきた通り、その中身は一様ではない。先行した土地利用の条件や、水辺の状況に応じて、異なる土地利用と性格がそれぞれの土地に与えられている。河岸地となって以降、基本的に変化の起こらなくなった輪郭線に対して、それぞれの場の個性は、その後の発展過程の中にどのように影響を与えたのか。

ここからは河岸地の拝借人に焦点を当てていく。河岸地成立によって区画が確定されて以降の空間的、構造的な変化は、基本的に敷地の拝借人の更新によって引き起こされる。借地期限は「河岸地規則」によれば五年と設定されているが、実際にはもっと短い間隔で頻繁に更新が行われ、様々な変化が起こっている様子が台帳から見えてくるのである。ここでは、明治二二〜三三年頃までの拝借人が知れる、明治二三年の「河岸地台帳」[38]を用い

表 3-3　明治 22 年～明治 33 年までの拝借人の変化（神楽河岸）

号		用途	拝借人	拝借人の居所	借地期間	坪数
一	内三	砂利置場	當府使用地			187.29
三	内一	居宅地	升本喜楽	牛込区牛込揚場町四番地	明治 22 年 4 月 1 日～ 明治 31 年 12 月＊	28
	内二	共同物揚場				486.95
	内三	煉瓦石造	鈴木周治	牛込区神楽河岸第五号	明治 23 年 1 月 1 日～ 明治 24 年 4 月 10 日	58.86
		木造居宅地＋ 物置場	辻音吉 （米穀倉庫会社 支配人）	深川区黒江町三一番地	明治 24 年 4 月 10 日～ 明治 25 年 2 月 2 日	
		木造居宅地＋ 物置場	園川鉄之助 （米穀倉庫会社 支配人）	深川区黒江町三一番地	明治 25 年 2 月 2 日～ 明治 26 年 1 月 1 日	
		木造居宅地＋ 物品置場	篠原惣蔵 （米穀倉庫会社 支配人）	深川区黒江町三一番地	明治 26 年 1 月 1 日～ 明治 26 年 12 月 31 日＊	
四		木造納屋地＋ 薪炭置場	野嵜治之助	牛込区揚場町二番地	明治 24 年 1 月 1 日～ 明治 26 年 12 月 31 日＊	77
五		居宅地	升本喜兵衛	牛込区牛込揚場町四番地	明治 22 年 4 月 1 日～ 明治 31 年 12 月＊	98.8
六		木造瓦葺平屋	平戸長兵衛	牛込区牛込揚場町七番地	明治 24 年 1 月 1 日～ 明治 26 年 12 月 31 日＊	47.05
七		納屋地	大塚吉兵衛	牛込区牛込揚場町八番地	明治 24 年 1 月 1 日～ 明治 26 年 12 月 31 日＊	42.07
八		居宅地＋ 薪炭置場	鍋田トク	牛込区下宮比町一番地	明治 24 年 1 月 1 日～ 明治 26 年 12 月 31 日＊	108.41
九		居宅地	野嵜重兵衛	牛込区牛込揚場町一番地	明治 22 年 4 月 1 日～ 明治 31 年 12 月＊	64.33
十		居宅地	鈴木芳次郎	小石川区西江戸川町七番地	明治 23 年 1 月 1 日～ 明治 23 年 2 月	74.58
		土蔵地＋ 木造居宅地	白根秀次郎	牛込区通寺町四十八番地	明治 23 年 2 月～ 明治 24 年 8 月 5 日	
		土蔵地＋ 木造居宅地	檜垣栄三郎	牛込区神楽河岸十号	明治 24 年 8 月 5 日～ 明治 25 年 3 月 22 日	
		土蔵地＋ 居宅地	白根秀次郎	牛込区通寺町四十八番地	明治 25 年 3 月 22 日～ 明治 26 年 12 月 31 日＊	
十一		居宅地	升本喜十郎	牛込区揚場町四番地	明治 23 年 1 月 1 日～ 明治 26 年 12 月 31 日＊	68.77
十二	内乙	居宅地	升本喜楽	牛込区牛込揚場町四番地	明治 22 年 4 月 1 日～ 明治 31 年 12 月＊	78.43
	内甲	木造＋ 物置場	菊池栄造	牛込区下宮比町一番地	明治 25 年 1 月 1 日～ 明治 26 年 12 月 31 日＊	69.56

注）＊は明治 26 年、市区改正実施につき河岸から削除。

てその変化を動態的に考察していく。

前頁の表3－3および左に掲げた表3－4は、明治二二～三三年頃までの、各河岸地の拝借人の一覧を記したものである。表には、各敷地を太線で区切り、その中で拝借人の変化と、坪数の変化、即ち敷地の分筆過程を表記した。同一の人物が前後の期間に連続で借用している場合には表が複雑になるのを避けるため、用途変更が行われていない場合に限って、同一期間の借用として表記するようにしている。また、本台帳では陸軍省関連の借用に関して記載がなく該当箇所が省略されていることと、神楽河岸の民間借用地が明治二六年八月に市区改正実施に伴い河岸地から削除されていることをはじめに確認しておく[39]。

それでは表からその傾向を読み取っていきたい。最初に注目されるのは、両河岸で拝借人の更新頻度の差異が見て取れることである。市兵衛河岸では、およそ一〇年の間に三回前後の更新が行われているのに対して、神楽河岸ではほぼすべての敷地で拝借人の更新は見られない。神楽河岸は明治二六年までの記載しかないために単純

借地期間	坪数
	219.07
明治23年1月1日～明治24年8月27日	68.5
明治24年8月27日～明治26年1月1日	
明治26年9月9日～	28
明治23年1月1日～明治26年12月31日	223.3
明治27年1月1日～明治27年12月31日	
明治28年1月1日～	
明治23年1月1日～明治23年12月31日	207.7
明治24年1月1日～明治27年8月7日	
明治27年8月7日～	
明治26年1月1日～明治27年3月19日	187.89
明治27年3月19日～明治27年12月31日	
明治28日1月1日～	
明治26年1月1日～	28
	321.67
明治26年1月1日～明治33年6月11日	28
明治33年9月19日～	
	377.53
	473.59
明治23年1月1日～明治23年12月31日	84.67
明治24年1月1日～	
明治22年4月1日～	14
明治29年10月12日～明治31年5月24日	237.58
明治31年5月24日～ ＊十（内一）ノ二号の一部と合併。	341.81
明治29年10月12日～明治31年5月24日	244.86
明治31年6月30日～	140.63
明治22年11月2日～明治26年4月15日	129.96
明治24年2月14日～明治26年4月15日	323.3
明治26年4月15日～明治28年9月4日 ＊十（内一）ノ内一号と〈十一号〉一が合併。	476.44
明治28年9月4日～明治29年10月12日 ＊十（内一）ノ一号と二号に分割。	
明治24年1月～明治34年2月14日 ＊分割され十（内一）ノ〈十一号〉一号へ。	660.37
明治24年2月14日～	337.07

表 3-4　明治 22 年～明治 33 年までの拝借人の変化（市兵衛河岸）

号		用途	拝借人	拝借人の居所
一		共同物揚場		
	共同物揚場内	塵芥積出場	中村正直、外一名	小石川区小石川江戸川町十八番地
			吉田平七、外三名	小石川区新諏訪町二番地
		物揚場	水道改良事業	
二		木造居宅地＋植込地	南部廣矛	牛込区弁天町六十七番地
		平屋＋二階建＋物置＋物揚場	南部廣矛	牛込区弁天町六十七番地
		木造地＋物揚場	南部廣矛 村田巌彦	牛込区弁天町六十七番地 神田区駿河台鈴木町九番地
三		木造居宅地＋土蔵地	椎名藤兵衛	小石川区新諏訪町二三番地
		土蔵地＋木造居宅地＋物揚場	椎名藤兵衛	小石川区新諏訪町二三番地
		土蔵地＋木造地＋物揚場	南部廣矛 村田巌彦	牛込区弁天町六十七番地 神田区駿河台鈴木町九番地
四	内一	土蔵地＋木造地＋物置場	村田氏壽	神田区駿河台鈴木町九番地
		土蔵地＋木造地＋物揚場	村田巌彦	神田区駿河台鈴木町九番地
		土蔵地＋木造地＋物揚場	南部廣矛 村田巌彦	牛込区弁天町六十七番地 神田区駿河台鈴木町九番地
	内二	木造居宅地	岩淵常吉	小石川区市兵衛河岸第四号
六		共同物揚場		
	共同物揚場内	塵芥積出場	吉田平蔵、外三名	小石川区新諏訪町二番地七
		汚物取扱場	小倉良則（東京市内衛生株式会社取締役社長）	京橋区大工町一番地
八		砂利置場	當府使用地	
十（内三）		共同物揚場		
	共同物揚場内	石材置場	酒井八右衛門	本郷区駒込肴町七番地
		宅地＋石置場	酒井八右衛門	本郷区駒込肴町七番地
十（内二）		分遣所	警視廳	
十（内一）	一	木造地＋土蔵地＋木石置場	保科録太郎	小石川区市兵衛河岸十号ノ一
		木造居宅地	保科録太郎	小石川区市兵衛河岸十号ノ一
	二	木造地＋石材置場	保科録太郎	小石川区市兵衛河岸十号ノ二
		木造地＋土蔵地	神宮々司伯爵附冷有地	
	内一	居宅地＋石置場	保科和吉	小石川区小石川春日町一番地
	〈十一号〉一	木造居宅地＋石置場	保科和吉	小石川区春日町一番地
		木造居宅地＋土蔵地＋石置場	安田定吉	小石川区市兵衛河岸十号
		土蔵地＋木造地＋石置場	高畠新吉	神田区連雀町十一番地
十一		石置場	梅浦精一	京橋区木挽町九丁目十一番地
	二	木造居宅地＋石置場	森野松三郎	小石川区市兵衛河岸十一号ノ二

な比較は難しいが、明治一五年版の台帳の拝借人と照らし合わせると、四〜九号と十ノ甲号は同一の人物による借用で、少なくとも一〇年以上、ほぼ全ての敷地で更新が行われていないことが明らかである。

拝借人と用途の変化からみる河岸地の変容

1 市兵衛河岸

これらの拝借人の変化を、動態的に観察することで各河岸地の変容過程を整理していく。

まずは市兵衛河岸である。ここは、東京府や陸軍省関連の河岸地が全体の大部分を占めているが、この官有の敷地と民間借用の敷地においてそれぞれ異なった変容過程を見ることができる。まず、河岸地編入時からの民間借用地である二・三・四号地は、共通して高い頻度で更新が行われている。四ノ二号地の二八坪を除いて、敷地の細分化は行われず、個々の敷地における拝借人の更新のみで推移していく。しかし、表を詳しく見ていくと、二・三・四号地の人物には重複が多く、最終的にすべて南部廣矛と村田巖彦の連名による借地に帰着していくことが分かる。この二人は河岸地成立時からの拝借人であるから、市兵衛河岸の民間借用地の変容は、新規の拝借人を多数受け入れることで推移したわけではなく、元々の拝借人によって全体が集約されていく動きであったことが明らかとなる。

また、このとき新諏訪町二十三番地所在の椎名藤兵衛が拝借人から外れたため、隣接町からの民間の拝借人は一人も見られなくなっている。さらに、河岸地編入時に陸軍省用地と共同物揚場であった十・十一号地では、敷地の細分化に伴って、多数の民間からの拝借人を受け入れており、官有から民間借用地への転換が起こっている。

一方で、陸軍省並びに東京府借用の敷地では、敷地の一部が公的な都市機能を担う場所として利用されていく様子が伺える。一号地は共同物揚場二一九・〇七坪の一部を、塵芥積出場と水道改良事業地として供出している。

また、六号地は共同物揚場三二一・六七坪を塵芥積出場と汚物取扱場として一部が供出されていることも見て取れる。

当時、市兵衛河岸が位置する小石川区には、他に物揚場がないために、これらの塵芥や糞尿の処理は大きな問題となっていたようだ。同時期の神楽河岸でも、共同物揚場内の一部をこうした機能に当てる事例は見られるが、どこまでを汚物を扱う範囲とするか、その線引きが難しかったようだ。例えば、明治二二年に出された塵芥積出地の設置申請によれば、塵芥の積出しが共同物揚場内で一般の荷物と一緒に扱われ、境界が区切られていないため衛生的に問題であることが指摘されている。[40]

市兵衛河岸においても、共同物揚場内で不法に糞桶を設置する者がいて難渋していると、似たような状況が当時の資料には散見される。[41] つまり、市兵衛河岸の共同物揚場内の一部が塵芥積出所等に借用されていく動きは、揚場内の雑然とした利用を区画し整理する狙いを持ったものであったことが伺える。また、都市機能を受け止める場として官有の共同物揚場が利用されていった背景には、河岸地の大部分が陸軍の用地であり、民間借用部分の利用も固定的で新規の利用が困難であるという性質が大きく関わっていたといえよう。

２ 神楽河岸

次に神楽河岸であるが、ここは拝借人の変化はほとんど起きていない。十号地のように頻繁に更新されるのはむしろ例外的で、それ以外のほぼすべての敷地は、編入時以来の拝借人によって借用が継続されている。

このような状態から、神楽河岸は明治二六年に市区改正事業によって、土地の区分としての「河岸地」から一旦削除されていく。同地における事業では、道路の拡幅と下宮比町を貫く新道の設置、加えて飯田橋の架け替えが予定されており、これに伴い道路側の敷地の大部分が削られ、九〜十二号地は水道用資材置場のための空地とされ、その敷地を失うことになる。[42] その後、同区画内の土地区分は再編され、一部を隣接する揚場町に編入し、残りを神楽坂警察署用地と水道局神楽河岸出張所、さらにその残りが神楽河岸一・二号地として分配されていく[43]（図3－9）。これまで地先の町人によって利用されてきた神楽河岸の構造は、ここでいちど崩れていくことになる。

河岸地はそもそも、明治九年の「河岸地規則」によって、公有地であることが明確に定められていたが、これは裏を返せば市区改正という大規模な事業下においては、東京府の要請によって容易にその権利が解除されてしまうという性質を備えていたことを表している。明治一〇年頃から利用してきた拝借人と河岸地の機能は、このときいとも簡単に解除されてしまったことになる。

しかし、突然の河岸地の解除で、地先の土地を失ってしまった揚場町や下宮比町の人々は、このような事態に対して柔軟に対応していく。例えば、六号地の平戸長兵衛や十二号ノ内甲の菊池栄造は、神楽河岸が解除される直前にあたる、明治二六年に対岸の飯田河岸（明治二二年に新設）を新規に借用している[44]。また、揚場町の地主で多くの河岸を借用していた升本家も、旧神楽河岸から揚場町に編入された敷地（揚場町二一ノ一、同二一ノ二）の土地所有者へと移行していく。つまり神楽河岸の変容からは、公儀地という性質上、市区改正のような公的事業用地として利用されながらも、それ以前までの水辺利用者が、様々なかたちで、存続し続けていった様子が読み取れるのである。

拝借人の居所からみた河岸地の構造

最後に、拝借人の居所について考察を加える。拝借人の居所は、借用している河岸に隣接する町と隣接しない

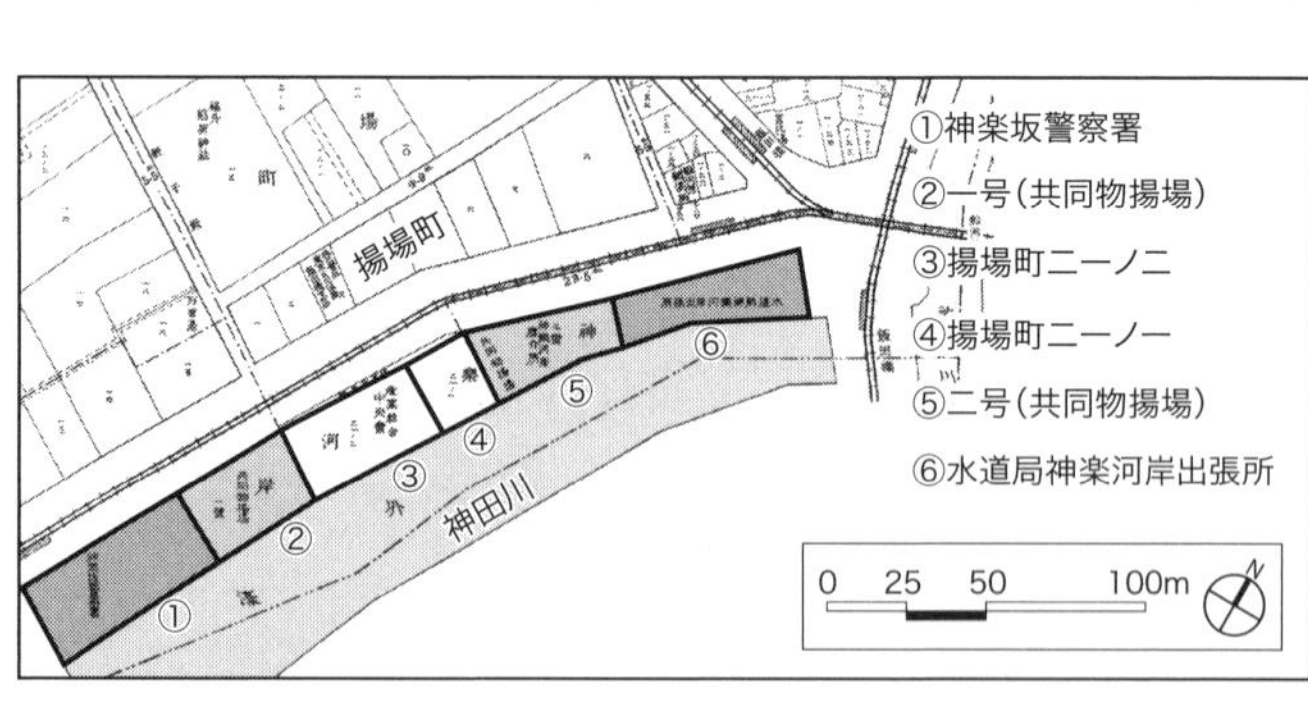

図3-9　市区改正を契機に再編された神楽河岸の地目と機能

町、そして借用河岸地内という三つのケースに大別することができる。この居所の違いからは、周辺地域との関係性や、それに伴う河岸の利用形態の違い、また拝借人の属性の違いが想定されるが、そうした傾向から、各河岸を特徴づけることを試みたい。

1 河岸地に隣接する町の拝借人

まず、隣接する町から河岸地を借用する人物、要するに地先の土手を利用する人物が多く見られるのは神楽河岸である。神楽河岸は先に見た通り、拝借人の更新頻度が低いことから、成立から明治二六年まで、揚場町と下宮比町の住人によって地先が借用されている状態が維持されてきた。

また、この拝借人はそれぞれの居所の地主でもあり、店舗と河岸の利用者が一致した、水陸の一体的な利用形態が浮かび上がる。例えば、五号地拝借人の升本喜兵衛は明治初年に開業した酒問屋であり、物資の運搬や貯蔵の目的で地先の河岸地を借用していたと考えられる。明治二二年までに升本名義の神楽河岸借用地は、明治一五年の段階の二筆から四筆まで拡大しており、河岸地機能の充実化が図られている。神楽河岸ではこのような構造が河岸地成立後に構築され、拝借人が更新されないことで維持されてきた。

そのため、他の地域からは新規に拝借人を受け入れる余地を持たない河岸地でもあった。三号地には米穀倉庫会社による借用が見られるが、これは共同物揚場内の一部を利用したものである。明治以降、神田川には関東一円の地回り米が大量に流入し、また明治二三年の秋葉原停車場の開設以降は、東北米の流入も見られるようになる[45]。こうした近代以降の神田川に増加した新たな流通を担ったのが、共同物揚場内の一部に限定されているということからも、神楽河岸の固定化された構造を伺い知ることができる。

このように、隣接町との強い結びつきが神楽河岸の大きな特徴といえる。では市兵衛河岸はどうか。市兵衛河岸においても、五・七号地に広大な陸軍省関連の借用地（表に記載はなし）が存在することと、二・三・四号地の民間借用地が隣接町の人物をふくんだ連名で河岸地を構成していたことを考慮すれば、地先の河岸地を借地する構造として見ることができる。しかし、市兵衛河岸の場合は、拝借人の更新頻度も高く、また神楽河岸とは拝借人の属性が異なるため、明治二二年以降の発展段階においてその違いが表面化していくことになる。

2 河岸地内所在者

次に、市兵衛河岸の東端区画を見てみたい。ここには、自らが借用する河岸地内に居所を構える人物、河岸地内所在者が複数存在していることが確認できる。明治一五年の段階においては、十(内一)号地と十一号地の拝借人はそれぞれ陸軍砲兵工廠借用地と共同物揚場となっていたが、これらは明治二九年までに個人借用の河岸地となり、保科録太郎や森野松三郎といった河岸地内所在の人物が複数を占めるようになっていく。

ここで、森野松三郎の土地利用に目を向けてみると、明治一四年まで同地で不法に「石ヲ数多貯蓄シ賣場ト爲シ及梁行凡五間程ノ家屋ヲ作リ車置場及番小屋ニ使用スル者」[46]であったことが分かる。また、十(内一)号地を明治二二年から借用している山科和吉を調べてみると、明治一四年に東京府に対して同地での床店・葭簀営業の利用申請を行った人物であり、先の森野松三郎と同様に河岸地内で営業を営む人物であったことが知れる。要するに二人は、河岸地内の仮設的な店舗の営業主であったようだ。

保科の申請をもう少し詳しく見てみると、十一号地内の床店・葭簀張営業者二〇名による連名で行われていたことが記されている。[47]その中には、明治一四年の警視庁による調査で見つかった当該地の床店営業者が九名も含まれていることに加え、保科和吉と親類関係にあると見られる保科惣兵衛も名を連ねていることが確認できる。さらに、明治二九年から十(内一)号地の拝借人となる保科録太郎も同様の関係にあることから、[48]市兵衛河岸の十一号地内には、保科和吉を核とした同業者集団があったことが予想される。しかも、彼らは個人借用がはじまる以前からの床店・葭簀張営業者であった可能性を指摘できる。

明治一五年から明治二二年の状況については不明な点が多く、床店・葭簀張営業者がどのようにして河岸地の拝借人へと移行していったのか、その詳細を把握することは難しい。しかし、保科家などは同時代に周辺の河岸地にも拝借願を行っていることが確認できるし、[49]それればかりか他の申請者の保証人になるなど、河岸地の借用を巡っての様々な事象に積極的に関わっていく姿勢が伺えるのである。[50]おそらくこうした諸々の手続きを経て、十号地の正式な拝借人へと至ったのであろう。それまでの利用実績が、河岸地拝借人となっていくうえでの裏づけとなった可能性は高い。

以上、河岸地内所在者について見てきたが、彼らの河岸地の利用形態は、明らかに神楽河岸とは異なるものであった。要するに、ひとりの拝借人による水路―河岸―町という一体的な空間利用は認められない。保科和吉の親類と思われる保科録太郎や、森野松三郎のもともとの居所が、それぞれ市兵衛河岸に近い地区であったにも関わらず、河岸地内へと居所を移していることから見ても、やはりその利用形態は常居を前提とした河岸地内で完結したものであったと考えられるのである。

4　まとめ――河岸地のフレームと水辺の人々

与えられた輪郭線

舟運という輸送手段は、少なくとも戦前までは頻繁に活用されていたことが知られている。鉄道と自動車が都市から水路と舟を追い出してしまうと、当時の人々は思い描いたに違いない。しかし現実はそうはならなかったし、むしろ明治という時代において、舟運ないし水辺の利用はそれまで以上に重要性を増していった。本章で見てきたのは、そのような時代における水辺の人々の営みである。

明治政府による河岸地という地目に対する見通しは決して充分といえるものではなかった。水路、河川に沿う土地がすべて河岸地であるという見立ては、それまでの土地の来歴を無視したものだし、なにより地先権が考慮されなかったのは、水辺の構造を根底から変えてしまう大きな転機となった。前章で触れたことだが、河岸地政策の主たる狙いは、地代による財源の確保という側面が強いものである。土地の地目を確定し、公儀地として一般に貸し出し地代を得る、これは非常に合理的な政策である。しかし、この合理的なシステムが実際の土地へと投下されたとき、河岸地はそれぞれ個別のかたちへと姿を変えていった。土地に根差した来歴、そしてそこに関わる人々がそれを引き起こしたのである。

神楽土手と市兵衛土手は、そうした近代の河岸地政策の枠組みの中で、新たな都市機能としての存立を築いていった。それは、かたや飯田濠に面した舟運機能の終着点、かたや神田川沿いの湊という前提と、それまでの土地利用や隣接する町の性質を下地としながら、水辺を求めた人々によって場所の意味が与えられていく過程であった。本章では、そうした変遷を、「河岸地台帳」を基本資料としながら、できるだけ復元的に観察することを試みてきた。

河岸地をめぐる動きを通じて浮かび上がった重要なポイントをここで整理しておきたい。

土地の諸条件と水辺の個性

まず、隣接する町とそこを本拠とする主体の存在が、河岸地の形成に強く影響を与えたことは重要である。神楽河岸に隣接するのは揚場町と、明治二年に開発された下宮比町であったが、このふたつ、とりわけ近世以来の町人地である揚場町を拠点とした商人を中心に、土手への関与ははじめられた。江戸時代まで、土手の一部分に限定されていた町人向けの領域が、明治以降に一気に拡大され、まさに堰を切るように土手の利用を求める動きが表出し、空間として実態化していった。一方、市兵衛河岸は拠点となるような町人地を持たなかったものの、隣接地の機能転換に追随するかたちで、土手の意味づけがなされていった。具体的には、陸軍砲兵工廠による地先の土手に対する積極的な関与と早い時期からの利用である。この巨大な工場は、明治四年にかつての水戸藩の屋敷を転用して設置されたものであった。いずれも隣接する町や土地に、土手の利用を積極的に求める主体が存在し、町地と河岸地が一体的に借用される構図が見て取れ、明治初期から進められたそうした空間利用が、河岸地の輪郭を規定することになっていった。

もうひとつ重要なポイントとして、各河岸の区画や利用状況が、先行する土地の条件に影響を受け変化していったということを確認したい。神楽河岸で顕著だったのは北東側の区画である。ここでは、「小金牧場御林炭薪会所」用地が細分化されることで区画割りが定まっていく。その後に見られた隣接地からの拝借願の際に、空間の規模や、土手のどの部分を借用するかという空間的なイメージの下地として、こうした先行する土地利用があったのである。また、市兵衛河岸においても、最西端部の水車用地や東端部の床店経営地という土地の来歴が、そのまま河岸地の空間的なスケールと具体的な土地利用の根底となっていることを確認した。河岸地の成立以前から見られた土地利用の状況が、その後の河岸地拝借人の属性と利用形態に影響を与えていったといえよう。神楽河岸においては、町方、武家方、それぞれの近世期からの物揚場の立地も、全体区分に大きく作用している。要するに、近代の河岸地政策に先駆ける空間利用が、全体の輪郭、拝借人の属性といった、河岸地の性格に強く作用したのであった。

対象の河岸地は、こうした要因から異なる利用形態が顕在化し、新規に河岸地としての機能を近代の都市の中に確立していった。また、このような多様な表情を獲得し得たのは、対象地が近世期に明確な利用を持たない土手が大部分を占めていたことも関わっている。市兵衛河岸の水車地や床店地のような利用や、あるいは陸軍省による大規模な区画による利用などは、日本橋のような近世期以前からの河岸地では見られない傾向である。また、明治期において、隣接する主体によって河岸地が地先とみなされることで一体的に借用されていく動きも、対象地において独特な動向であるといえよう。これには、神楽・市兵衛の両河岸地の等級が、五等という極めて自由度の高い区分に当てはめられたことも深く関わっている。逆の見方をすれば、そうした先行する土地利用が少ない地区であったからこそ、そのような区分が与えられたとも考えられるのではないか。自由度の高い土手の空間的な広がりと、制度的な位置づけを得て、神楽土手、市兵衛土手は大きく変貌していった。

以上、本章では明治期にその意味と機能を転換させた対象地、即ち地域と水辺の結節点である土手が、近代の都市機能を担っていく過程を、そこに作用する人々の営みに注目しながら明らかとした。近代の河岸地政策の枠組みの中で、外濠の土手という個別の条件は実態化し、そこに関わる人々によって場所の意味が与えられていったのである。

注　釈

（1）図3-1は、マリサ・ディ・ルッソおよび石黒敬章監修『大日本全国名所一覧――イタリア公使秘蔵の明治写真帳』（平凡社、二〇〇一年）に収められた「牛込御門」（四二頁）の写真。原板は日本カメラ博物館所蔵。

（2）東京市役所編『東京市内外河川航通調査報告書』東京市、一九二三年、七〇～七七頁。

（3）明治期に新設あるいは拡張される河岸を扱ったものとして、鹿内を中心とした古川に関する研究がある。鹿内京子・古澤博隆・石川幹子（二〇〇五）「明治以降の古川における三河岸の歴史的変遷に関する研究」『平成一七年度日本造園学会全国大会研究発表論文集（23）』。また、小林の研究は、近世後期における河岸地の民衆世界と都市行政を精緻に読み解き、近代胎動期の河岸の社会と空間を高い精度で描き出したものである。小林信也（二〇〇二）『江戸の民衆世界と近代化』山川出版社。

（4）日本橋を対象としたものに伊藤や岡本の研究が挙げられる。伊藤裕久「日本橋魚市場の空間構造――近世から近代へ」『都市史小委員会二〇〇六年度シンポジウム「都市と建築――内と外」梗概集』日本建築学会、二〇〇七年、並びに岡本哲志「明治期における日本橋の河岸地構造の変容に関する研究――明治初期と明治末期との比較」法政大学エコ地域デザイン研究所編『水辺都市再生に向けた地域デザインの構図 Vol.4』法政大学エコ地域デザイン研究所。また、神田の蜜柑河岸を対象としたものに吉田の研究が挙げられる。吉田伸之「流域都市・江戸」伊藤毅・吉田伸之編『別冊　都市史研究　水辺と都市』山川出版社、二〇〇五年。郊外を対象としたものには川名の研究が挙げられる。川名登『ものと人間の文化史139　河岸』法政大学出版局、二〇〇七年。

（5）東京都公文書館所蔵：河岸地免許証台帳〔麹町区、芝区、麻布区、牛込区、小石川区〕全、明治一五年、東京都租税課、一八八二年、請求番号633.A5.10.

（6）東京都公文書館所蔵：河岸地沿革図面〔芝区、麻生区、牛込小石川区〕明治一八年、地理課、一九八五年、請求番号633.A4.13.

（7）東京都公文書館所蔵：第一種・河岸地台帳〔麹町区、芝区、麻布区、牛込区、小石川区〕全一六冊の内第一冊』東京都地理課、一八八九年、請求番号601.B4.13.

（8）参謀本部陸軍部測量局『五千分一東京図測量図』日本地図センター、一九八四年（明治一六～一七年作成のものの複製）。

（9）地図資料編纂会編『明治前期　内務省地理局作成地図集成』（柏書房、一九九九年）に所収された、内務省地理局作成の『東京実測全図』（明治一八～二〇年作成のものの複製）。

（10）もともと河岸地は公儀地であったが、一七世紀後半までに町屋敷の地主と表店による市場空間の支配システムが優先され、専有的に利用されていった。伊藤裕久「都市空間の分節把握」吉田伸之・伊藤毅編『伝統都市4　分節構造』東京大学出版会、二〇一〇年、一一頁。

（11）国立国会図書館所蔵『文政年間町方書上』の「牛込町方書上揚場町」の項に、神楽土手の「惣物揚場」と「尾州様物揚場」を確認できる。「尾州様物揚場」は前出の寛政年間の「尾張殿揚場」と同所であり、名称こそ異なるが同一のものであると考えられる。本節では幕末期の当該地を指す名称として「尾州様物揚場」を用いる。

（12）図3－4は、長崎大学附属図書館所蔵『ボードインコレクション（4）』（目録番号6504, 整理番号124-177-0）収録の写真。

（13）東京都編『東京市史稿　市街篇　第五八冊』東京都編、一九六六年、六九五～七〇三頁。

（14）東京都公文書館所蔵：第三大区沽券地図（第三大区五小区）、東京府地券課、一八七三年、請求番号ZH-656.

（15）東京都編『東京市史稿　市街篇　第五〇冊』（東京都編、一九六一年、二八九～二九一頁）には、北東側の土置場に関して「舊幕府普請方掛りニ而願済渡世仕來候」とあり、近世期以来の利用地であることが分かる。また、東京大学史料編纂所編『市中取締類集十三　河岸地調之部三』（東京大学出版会、一九七八年、三三八頁）には、南西側の土置場に関して「寛延四未年四月御地渡ニ相成」とあり、その拝借人も前掲（14）の明治六年「沽券図」に記載された拝借人、牛込若宮町家主清五郎と一致する。

（16）東京都公文書館所蔵：明治九年往復録・官庁所用之河岸地絵図、河岸地取調懸、請求番号607.C7.13.

(17) 東京大学史料編纂所編『市中取締類集一三　河岸地調之部三』(東京大学出版会、一九七八年、四三三頁) に所収された絵図から、弘化三年の段階で当該地の土手には武家方の揚場が設置されていないことが確認できる。

(18) 幕府の直轄地である小金牧は、明治二年の廃止の際に地元の農民等へ払い下げられるか、あるいは明治政府に上地されることで処理されていく。このとき上地されたのは、幕府の影響力が強い御用地であり、「御林」もこれに該当する (宮本万理子「下総台地における牧景観の特徴とその変容過程」博士論文、東京大学、二〇一二年、六三〜六四頁)。一方、神楽土手の揚場には「御会所」とよばれる建物が一棟と、土手の大部分を占める「小金炭薪置場」が設置されている (東京都編『東京市史稿 市街篇 第五〇冊』東京都編、一九六一年、二八九〜二九一頁)。つまり「小金牧場御林炭薪会所」は、幕府直轄地であった小金牧の旧「御林」の権利を明治政府が引き継ぎ、そこで生産された薪炭をあつかう荷揚場であり、東京府によって設置されたものと考えられる。

(19)「小金牧場御林炭薪会所」を借地する区画を示した図 (東京都編『東京市史稿　市街篇　第五〇冊』東京都編、一九六一年、二八九〜二九一頁) には、隣接する個人借用の土置場地と、区画内に辻番だけが記されているが、その他の場所には何も記されておらず、明治初年の段階で当該地の土手の利用はなかったものと判断できる。

(20) 伊藤好一「江戸のまちかど」平凡社、一九八七年、一〇五頁。

(21) 東京都編『東京市史稿　市街篇　第五〇冊』東京都編、一九六一年、八一五〜八二三頁。

(22) 東京都公文書館所蔵：明治一一年　区分町鑑　東京地主按内　全、山本忠兵衛輯、揚場町の頁、請求番号なし (資料 ID000101786)。

(23) 東京都公文書館所蔵：明治一四年　回議録・第一号、租税課、第五四　菊池栄造ヨリ牛込区舟河原橋上流沼地営業物品置場ニ拝借願ノ件、請求番号 611.D2.01.

(24) 東京都編『東京市史稿　市街篇　第六〇冊』東京都編、一九六九年、八七三〜八七八頁。

(25) 東京都公文書館所蔵：明治一〇年回議録・架橋、土木課、第二〇　表神保町清水平十郎ヨリ砲兵本廠用弾薬箱製造中神田川へ架橋願、請求番号 608.C8.08.

(26) 東京都公文書館所蔵：明治一六年回議録・願伺之部、地理課、第二六　小石川区市兵衛河岸砂利置場取設ノ儀区長へ通知、請求番号 613.B2.04.

(27) 東京都公文書館所蔵：明治一一年回議録・第二類・願伺之部・第一ヨリ六大区迄、河岸地取調懸、第一五　小石川市兵衛河岸の内小学校敷地に下附願、請求番号 609.C3.05.

(28) 前掲 (16)。

（29）前掲（16）、（25）、（26）、（27）に添付された絵図から作成。
（30）前掲（25）。
（31）前掲（27）の「第六　河岸地拝借願　加藤治兵衛　大塚吉兵衛　山岡次郎」によれば、土手拝借の理由を「私商業之義ハ年未古道具大道具石類幷ニ新キ財木沽売買商業仕居候所荷出物揚場ニ差支候ニ付」としおり、稼業の目的で土手を求めていく様子を確認できる。
（32）前掲（31）には当該地を指して「船河原橋側ニ水車建有之候所今般右水車取拂ニ相成候ニ付而ハ水車跡御地所私物揚場ニ致度ト奉存候間」とある。
（33）東京都公文書館所蔵：明治一三年回議録・河岸地〔麴町区、牛込区、小石川区、芝区〕租税課、第八　小石川区市兵衛河岸地内返地願　山岡次郎、請求番号 611.A2.03.
（34）前掲（33）の返地願には、南部廣矛、椎名藤兵衛、村田巌彦の拝借願が一緒に収められている。
（35）東京大学史料編纂所編『市中取締類集一三　河岸地調之部三』（東京大学出版会、一九七八年、三五一〜三五二頁）から、天保の改革期に当該地の水茶屋が取り払われず存続していたことが確認できる。
（36）前掲（16）。
（37）市兵衛河岸に確認される床店の総数に相当する一六件が当該地に立地している。東京都公文書館所蔵：明治一四年回議録・河岸地二係ル、地理課、請求番号 611.D2.07.
（38）前掲（7）。
（39）神楽河岸は市区改正事業によって削除された後も、地目は再編されるが場所自体は存続し利用が続けられていく。
（40）塵芥積出所の設置申請には、以下の理由が述べられている。
牛込區内塵芥取捨方之儀元來共同物揚場壱ヶ所ニテ他ノ貨物ト相混シ使用致シ來候處同區内ノ廣キ各町ヨリ塵芥ヲ積出候儀ニ有之通船ノ利縦横ナラサルヲ以テ運搬方亦甚便ナラス常ニ共同物揚場内ヘ塵芥不潔物ヲ取散シ自然衛生上ノ利害ニモ相関スル次第ニ可有之就テハ公衆ノ便ヲ欠カサル様注意シ別紙絵図面ノ通リ區画ヲ定メ塵芥積出地ニ相当地代金ヲ以テ拝借仕度然ル上ハ周圍煉瓦石ヲ以テ髙九尺ノ髙塀ヲ作リ都テ不体裁無之様構造方阿仕候何卒特別ノ御詮議ヲ以テ前顕御様用被成下度此段奉願候也
芝区愛宕下町壱丁目貳番地
東京後得會社々主
明治二十二年七月十一日　名倉信行
東京都公文書館所蔵：明治二二年願伺届録・河岸地〔麴町区、芝区、麻布区、牛込区、小石川区、本郷区〕庶務課、第五九神楽河岸共同物揚場借用願ノ件、請求番号 617.C8.03.

(41) 前掲(37)に記載の警視庁による明治一四年の調査によれば、新諏訪町二二番地前(市兵衛河岸一号地)の共同物揚場内に、違法で「糞桶ヲ埋置キ溜ニ使用スル者」が確認されている。

(42) 藤森照信監修『東京都市計画資料集成　明治・大正編　第六巻』本の友社、一九八七、第九七号。

(43) 地図資料編纂会編『地籍台帳・地籍地図〔東京〕第六巻』柏書房、一九八九年、牛込区第一七図。

(44) 前掲(7)。

(45) 神田川米穀市場編『神田川米穀市場概況』神田川米穀市場、一九二三年、一〜二頁。

(46) 前掲(37)。

(47) 本申請は当該地の床店・葭簀張営業者二〇名の連名によって行われており、前掲(37)の警視庁による調査の際に確認された営業者が九名含まれている。東京都公文書館所蔵:明治一四年願伺回議録、地理課、第五六　小石川区市兵衛河岸の内拝借願、請求番号 611.D3.07.

(48) 保科和吉の居所である小石川春日町一番地の土地所有者は、前掲(22)によれば明治一一年の段階では保科惣兵衛となっている。また、保科録太郎が市兵衛河岸十号に住所を移す以前の居所は本郷区元町二丁目七十三番地となっており、これは明治一四年以降の保科惣兵衛の所在と一致する。このように、上記の三名はその居所や姓名から見て類似する点が多く、親類関係にあったものと考えられる。

(49) 例えば保科惣兵衛は、明治一八年に市兵衛河岸の対岸に位置する三崎河岸に対して拝借の申請を行っている。東京都公文書館所蔵:明治一八年回議録・河岸地〔神田区〕地理課、第四一　三崎河岸拝借願　保科惣兵衛、請求番号 614.A4.02.

(50) 例えば保科和吉は、小石川橋西側に位置する対岸の飯田河岸が明治二二年に新設された際、大規模な区画を拝借した吉村吉衛門と平田貞次郎の保証人となっている。前掲(7)。

第4章

近代河岸地の成立と展開 II

明治生まれの水辺のまち 〈飯田河岸〉

1　はじめに

近代東京の発展と河岸地

近代東京の発展にとって、河岸地が果たしてきた役割は思いのほか大きいように思う。
本来、明治の東京を象徴する交通インフラはまず何といっても鉄道である。明治五年、横浜から新橋まで通された日本初の路線はあまりにも有名であるが、明治時代にはその他に幾つもの鉄道路線が敷設されている。当時は停車場と呼ばれていた駅を中心に、人、物、情報が集まり、地域と地域が相互に結びつけられていくことになる。そのなかでも特に、都市の消費活動を支える物資の集散地としての機能が期待された停車場が存在した。そのうちのひとつが神田川沿いに設けられた飯田町停車場であり、またそれが立地したのが本章の舞台である飯田河岸であった。

この時代の鉄道ターミナルにはひとつの特徴を見出すことができる。それは、水辺、ひいては河岸地との接続が考慮されているという点である。明治期の主要なターミナルとしては新橋や上野、それに両国などが有名であろう。新橋には新橋川が、両国には隅田川が流れ、陸運と舟運の結節が合理的に計画されている。上野に至っては、神田川の舟運と結びつけることを目的として、明治二三年に秋葉原停車場までの延伸が行われた。要するに、近代の鉄道インフラは、近世都市江戸の水路網と対応するように作られているのである。

しかし、ここでひとつの疑問が浮かび上がる。鉄道ターミナルが河岸地を拠点とした舟運との接続を考慮して設置されたことは確かにその通りであるが、では河岸地自体のほうはどうなのか。果たして河岸地という存在は、鉄道敷設事業や都市計画という枠組みの中においてのみ存立を築いてきたものであるのか。これまで、東京の近代化の過程を見るときには、こうした近代事業の成果や影響が特に強調されてきた。そのため、それを受け止めた側の経緯に関しては、前近代的な要素という二項対立的な図式のなかでひと括りにされ、あたかもそれが江戸時代から変わらずそこにある対象として描かれてきたように思われる。そして、その最も顕著な対象のひとつが水辺であり、また河岸地ではないだろうか。

本章で取り上げる飯田河岸は、神田川のターミナル飯田町停車場が設置される明治二八年に先駆けて設けられた新設の河岸地である。外濠の内側、現在の千代田区側に設置された明治生まれの河岸地であって、近世期からの連続的な土地利用はほとんど見られない。そのうえ、湊としての機能も備えていないために、いわゆる江戸の河岸地とは様相が全く異なっている。こうした条件にも関わらず、飯田町停車場が設置されることになったのは、それに先んじた水辺利用者による空間的な基盤構築があったからに他ならない。そこに関わっていった人々の営みや生活を見ていくことで、自明のものとされた江戸の水辺とは異なる展開を、明治期の東京のなかに見出していきたい。

さらに、対岸の神楽河岸並びに市兵衛河岸との、対比的な状況にも目を向ける必要がある。要するに、外濠の両岸が、同時代にも関わらず異なる展開を迎えることになるのには、外濠という場所の性質がおおいに関わってくると考えられるからだ。同じ外濠の河岸地でありながら、それぞれに個別の空間が築きあげられていく背景に、場所の持つ特性と、その土地の上で振舞う人々との相互関係があったことに注目したい。

飯田河岸とは

飯田河岸は外濠の河岸地である。飯田橋を境に西側が飯田濠に、東側が神田川に接している。神田川が、近代において東京の流通機能を担った重要な都市河川のひとつであることは、ここまで何度か触れてきた。川沿いに設けられた河岸地や物揚場がそれらの機能を受け止め、近世から近代かけて積極的な利用がなされてきたのである。そのほとんどは近世期に成立したものであるが、中には明治期に新設された河岸地も幾つか存在している。そして、その中で最も代表的なのが、本章で対象とする飯田河岸である。

神田川の南岸に立地する飯田河岸は、明治二〇年代に新設された明治期を起源とする河岸地である。近世期までは、外濠の一部を担う神田川の内側に面したため、利用が制限され、その全域は河岸地や揚場を持たない土手によって構成されていた。その光景はいまの感覚でいえば河川敷といった趣で、まさしく都市内の広大な空白地帯といった状態であった。この空地が明治以降のわずかな期間のうちに急速に開発され、河岸地として近代東京の都市機能のなかに取り込まれていく。

明治二八年には甲武鉄道の飯田町停車場が開業し、飯田河岸は鉄道と舟運の結節する物流拠点として隆盛していくことは先に触れた通りである[1]。しかし、その前段階として主に民間が主導するかたちで土手が河岸地化し、周辺の空間構造に決定的な影響を与えていった事実は注目されておらず、その形成過程を検討する試みもほとんど行われていない。そこで本章では、明治初期から中期にかけての河岸地の動向、とりわけ河岸地の借地人を中心とした水辺の人々の姿に焦点をあてていく。

ここで、先行研究についてまとめておきたい。これまで明治期の河岸地を対象とした研究には、近世期以来の河岸地の再編過程をあつかったものが幾つか存在するが、本章のように明治期に新規に成立した河岸地を対象としたものはほとんど見当たらない。河岸地研究は、基本的に近世河岸地を前提としているものが多く、こうした枠組みにおいて、飯田河岸が取り上げられることはあまりなかった。なぜなら飯田河岸は、河岸地利用を想定していない土手に成立しているため、近世からの連続と断絶という構図を当てはめることができない。例えば、日本橋の河岸地のように近世期から連続的に利用されるケースや[2]、対岸の神楽河岸や市兵衛河岸のように明治初期から段階的に利用域を拡大していくようなケースとは、その発展過程が大きく異なっているのである。したがって、分析の視点はむしろ明治期の河岸地をめぐる動向の特異性の方に向けられていく。対岸の神楽河岸・市兵衛河岸との比較が求められるのは、こうした経緯によるものである[3]。

また、重要な留意点として、対象となる河岸が、堤防によって周辺地域から隔たれた特殊な地形条件を備えているということも確認しておきたい。こうした地形は、近世期の河岸地の特徴のひとつである地先利用[4]を拒み、その利用形態や空間を特徴的なものにしている。近世期から連続的に成立したと捉えられがちな近代の河岸地のなかで、飯田河岸はむしろ明治期に新設され、上記のような条件のもとで空間を築いていくことになる。こうした動向に、近代へ向けて東京の水辺空間が再編されてゆく局面の一端を見出し、江戸の都市構造が近代東京へと転換していく様子を、水辺という視点から描き出すことを目指したい。

方法と資料

飯田河岸の成立と変容を見ていくうえでは「河岸地台帳」が有効な資料となる。明治二二年発行の「河岸地台帳」[5]には、拝借人とその居所、地坪、用途などの情報が、およそ一〇年間にわたって記載されており、飯田河岸の空間構造を動態的に把握することができる。ここでは、この明治二二年「河岸地台帳」を主資料とし、以下の方法で分析を進めていく。なお、飯田河岸は成立が明治二〇年代と遅いため、神楽河岸や市兵衛河岸の分析で用いた明治一〇年代の台帳は存在していない。

分析に当たってはまず、河岸地の地坪や拝借人の情報から、飯田河岸の成立時の空間構造を復元していく。ここでは特に、河岸地全体の区画と一筆ごとの敷地割り、加えてそれぞれの敷地の拝借人の所在を正確に描きだし、土手に対して設定された河岸地空間の輪郭を把握していく。そもそも「河岸地台帳」には、図面等の空間的な情報が未掲載のため、上記のような復元は河岸地の成立と変容をみていくうえでの基本的な作業となる。

次に、こうして復元された飯田河岸の空間がどのように築かれたのかについて、土地利用やその拝借人の動向に注目し検討していく。周辺の住人から提出される土手の拝借願等の資料をもとに、河岸地成立に先行するかたちで実施された土手の利用や改変といった状況が、全体の区画から個々の敷地割り、さらには拝借人の性質にいたるまで、全体の基盤となっていったことを明らかとしていく。

最後に、河岸地成立以降の変容を拝借人と用途の変化から確認する。飯田河岸は、明治二二年に正式な「河岸地」となり、その後は個々の敷地における拝借人と、用途の更新によって推移していくことになる。このとき、全体の空間が初期構造や地勢的な条件によっていかに規定され、その一方で新たな機能や用途がどのように生成されていったのか、その変化を約一〇年間にわたって動態的に把握し、飯田河岸の特質を見出していきたい。

なお、各章で復元図を作成するにあたっては、明治初期の市街地の状態を示した白地図を下図として利用している。当地図は、第3章と同様に、全体の輪郭を明治一六年の陸軍実測図[6]からトレースし、周辺市街地の敷地割りを明治二〇年の東京実測図[7]を参照して描いたものである。河岸地の輪郭から個々の敷地の復元は、この下図の寸法を基に行うこととする。

対象地の幕末期の状況について

飯田河岸が立地する土手には、明治二二年の河岸地編入まで具体的な名称が存在しない[8]。そこで、当該地をここでは飯田土手と命名し、以下で幕末期の状況を確認していく。

飯田土手が立地するのは、飯田濠ならびに神田川南岸の牛込見附橋から小石川橋までの区間であるが（図4-1）、両水路は外濠の一部として江戸城の城郭を兼ねていることから、千代田区側である南岸と新宿区側である北岸とでその利用の実態が大きく異なっている。例えば、寛政年間の「神田川通絵図」（国立国会図書館所蔵）を見ると、複数の揚場が設けられた北岸の土手に対し、飯田土手はほぼ全域が「請負人場」となっており、幕府の管理のもとで土手の利用が制限されていたことが読み取れる。また、明治初期に飯田土手の東側から撮られた図

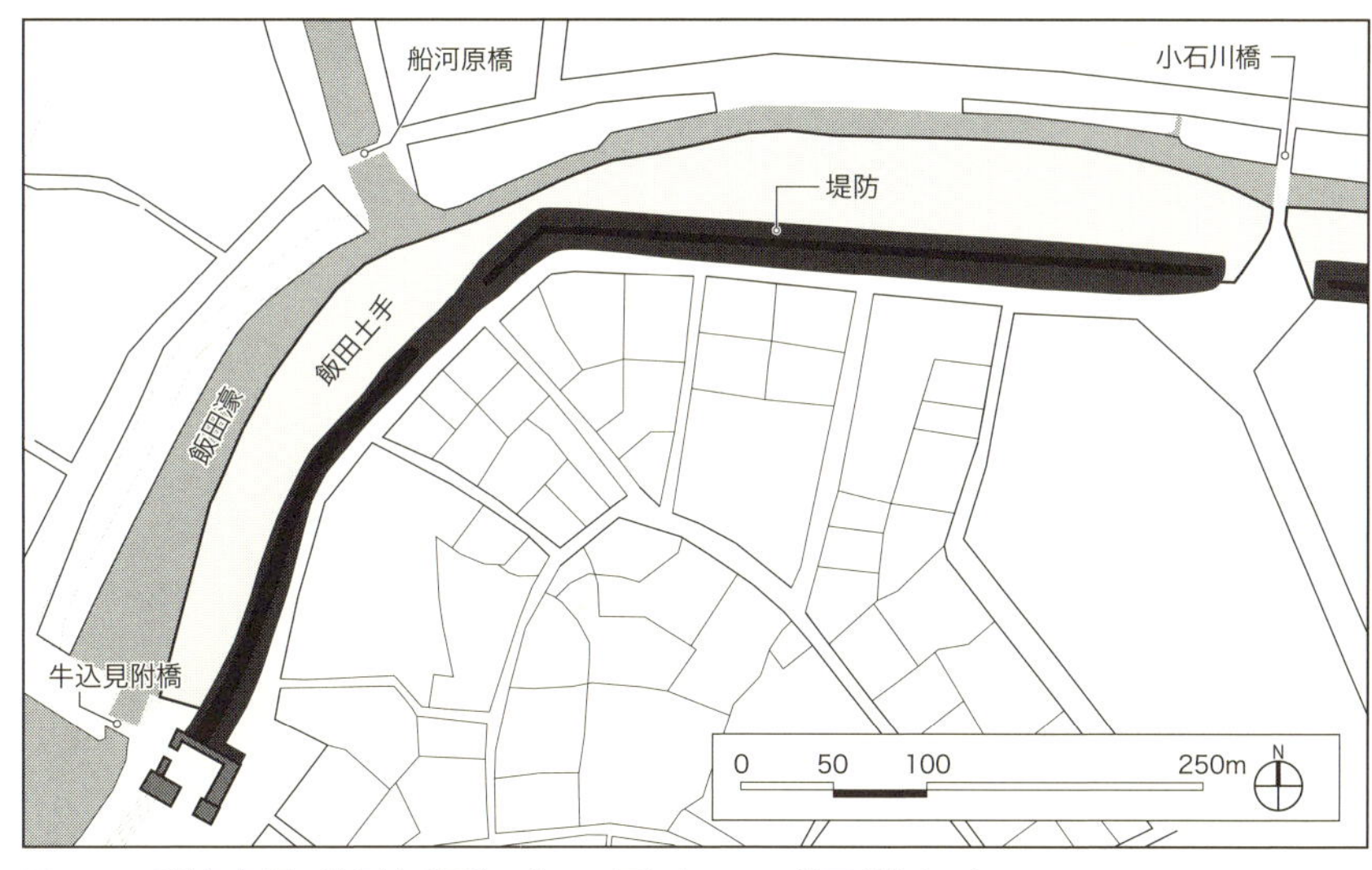

図 4-1　明治初年頃の対象地（堤防によって囲われている様子が分かる）

4－2の写真[9]からは（右上に見えるのが小石川橋）、手前の土手や右奥の飯田土手にも構築物や物資がなく、揚場としての利用がほとんど行われていない状況を確認することができる。飯田土手では、幕末期を経て明治初期の段階まで、このような未活用の状態が維持されてきた。

地勢的な状況についても確認しておきたい。改めて図4－2を見てみると、鬱蒼とした樹木が、盛り上がった丘のような土地に数多く植えられていることが分かる。これは、先ほど地形的な特徴として確認した神田川の堤防で、飯田土手の全域に渡って造成されている。神田川の流れに沿うように設けられたこの土木構築物は、本来は神田川の水害から江戸城の郭内を守るために設置されたものである[10]。これによって飯田土手は、単に

図 4-2　明治初年頃の飯田土手周辺を東側から見る（右上奥が小石川橋、左下が水道橋）（日本カメラ博物館所蔵）

空白地帯というだけでなく、周辺地域から物理的に切り離された状態となっている。したがって、近接地から地先利用を行う事も困難である。つまり、一般的な水辺の利用形態のように、隣接地の生業や営みを補う場所として地先の土手を利用するという使い方ができないところに、この飯田土手の特徴があるといえよう。

このように、飯田河岸は特殊な条件のもとに成立してきた河岸地である。それ以前の土手の状態を連続的に引き継ぐことはなく、むしろ従来の河岸地とは異なった利用が想定されなくてはならない状況にあったといえる。本章では、このような状態を改変し利用していく人々の動向から、当該地における河岸地生成のプロセスを検討する。

飯田土手の制度的な背景

最後に、飯田土手がどのような経緯を経て、正式な河岸地へと組み込まれていったのかを、明治政府による制度的な背景から確認しておく。

明治期における東京の河岸地の設定は、明治政府による法制度の整備と並行して、段階的に実施されていくことは第2章で確認してきた通りである。その流れをもう一度確認しておくと、まず明治九年に土地の種別を確定する目的で「地所名称区別細目」[11]が当時の内務省によって定められ、これにより「河岸地物揚場」と称する地目が確定する。これを受けて、同年に最初の河岸地に対する包括的な制度である「河岸地規則」[12]が制定され、府下の水際の多くが近代の河岸地として認められていくことになった。ここまでは、対岸の神楽河岸・市兵衛河岸と同様であるが、飯田土手はこの段階で河岸地とはならずに、その後の明治二一年「区部河岸地處分」[13]によって、ようやく河岸地としての体制が整えられていく[14]。

さて、最初の包括的な制度である「河岸地規則」において示された「河岸地」の定義とは、それが単に水路や河川の両側の岸であるということを意味するものであった。さらに、個人や民間に貸し与えられる一般的な河岸地を、「宅地其他ノ用ニ供スル地」として位置づけていることから考えても、[15] 明治政府の河岸地に対する見方は、隣接町の地先であるという特性や、場所ごとの地勢的な条件、さらには物揚場としての機能など既存の性質が十分に考慮されたものとは言い難い。要するに、河岸地はあくまで水際の個別の土地でしかないというのが、この時代の官の側から見た水際の土地に対する認識であった。

そして、こうした単純な見方はそのまま「区部河岸地處分」にも受け継がれている。当處分は、官有地として管理されていた府下の河岸地を、「現今官用ニ供セル分」を除いて、区部基本財産として東京府に下付することを定めたものであり、その狙いは河岸地の売却費による市区改正の財源確保という意図が強く働いていた。[16] あくまで空地の有効利用といった意識が強く、広大な敷地を有するにも関わらず官有地として「将来必要之見込ナキ川沿地」とされていた飯田土手はまさにうってつけの対象となった訳である。この處分を受けて、明治二二年に飯田土手は正式に飯田河岸として台帳に刻まれることになった。

河岸地の管理規則

「区部河岸地處分」による管理主体の変化は、河岸地の管理体制にも影響を及ぼすことになる。国に代わって、河岸地を直接の管轄下においた東京府では、河岸地の管理体制の構築へ向けて規則の制定に着手する。その中で、河岸地の実質的な利用や空間構造に関して特に強く影響したのが「東京市基本財産河岸地貸渡規則」である。これは、個人借用の河岸地の貸渡に関する規則を定めたもので、「河岸地規則」の第四章[17]を補足するかたちで、明治二三年九月に定められた制度である。[18]

借用河岸地の貸渡については、借地期限、借地料、常居の禁止といった従来の制限に加えて、本規則では河岸地の転貸の禁止、煉瓦造や石造といった恒久的な建物の建築許可、さらには借地期限の延長など、その要件は多岐にわたり、河岸地を厳密に管理していこうという東京府の意向が読み取れる。

こうした管理規則の変更は、以下の二点で飯田河岸の空間変容に強く影響を与えることが考えられる。まず転貸の禁止項目のなかで「家屋ヲ建築シ其地ヲ併セテ貸渡」場合が例外とされたことで、建物を整備して貸渡すデベロッパーのような河岸地利用が制度的に保証されたこと。そしてもう一点は、常居の禁止が明文化されなかったことで、河岸地内を自身の専用住居とすることが容易になったと考えられることである。こうした影響は土地利用の高度化や開発主体の多様化による区画の細分化や、河岸地内所在者の増加という動きとして実体化していくものと見られる。飯田河岸の空間変容には、こうした東京府による管理規則の制定が大きく関わっていたことをここでは確認しておく。

2　飯田河岸の復元とその形成過程

広大な空地

幕末から明治にかけての飯田土手の変化は劇的である。明治初期の状態と、明治末年頃の状態を見比べれば、その著しい変化の様子が一目瞭然である。江戸時代まで明確な土地利用を持たなかったニュートラルな土地が、明治という時代の要請に応えるように川沿いの湊へと姿を変える。その後、鉄道ターミナルとも結びつきながら、東京の主要な河岸地としておおいに存在感を高めていったのである。

神田川のなかでは後発の河岸地でありながら、こうした発展はいかにもたらされたのであろうか。実は飯田河岸は、周辺の神楽河岸や市兵衛河岸と比べて最も範囲が長く、それに加えて最も敷地の数が多い。要するに飯田河岸は湊としての規模が他の河岸と比べて明らかに大きいのである。現在、飯田河岸を歩いてみると、その全長がいかに長いか、そして水際の土地にかなり余裕があることが分かるはずだ。こうしたスケール感が飯田橋の発展を支えていたのであろう。

ここで気になるのが、果たして飯田河岸は最初からこのように広大な湊として計画されたものであったのか、ということである。上述のとおり、飯田土手は河岸地として利用するには明らかに不便な初期条件を備えた土地である。これを効率的な湊として整備するには相当な労力が必要であろう。飯田土手が飯田河岸になるのは、河岸地が東京府共有財産として下付されたことがきっかけであるが、このとき空間的な基盤は、東京府の手によって築かれていったのであろうか。

注目したいのは、明治九年の「河岸地規則」を受けての動向である。というのも、第2章で取り上げた御茶ノ水の土手の拝借願のように、この時代はあらゆる土手が「河岸地」として利用できるものとして、民間からの積極的な関与が見られた期間である。外濠の土手として特殊な意味が込められた場ではあっても、これだけの規模の空地が全くの手つかずで取り残されていたとは考えにくい。とすれば、おそらく飯田土手においても、民間からの働きかけがあったと考えるのが自然であろう。明治二〇年代の河岸地成立に先駆ける動向が、広大な湊の基盤をかたちづくっていったと思われるのである。

そしてそのとき、飯田土手は誰にどのように扱われたのか、そして、それはどの程度実現し、またその後の空間構造にどのように影響を与えていったのか、こうした成立に至るまでの動向と、形成された空間構造との関係に注目したい。

成立時の区画の復元

飯田河岸の成立過程に迫っていくに当たって、まずは成立時における区画の復元を行う。そのうえで、それがどのように築かれていったのかを、土地利用やその拝借人の動向に注目し検討を加えていく。復元作業に関しては、明治二二年「河岸地台帳」を基に行い、成立過程に関しては土手に対する拝借願等の資料を用いて分析を進める。

飯田土手が河岸地へと編入されたのは、明治二二年三月のことである。このとき設定された範囲は、牛込見附橋から小石川橋までの土手およそ四〇〇〇坪とされるが、その設定区域と個々の区割りに関しては、図面等の情報がないためその詳細を把握することが難しい。そこで、まずは飯田河岸の成立直後の輪郭を復元する作業を進めていきたい。

明治二二年版の「河岸地台帳」を見てみると、一筆ごとの坪数が掲載されているため、どの程度の大きさの区割りが何筆あったかを知ることができる。これを活用し、河岸地成立直後の飯田河岸へ目を向けると、総面積四〇四〇・八八坪が一～八号地という大規模な敷地によって区分されている様子を見て取ることができる。しかし、明治二三年には、その大規模な区画は早くも複数の敷地に細分化され、その後はこの状態が維持されてきたことが確認できる。そこで、ここでは細分化された後の明治二三年の状態を、最初期の飯田河岸として設定し、その復元作業を行いたい。

まず、台帳記載の河岸地番号の表記は、一ノ一号や二ノ三号などのように、細分化直前の河岸地番号が前に記され、その坪数も記載されていることから、旧五・六号地が旧一号地に、旧七号地が旧二号地に、そして旧八号地が旧三号地に統合、といった具合に、細分化直前の大規模な敷地の変化が追える。それをまとめると、大規模な敷地八筆が四筆に統合された後、内部の分割によって成立時の個々の敷地が成立していったことを知ることができる。

加えて、台帳には各敷地の通し番号も記載されているため、上流から四、一、二、三号地の順で配置され、さらに一号地の拝借人である山嶋久光による五・六号地の拝借願に添付された絵図[20]を参照すると、一号地が飯田橋以西に配置されていることが明らかとなる。要するに、四つの巨大なブロックが、飯田橋を境に配され、その内部が複数の敷地によって分割されるという構成を取っていることが明らかとなる。

　こうして浮かび上がった全体の輪郭に、台帳に記載された各敷地の地坪に応じて、一〜四号地を分割するように境界線を引き、区画の復元作業を行った。

成立時の空間構造

　こうして描かれた全体の区画に、明治二三年の段階での拝借人とその居所を示したものが、図4－3および次頁の表4－1にあたる。ここからは、以下の二点をその特徴として指摘することができる。まず、全体が一〜四号地という大規模な区画によって構成され、その内部に地坪の異なる小規模な敷地が複数内包される構造を持つということ。そしてもう一点が、隣接する町からの借用が、ほとんど見られないということである。

　このような特徴は、河岸地が地先として隣接する町の人物から一体的に借地されていった、対岸の神楽河岸等の状況とは大きく異なっている。飯田河岸はその成立時において、隣接地との結びつきがあま

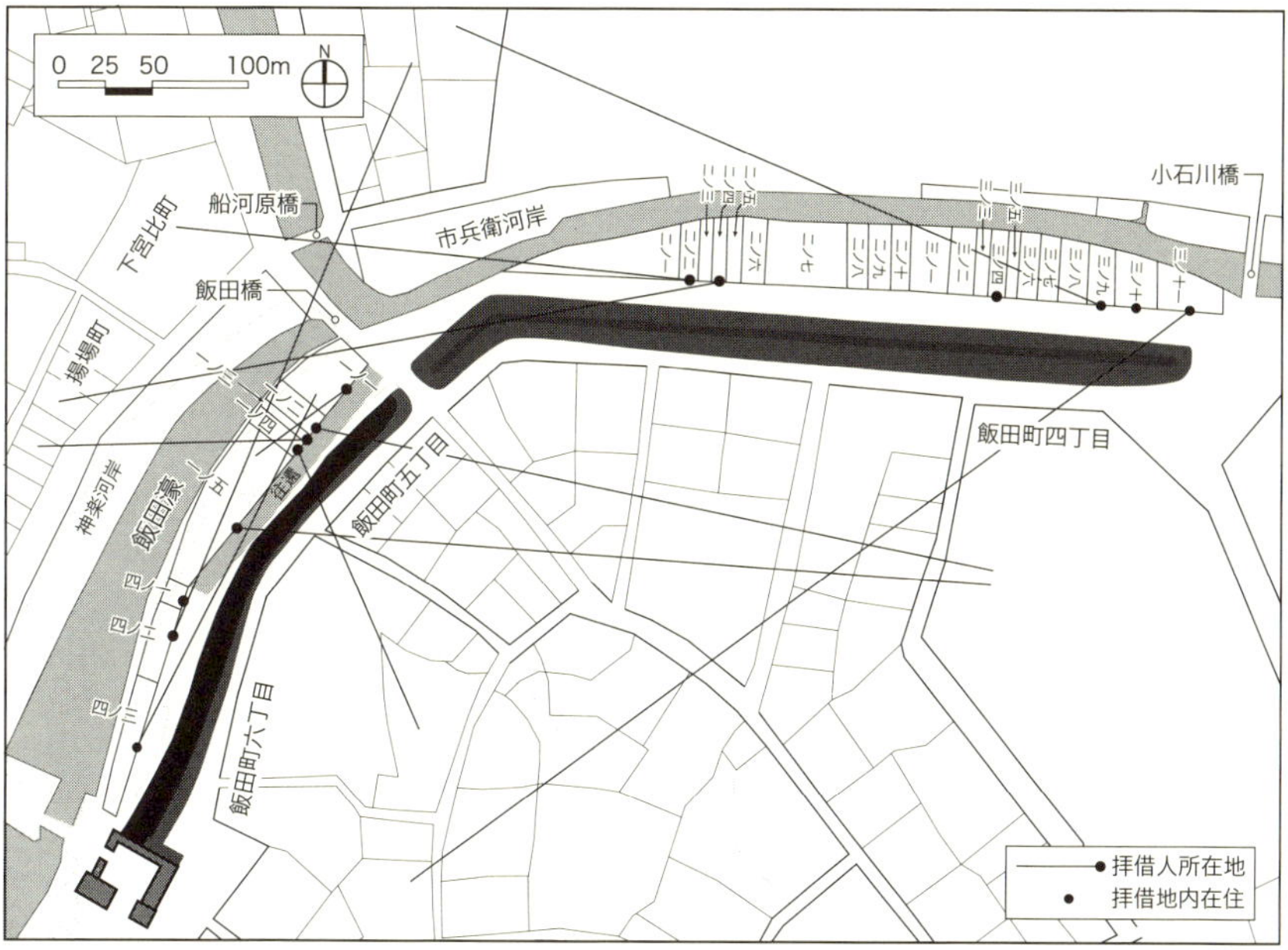

図 4-3　明治 23 年における飯田河岸の利用状況（直線の末端は拝借人の所在地を示す）

表 4-1　明治 23 年時における飯田河岸の拝借人の一覧

号	拝借人	拝借人の居所	借地開始時期
四ノ三	熊澤留吉	麹町区飯田河岸第一号ノ一	明治 23 年 12 月 19 日
四ノ二	青柳庄五郎	小石川区諏訪町四十一番地	
四ノ一	由比総八郎	麹町区飯田河岸第四号地	
一ノ五	山島久光	麹町区飯田町四丁目三十一番地	明治 23 年 10 月 23 日
一ノ四	坪川由太郎	麹町区飯田町六丁目	
一ノ三	冨山豊甫	牛込区牛込揚場町五番地	
一ノ二	山島久光	麹町区飯田町四丁目三十一番地	
一ノ一	熊澤留吉	麹町区飯田河岸第一号ノ一	
二ノ一	小山長造	本所区錦糸町壱番地	明治 23 年 7 月 28 日
二ノ二	中村嘉七	牛込区下宮比町壱番地	
二ノ三	田中伊三郎	牛込区築土前町十五番地	
二ノ四	遠藤長八	牛込区揚場町七番地	
二ノ五	矢島伊之助	本郷区西竹町十六番地	
二ノ六	田邉又兵衛	牛込区市ヶ谷田町二丁目十三番地	
二ノ七	平田貞次郎	南豊島郡淀橋町角筈村百二四番地	
二ノ八	水野利三郎	神田区錦町一丁目一番地	
二ノ九	平田貞次郎	南豊嶋郡柏木村百九十九番地	
二ノ十	近田半兵衛	南葛飾郡東船堀村千七百九番地	
三ノ一	近田半兵衛	南葛飾郡東船堀村千七百九番地	明治 23 年 7 月 28 日
三ノ二	林栄次郎	神田区仲町一丁目九番地	
三ノ三	近田半兵衛	南葛飾郡東船堀村千七百九番地	
三ノ四	石川小三郎	麹町区飯田町五丁目河岸三号	
三ノ五	水野利三郎	神田区錦町一丁目一番地	
三ノ六	水野利三郎	神田区錦町一丁目一番地	
三ノ七	金原彌三郎	神田区猿楽町五番地	
三ノ八	岡田又一朗	四谷区伊賀町四番地	
三ノ九	田中吉五郎	小石川区新諏訪町二番地	
三の十	大野利兵衛	麹町区飯田河岸第三号ノ十	
三ノ十一	吉村吉右衛門	麹町区飯田町六丁目十七番地	明治 23 年 12 月 26 日

り強くなく、対岸も含めた広範な地域から借用される河岸地であったことが分かる。

土手を求めた人々とは…

形成期（明治初期〜二三年）

前述のとおり飯田土手には、近世期から明治初期にかけて荷揚場のような先行する利用がほとんど見られない。それに加え、堤防によって水際と周辺の市街地は物理的に隔絶された状態になっている。水辺の湊としては大変に不便であるように思えるが、一体どのような人物が、何の目的でこのような場所の借用を願い出るのか。そして、そのときどのような空間が立ち現れたのであろうか。ここからは、土手の性質を踏まえながら、上記のような飯田河岸の構造が築かれていった過程を、明治初期から河岸地編入（明治二二年）までの期間においての動向から見ていきたい。

東京都公文書館に所蔵された東京府の回議録には、明治期の土手や河岸地の拝借に関する審議を記録した文章が所収されている。その中には、飯田土手に対する案件も多数含まれており、それを見ているとちょうど明治一〇年頃から、その数が増えていくことに気づく。おそらく、明治九年の「河岸地規則」以降、定義上は河岸地であるとして、民間から多数の拝借願が提出されたのだろう。しかし、ひとつひとつの申請を見ていると、その多くは実現せずに終わっていることが確認できる。例えば、明治一五年の岩崎忠照による水車場設置の願い出は、飯田土手が「御郭の土手」であるなどの理由から東京府はこれを拒否しており、土手の貸渡しに対して慎重な態度をとっていた事が伺える。[21]

こうした状況は、土手の活用を渇望する人々にとっては、大変不満に思えたに違いない。明治一六年に大森義によって提出された牛込橋から飯田橋間への水車場設置の申請[22]を見てみると、その理由を「斯カル最良ナル場所ヲ放棄シテ顧ミザルハ実ニ遺憾ノ至リニ御座候」としており、一向に土手が開放されない状況を嘆いている。土手を留めておきたい東京府の意向に反して、その利用を望む民間からの声は高まっていたようだ。

ここでこの頃に提出された拝借願の土手の利用目的に注目してみたい。先述の岩崎忠照や大森義による申請が水車地であることも興味深いが、他の申請もおよそ河岸地とは思えないような利用が想定されていておもしろい。例えば、国友某よる明治一三年の申請は、牛込見附橋から飯田橋までの土手に射的場を設けたいという内容であった。国友家といえば幕府の御用鉄砲鍛冶職として知られるが、申請を行ったこの人物が果たして何者であったかはよく分かっていない。しかしその土地利用は鉄砲鍛冶職にふさわしく、長大な射撃スペースだけでなく修理場も建設し、さらに馬場を設けて馬を走らせるなど、まさに鉄砲試験場と演習場を兼ねたような場所を計画していたようだ[23]（前掲図2-12の下）。

こうした土地利用に共通しているのは、想定されるスペースの規模が大きいということである。同時期の神楽河岸や市兵衛河岸と比べても、その異様さは際立っている。おそらく、飯田土手は河岸地というよりは広大な空地という認識を持たれていたのであろう。土手を求めた人々にとっては、先行する利用がないために区画設定の自由度が高いという条件も好都合であったはずだ。また、たとえそこが堤防の内側であったとしても、地先利用を特に必要としない空間利用であれば、それは特に問題にはならない。水車地も射撃場も、こうした条件を受け入れた上での土地利用であった。

さて、土手の特性を読み込んで有効に活用しようという人々の一方で、土手の閉鎖空間を開放し、その不便さを解消したいという動きも同時期には見られる。明治九年に、井上清相と他三名を総代とした飯田町の地主三九名が飯田橋の架橋を願い出た[24]。それまで、外濠の内側から外へ出るには、牛込見附御門か小石川御門を通らねばならず非常に不便であったが、この架橋によって交通の便は改善されていく。そして、このとき重要だったのは、これを契機に堤防の一部が開削され、土手と周辺地域は一部ではあるが空間的に接続されるようになったことである。神楽河岸とは違い、隣接地の地主が真っ先に取り掛かったのが土手の借地ではなく、その空間的な基盤の整備であったことは、外濠の内外の対比的な動きとして興味深い。

こうした状況のなか、飯田土手の借用が確実に確認できる最初の申請が、明治二一年三月からの山嶋久光による馬場としての利用[25]（図4-4の一号地）である。飯田橋南西側の五一三坪を借用した広大なスペースで、これ以降、順次、土手の利用が正式に認められるようになっていく。これに続いたのが、平田貞次郎による飯田橋東側の利用（図4-4の二号地）と、吉村吉右衛門による小石川橋西側の利用（図4-4の三号地）で、ここまでが河岸地が成立するまでに先行する事例として確認できる[26]。また、平田と吉村の区割りは、飯田橋〜小石川橋間の土手をほぼ均等に分割するように設定されているため、おそらく同時期に互いに連携して実施された申請であったと見られる。以上のように、明治一〇年代から立て続く土手の拝借願の後、河岸地成立の直前になってようやく飯田土手の利用は認められるようになっていったのである。

飯田河岸の誕生：成立期（明治二二〜二三年）

三人の人物によって、いよいよ飯田土手の利用の口火は切られた。このときの一号地から三号地の区割りが土手に敷かれた直後、明治二二年三月に飯田土手は「区部河岸地處分」を受けて、河岸地へと正式に編入されることになる。しかし、これではまだ飯田河岸の面積である約四〇〇〇坪には達していない。先ほど確認した通り、本章では明治二三年に大規模区画が細分化された状態を成立期としているが、このときの大規模区画は全部で八筆存在していたはずである。

実は、四号地の最初の借用は明治二二年五月であり、さらに五〜八号地に関しても明治二二年三月にようやく東京府によって地坪と地料の設定が行われ[27]、実際の借用もそれ以降に実施されているのである。つまり、編入直後の飯田河岸は、全体の範囲が設定された後、先行した利用状況を基準に一・二・三号地を設定し、その後の申請にもとづいて新規に四〜八号地の区割りと所有を確定していった。こうして築かれた編入直後の飯田河岸の利用状況を示すと図4－4のようになる。

先ほどの一〜三号地で構成された状態から、細分化（明治二三年）にいたるまでの約一年間の動向を見ていくにあたって、まずはこのような大規模区画の成立過程を確認していきたい。

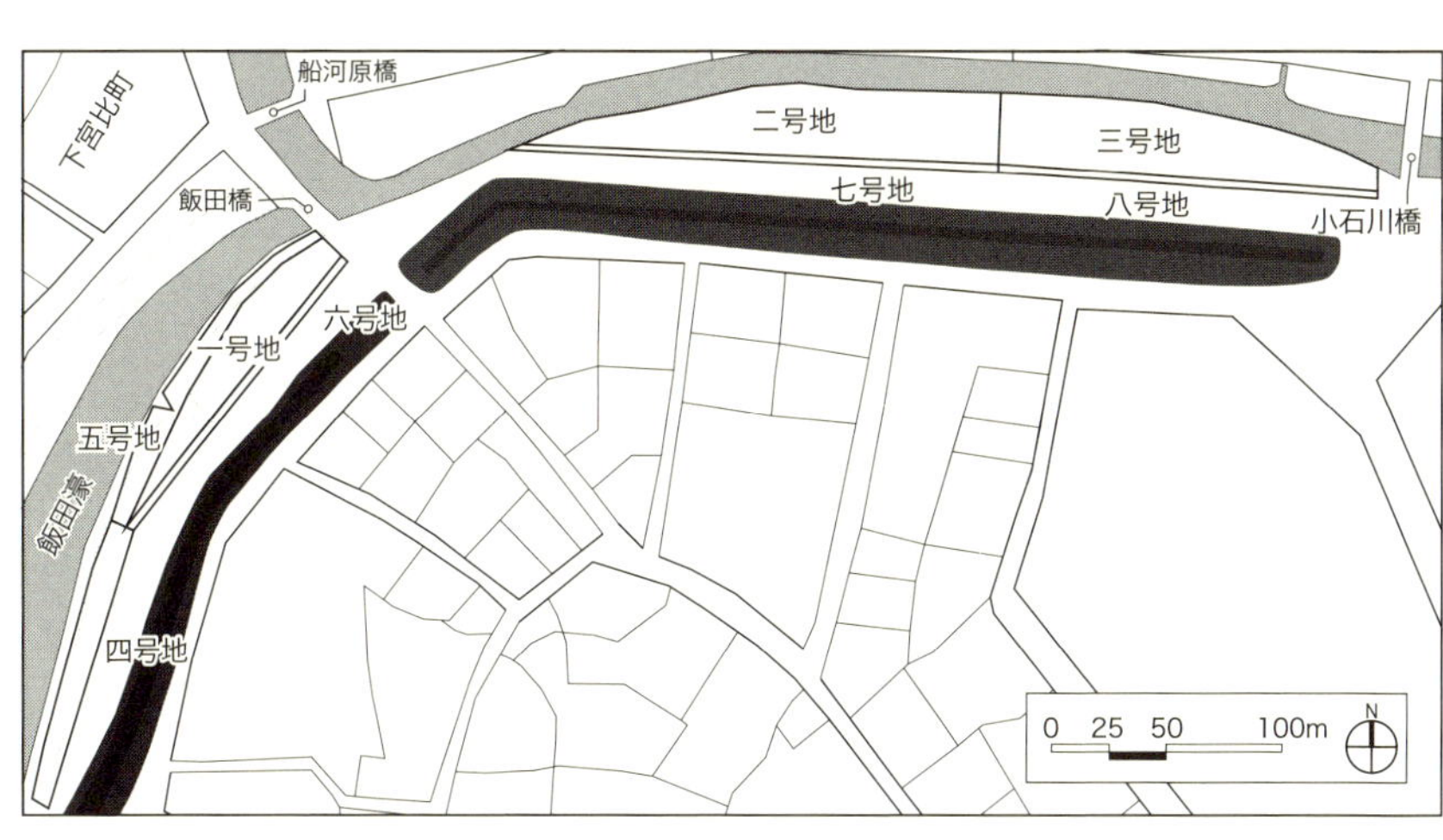

図4-4　明治22年（編入直後）における飯田河岸の利用状況

1 河岸地拝借人による借用地の規模拡大

まず、明治二二年五月に見られる四号地の拝借願は、牛込橋〜飯田橋間から一号地を除いた範囲に対して、杉坂喜共から拝借願が出されている[28]。

この願い出は、一号地の拝借人である山嶋久光を保証人としているもので、この両者が河岸地の借用や稼業を通じての関係者であったことが伺い知れる。さらに五・六号地も、同年四月に山嶋久光によって借用が実施されていることから[29]、この四・五・六号地の借地は連動した計画であったと見られる。区割りを見てみると、山嶋の一号地を取り囲むようにそれぞれ範囲が指定されており、これらの河岸地借用は、一号地を核とする利用域の拡充を狙ったものであったと判断できる。なお、四号地の拝借人は、明治二三年三月には山嶋久光の一号地内を居所とする熊澤留吉へと移されていることからも、こうした関係性は明らかであろう。

次に、七・八号地であるが、こちらも同様に二号地の平田貞次郎と三号地の吉村吉右衛門がそれぞれの敷地を南側に拡充するように、七・八号地の拝借願を明治二二年二月に提出し、五月に借地を実施している[30]（前掲図4-4の七・八号地）。なお、この申請も平田・吉村の連名で提出されており、二・三・七・八号地の開発は連動した計画であったことが知れる。

このように、飯田河岸の区割りは、編入前の拝借人による大規模な利用区域を基準として、それを補塡するように全体の輪郭が決定されていった。このとき注目されるのは、その敷地境界が神田川に並行して敷かれ、水路に沿って敷地が連なる他の河岸地のような構成をとっていないということである。加えて、一筆ごとの敷地規模が非常に大きいこと、この二点をこの時期の飯田河岸の特徴として指摘できる。

こうした敷地の拡充計画と、その結果として表れてきた河岸地の区割りも、飯田土手の利用を求めた人々が、そこを河岸地というよりはむしろ広大な空地のように捉え、大規模な空間利用がイメージされたことで成立していった。従来の河岸地には見られない、水辺の土地利用の新たな局面をそこに見出せる。

② 土手の改変とその利用形態

飯田土手は不便な土地である。堤防の存在に加え、地形の起伏は激しく、そのうえ各敷地にアクセスする道すら整備されていない。この最初期の時期で注目されるのは、こうした土手の環境を、自らが改善しようという土手の利用者達の取り組みが見られることである。

先ほどの一号地では明治二二年七月に、土手を借用する山嶋久光が、神田川に接する五号地内の凸凹と傾斜を整えたいという願い出を行っている[31]。当時の地図には、五号地の場所に排水路のようなくぼみが濠に向かって敷かれていることが確認できることから、おそらくはそうした複雑な土地形状を地均しするための許可を要請したのであろう。

さらに同年七月には、堤防際に幅六間の道を新設したいという願い出が、山嶋久光と杉坂喜共の連名で提出される。先の地均しの申請と時期的にも近いため、おそらく借用地の一体的な改善に取り組んでいたのであろう。この計画は実際に執り行われ、その後も当該地へアクセスするための唯一の通路として長く利用されていく[32]（前掲図4－3の飯田橋袂の往還）。河岸地としての利用が想定されてこなかった飯田土手においては、拝借人が全体の区画からその内部環境の整備にいたるまで、主導的な役割を果たしていった。

しかし、ここで気になるのは土手の空間利用である。地先の河岸を稼業用地として利用していくことが物理的に難しい状況のなかで、こうした土地の改善は何の目的で実施されたのか。山嶋久光の申請上の土地利用は馬場であったことから考えても、町地―揚場―川という利用形態は想定されていなかったはずである。三号地を借用する吉村吉右衛門などは、土手の使用目的自体は居宅地となっていて詳細が分からないものの、神田川下流の佐久間河岸等の借用も同時に行っていることから[33]、複数の河岸地を管理・運営する土地経営者としての側面がより強く浮かび上がる。また、山嶋久光の一号地は、その後、明治二二年二月に馬場から居宅地へと改められている。こうした状況から考えると、おそらく上述のような土手の改変や敷地規模の拡大は、貸家や貸店舗を目的とした開発、あるいは事業用地として河岸地内を一体的に利用することを想定したものであったのではないか。周辺の町からは切り離されるかたちで、拝借人による独自の空間が、河岸地内で個別の展開を見せていくことになる。

③ 大規模区画の細分化へ

以上のような経過を経て、飯田河岸の輪郭は形成され、明治二三年以降に小規模な敷地へと細分化されていく。各敷地は、山嶋の一・五・六号地、熊澤の四号地、平田の二・七号地、吉村の三・八号地というように、拝借人ごとの敷地群をひとつのブロックとし、その内部を分割することで実施されている。各敷地の形状も、短冊状の敷地が均等に並ぶ構成へと改められている。このような敷地境界の再編に関しては、以下のような要因があったと考えられる。

まず、前掲図4-4の五・六号地のような特殊な形状の敷地は、宅地や事業用地の造成に向けて規模の拡充を計ったものであり、その区割り自体は便宜的なものでしかなかったのではないか[34]。その後、「東京市基本財産河岸地貸渡規則」が明治二三年に制定されたことをきっかけに、河岸地の転貸が家屋を建てることを条件に認められることになる。その結果、土地経営を目的とした多様な利用主体が現れ、もはや数名の拝借人だけで土地の占有を続けることが困難な状況となっていたことが考えられるのである。

そしてもうひとつが、「河岸地規則」によって、河岸地の立地がそもそも「舟楫ノ通スル水部ニ沿イタル地」として定義されているということである。河岸地の編入に伴って、規則が厳密に適用された結果、水辺に沿わない特殊な敷地が改められていった可能性を指摘することができる。

以上の要因から、飯田河岸の敷地は大規模なものから小規模なものへ振り分けられていった。こうした動きは、水際の広大な空地として土地利用がはじめられた飯田土手の空間が、制度的な影響の下で、河岸地として平準化されていく過程として見ることができる。しかし、細分化実施後も最初期の土手の拝借人である四人は、他と比較して大規模な敷地の借用を保持していくことになる。その一方で、このとき生成された小規模な敷地が、前掲の図4－3、表4－1に見られる多様な拝借人を受け入れていった。こうした特徴的な成立過程は、最初期の拝借人によって想定された空間利用が、従来の河岸地とは異なる大規模で独立したものであったことに要因を見出すことができる。河岸地成立時の空間構造は、その成立期の影響を強く受けて形成されたのである。

3　河岸地の発展

躍動する水辺の人々：発展期（明治二三〜三三年）

広大な飯田土手の土地は、数名の水辺利用者の働きかけによって全体の基盤が築かれた。そして、その土台のうえに河岸地としてのラインは引かれている。その後、正式に河岸地という地目に組み込まれたとき、全体の巨大な区画は改められることになるが、細かく細分化された敷地が新たな河岸地拝借人を呼び込むことになっていく。

飯田土手は非常に規模の大きな河岸地であり、敷地の細分化を受けた段階での筆数は二九筆にまで増加している。飯田河岸の成立以降の発展は、基本的にこのひとつひとつの敷地を基準としながら、拝借人の更新と、それに伴う敷地規模の増減によって推移していくことになる。特殊な条件の下で成立したこの近代の河岸地には、いったいどのような人々がその活用を求めていくのか。

ここでは、明治二三～三三年頃までの拝借人が知れる、明治二二年版の「河岸地台帳」を用いてその変化を動態的に捉えていく。飯田河岸が地域のなかでどのように変容し、またどのような空間を築いていったのか、そこに関わっていった人々の動勢に目を向け、初期構造を考慮しながら、その特質を復元的に考察していく。

拝借人の変化と分割される初期構造

飯田河岸の二九筆もの敷地に対して、それぞれにどの程度の人々が関わっていたのであろうか。ここではまず、河岸地拝借人の更新頻度と、それによる性質の変化に目を向けたい。一四四～一四九頁の表4－2（①～③）は、明治二三～三三年頃までの河岸地拝借人の一覧を示したものである。各敷地の拝借人を見てみると、一〇年の間に三人前後、多いところでは七人もの拝借人が存在しており、高い更新頻度を見て取ることができる。更新頻度の高さは、要するに河岸地に関わった人々がそれだけ多様であるということを示しており、これは神楽河岸などでは見られない飯田河岸の大きな特徴である。

その変化をより詳細に観察するために、敷地ごとの変化を詳細に見てみると、飯田河岸ではひとつの敷地において何度も更新が繰り返されるケースと、大規模な敷地の細分化を伴ってそれぞれの敷地の拝借人が変化していくという、ふたつの動きを確認することができる。前者の変化が、明治二三年に大規模区画の細分化によって生成された小規模な敷地での動向であるのに対して、後者の動きは各ブロックの大規模な敷地、要するに細分化前から存続する四人の初期拝借人の敷地に対しての動向である。

一五〇頁の表4－3は、明治二二年から明治三三年までに、初期拝借人の敷地規模とその区画内での筆数の推移を示したものであるが、彼らが段階的に規模を減衰しながら最終的に河岸地を手放していく過程が見て取れる。例えば、三号地の吉村吉右衛門は、明治二二年の段階で一一四二・〇九坪もの巨大な敷地を借用していたものの、二回の分割を受けながら明治二七年までに一〇七・五九坪まで規模を縮小し、最終的に借用自体を辞めてしまっている（図4－5）。

ここで重要なことは、このような初期拝借人による一体的な土地借用が減衰していくことと連動して、飯田河岸内の筆数が増加傾向にあることである。細分化直前の明治二三年には二九筆であった飯田河岸の敷地は、明治三三年までに九筆の増加を数えることになる。こうした流動性は、見方を変えれば飯田河岸が新規の河岸地拝借人を受け入れやすい状況にあったことを表している。新たな人々によって、新たな土地利用や産業が築かれたとすれば、その新規参入の様相から飯田河岸の発展過程の一面を見出すことができるのではないか。

拝借人からみた飯田河岸の変容とその特質

以上のような変化に、その更新を担った主体、すなわち河岸地拝借人の動向という視点から光を当てていく。

河岸地拝借人の性質は、その借用地と居所との関係から、河岸地に隣接するタイプ、隣接しないタイプ、そして河岸地内を居所とするタイプの、三つに大別することができる。神楽河岸や市兵衛河岸では、特に隣接タイプが多数であることに大きな特徴があった。しかし、飯田河岸では、多くの河岸地拝借人が存在し、その更新頻度は高いものの、彼らの居所に偏っ

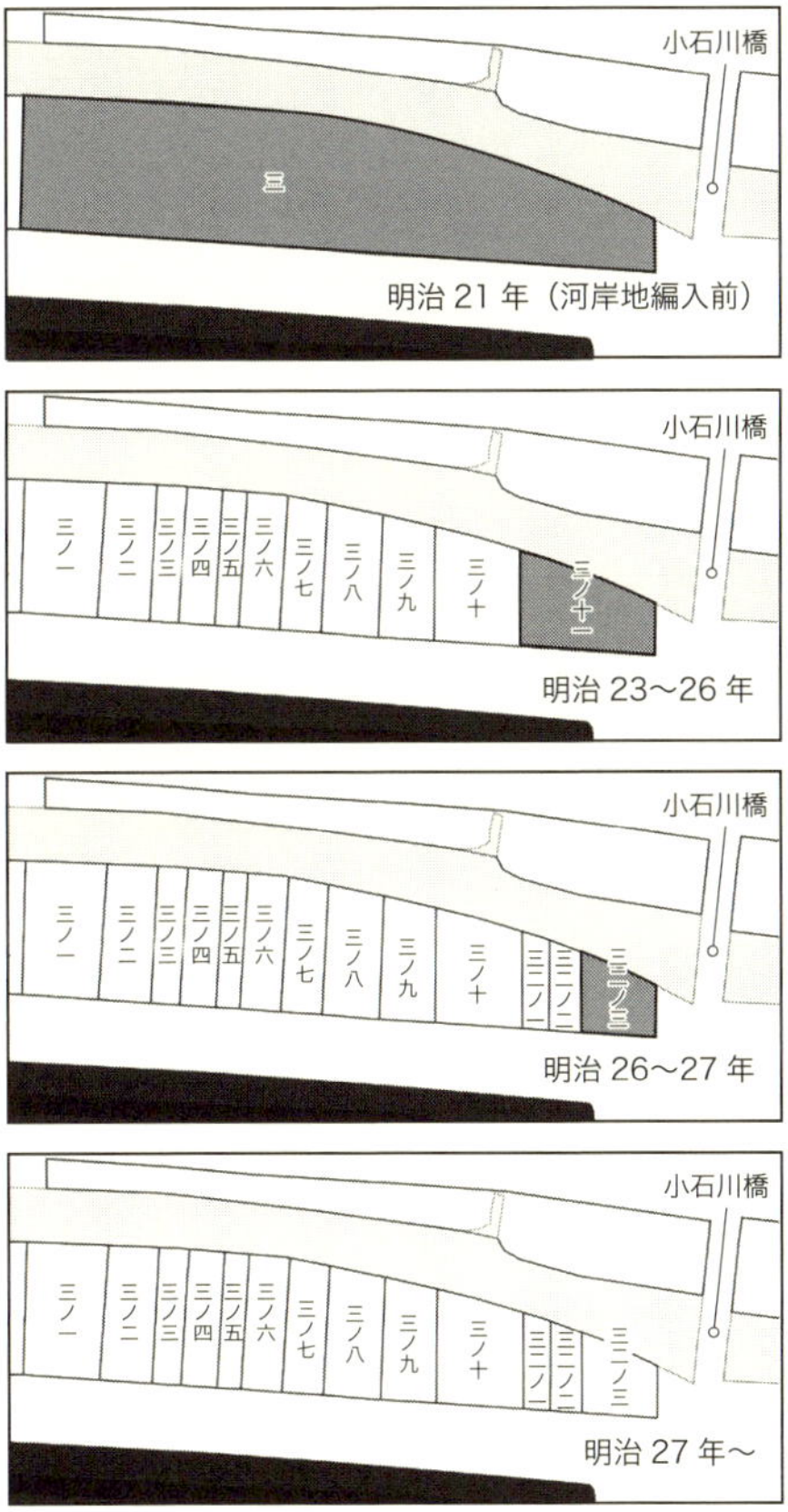

図4-5　吉村吉右衛門が拝借地を減衰していく様子（濃いグレーの部分）

までの拝借人の一覧　①

拝借人の居所	借地期間	坪数
麹町区飯田河岸第一号ノ一	明治23年12月～明治24年1月21日 ＊明治24年1月21日に四ノ三と四ノ四に分割	200.39
本郷区元町一丁目十八番地	明治24年1月21日～明治24年3月30日	100
本郷区須崎村二百九番地	明治24年3月30日～明治27年7月14日	
麹町区飯田町四丁目三十一番地	明治27年7月14日～	
麹町区飯田河岸第一号ノ一	明治24年1月21日～明治29年7月28日	100.39
麹町区飯田町四丁目三十一番地	明治29年7月28日～	
小石川区諏訪町四十一番地	明治23年12月～明治24年1月15日	130
本郷区元町一丁目十八番地	明治24年1月15日～明治24年3月30日	
本郷区須崎村二百九番地	明治24年3月30日～明治27年7月14日	
麹町区飯田町四丁目三十一番地	明治27年7月14日～	
麹町区飯田河岸第四号地	明治23年12月19日～明治29年3月2日	39
麹町区上六番町十三番地	明治29年3月2日～明治32年8月15日	
武蔵国西多摩郡青梅町青梅百九十二番地	明治32年8月15日～	
麹町区飯田町四丁目三十一番地	明治23年10月23日～明治32年7月8日	511.59
小石川区小石川指ヶ谷町百三十六番地	明治32年7月8日～明治32年9月30日 ＊五ノ一と五ノ三に分割	192.13
小石川区小石川指ヶ谷町百三十六番地	明治32年9月30日～明治33年12月6日	87.91
麹町区飯田河岸第六号	明治33年12月6日～	
牛込区牛込揚場町五番地	明治32年9月30日～	104.23
麹町区上二番町十五番地	明治32年7月8日～	341.15
麹町区飯田町六丁目	明治23年12月23日～明治24年6月4日	74.92
麹町区飯田町四丁目三十一番地	明治24年6月4日～明治33年12月6日	
麹町区飯田河岸第六号	明治33年12月6日～	
牛込区牛込揚場町五番地	明治23年10月23日～	34.67
麹町区飯田町四丁目三十一番地	明治23年10月23日～明治33年12月5日	97.4
麹町区飯田河岸第八号	明治33年12月5日～	
麹町区飯田河岸第一号ノ一	明治23年10月23日～	228.65
本所区錦糸町一番地	明治23年7月28日～明治25年7月27日	321.45
本所区錦糸町一番地	明治25年7月27日～	258.89
本所区錦糸町一番地	明治25年7月27日～明治31年8月27日	(91.55)
牛込区横寺町七番地	明治31年8月27日～	
麹町区飯田河岸第二号ノ一	明治25年7月27日～	62.56
牛込区下宮比町一番地	明治23年7月28日～明治30年1月29日	61.8
京橋区本湊町七番地	明治30年1月29日～明治33年3月10日	
麹町区飯田河岸十三号地	明治33年3月10日～	

表 4-2　明治 23 ～ 33 年

号		用途	拝借人
四	三	木造居宅地	熊澤留吉
		木造居宅地	永持明徳
		木造居宅地	榎本武揚（子爵）
		木造地 →物揚場	三浦泰輔 （甲武鉄道株式会社専務取締役）
	四	木造居宅地	熊澤留吉
		木造地（3.75）＋物揚場（88.72）	三浦泰輔 （甲武鉄道株式会社専務取締役）
	二	木造居宅地	青柳庄五郎
		木造居宅地	永持明徳
		木造居宅地	榎本武揚（子爵）
		木造地 →物揚場	三浦泰輔 （甲武鉄道株式会社専務取締役）
	一	木造居宅地	由比総八郎
		木造地（2）＋物揚場（37.63） →木造地（5.75）＋物揚場（33.88）	西山彌
		木造地（5.75）＋物揚場（33.88）	三浦泰輔 （青梅鉄道株式会社専務取締役）
一	五	木造居宅地（270.24）＋物置場（256.77） →木造地（510.57）＋煉瓦地（16.5）	山島久光
	五ノ一	木造居宅地	山島久光
		木造居宅地（59.5）＋庭地（28.41）	山島久光
		煉瓦造（16.5）＋木造地（43）＋庭地（28.41）	佐野久右衛門
	五ノ三	居宅地（59）	富山豊甫
	五ノ二	居宅（50）＋物揚場（291.15） →居宅（104.31）＋石造地（162.7）＋物揚場（77.14）	三浦泰輔 （青梅鉄道株式会社専務取締役）
	四	居宅地	坪川由太郎
		木造居宅地（37.37）＋物揚場（其他）	山島久光
		木造家屋（25.57）＋庭地（51.89）	佐野久右衛門
	三	居宅地（25.5）＋庭地（其他）	富山豊甫
	二	居宅地（46.75）＋物置場（其他）	山島久光
		居宅地（46.75）＋物置場（44.9）	
	一	居宅地（119.17）＋物置場（其他）	熊澤留吉
二	一	木造居宅地	小山長造
	一ノ甲	木造居宅地（161.76）＋渡船発着所（7）	小山長造
	（一ノ甲ノ内）	木造地	小山長造
		木造平屋（53.59）＋外庭廻リ路地に使用（9）	飯塚仁兵衛
	一ノ乙	木造居宅地	荒井智源
	二	木造居宅地	中村嘉七
		木造地（4）＋庭地（57.52） →木造地（16.5）＋庭地（45.02）	山口嘉三
		木造地（16.5）＋庭地（45.02）	飯塚由次郎

までの拝借人の一覧　②

拝借人の居所	借地期間	坪数
牛込区築土前町十五番地	明治 23 年 7 月 28 日～明治 26 年 6 月 9 日	58.76
南葛飾郡船堀村元東船堀村千七百九番地	明治 26 年 6 月 9 日～明治 27 年 6 月 11 日	
麹町区飯田河岸二十号	明治 27 年 6 月 11 日～明治 27 年 10 月 11 日	
麹町区飯田河岸二五号	明治 27 年 10 月 11 日～明治 29 年 2 月 20 日	
麹町区飯田河岸十四号	明治 29 年 2 月 20 日～明治 29 年 12 月 28 日	
京橋区本湊町七番地	明治 29 年 12 月 28 日～明治 33 年 3 月 10 日	
麹町区飯田河岸十三号地	明治 33 年 3 月 10 日～	
牛込区揚場町七番地	明治 23 年 7 月 28 日～明治 30 年 8 月 16 日	46.49
麹町区飯田河岸九号	明治 30 年 8 月 16 日～明治 32 年 1 月 27 日	
牛込区横寺町七番地	明治 32 年 1 月 27 日～	
本郷区西竹町十六番地	明治 23 年 7 月 28 日～明治 26 年 10 月 24 日	66.8
牛込区揚場町七番地	明治 26 年 10 月 24 日～	
牛込区市ヶ谷田町二丁目十三番地	明治 23 年 7 月 28 日～	110.2
南豊島郡淀橋町角筈村百二四番地	明治 23 年 7 月 28 日～明治 23 年 12 月 ＊合併して規模拡大	48.2
南豊島郡淀橋町角筈村百二四番地	明治 23 年 12 月～明治 24 年 1 月 19 日 ＊分割して七号ノ乙と七号ノ甲へ	394.53
麹町区飯田河岸第二号ノ七	明治 24 年 1 月 19 日～	296.63
牛込区西五軒町四十番地	明治 24 年 1 月 19 日～明治 27 年 3 月 13 日	97.9
麹町区飯田河岸十九号	明治 27 年 3 月 13 日～明治 28 年 1 月 12 日	
京橋区築地二丁目四十一番地	明治 28 年 1 月 12 日～	
神田区錦町一丁目一番地	明治 23 年 7 月 28 日～明治 33 年 12 月 12 日	110.23
本所区中之郷業平町百七十一番地	明治 33 年 12 月 12 日～	
南豊嶋郡柏木村百九十九番地	明治 23 年 7 月～ ＊旧台帳の二ノ九号と合併して下へ	12
南豊島郡淀橋町角筈村百二四番地	明治 24 年 1 月 1 日～明治 24 年 1 月 19 日	107.73
麹町区飯田河岸第一号ノ一	明治 24 年 1 月 19 日～明治 24 年 5 月 6 日	
南葛飾郡東船堀村千七百九番地	明治 24 年 5 月 6 日～明治 28 年 4 月 30 日	45.49
麹町区飯田河岸二十号	明治 28 年 4 月 30 日～明治 30 年 11 月 8 日	
深川区鶴歩町一番地	明治 30 年 11 月 8 日～	
麹町区飯田河岸第二号ノ八	明治 24 年 5 月 6 日～	62.24
南葛飾郡東船堀村千七百九番地	明治 23 年 7 月 28 日～	83.62
南葛飾郡東船堀村千七百九番地	明治 23 年 7 月 28 日～明治 28 年 4 月 30 日	172.81
小石川区初音町十番地	明治 28 年 4 月 30 日～明治 28 年 9 月 5 日	
深川区鶴歩町一番地	明治 28 年 9 月 5 日～	
神田区仲町一丁目九番地	明治 23 年 7 月 28 日～明治 28 年 2 月 14 日	129.61
下谷区上野町二丁目四番地	明治 28 年 2 月 14 日～明治 29 年 12 月 1 日	
飯田河岸第二三号地	明治 29 年 12 月 1 日～	
南葛飾郡東船堀村千七百九番地	明治 23 年 7 月 28 日～明治 27 年 12 月 26 日	80.55
麹町区飯田河岸二四号	明治 27 年 12 月 26 日～明治 29 年 3 月 27 日	
麹町区飯田町三丁目十六番地	明治 29 年 3 月 27 日～明治 30 年 1 月 20 日	
麹町区飯田町三丁目十六番地	明治 30 年 1 月 20 日～明治 30 年 11 月 9 日	
下谷区茅町二丁目二四番地	明治 30 年 11 月 9 日～明治 32 年 8 月 15 日	
麹町区飯田町河岸第二六号	明治 32 年 8 月 15 日～	

表 4-2　明治 23 ～ 33 年

号		用途	拝借人
二	三	渡船通行地（43.51）＋木造居宅地（15.25）	田中伊三郎
		渡船通行地（43.51）＋木造居宅地（15.25）	近田半兵衛
		木造地（21）	水野利三郎
		木造地（21）＋空地（35.6）	石川小三郎
		木造地（43.35）＋渡船通行地（15.25）	田中伊三郎
		木造地（28）＋庭地（35.6）	山口嘉三
		木造地（28）＋庭地（30.6）	飯塚由次郎
	四	木造居宅地	遠藤長八
		木造地（30）＋庭地（17.02）	熊澤留吉
		木造地（30）＋庭地（17.02） →木造地（33.84）＋庭地（其他）	飯塚仁兵衛
	五	木造居宅地	矢島伊之助
		木造居宅地	平戸長兵衛
	六	木造居宅地（24）	田邉又兵衛
	七	木造居宅地	平田貞次郎
		木造居宅地	平田貞次郎
	七ノ甲	木造居宅地	芹沢半蔵
	七ノ乙	木造居宅地	三田徳三郎
		木造居宅地	田中タキ
		木造地（52.75）＋庭地（45.47）	古屋豊次郎
	八	木造居宅地	水野利三郎
		木造家屋（20）＋土蔵（18）＋煉瓦造（21）＋ 物置場（25）	中川佐兵衛 （機械製氷株式会社専務取締役）
	九	木造居宅地	平田貞次郎
		木造居宅地	平田貞次郎
		土蔵地（18）＋木造居宅地（89.73）	熊澤留吉
	九ノ乙	木造居宅地	近田半兵衛
		木造地（9.32）＋物品置場（35.99）	水野利三郎
		木造地（9.32）＋物品置場（35.99）	小澤興三郎
	九ノ甲	土蔵地（44.24）＋木造居宅地（18）	水野利三郎
	十	木造居宅地	近田半兵衛
三	一	木造居宅地	近田半兵衛
		木造地（21.5）＋物品置場（21.5）	大井長兵衛
		木造地（21.5）＋材木置場（21.5）	小澤興三郎
	二	木造居宅地	林栄次郎
		木造地（34.25）＋庭地（98.55）	山本由次郎
		木造地（34.25）＋庭地（98.55）	中沢七郎兵衛
	三	木造居宅地	近田半兵衛
		木造（46.35）＋雑品置場（35.9）	須崎忠助
		木造地（38.35）＋庭及道敷（43.9）	岡林茂基
		木造地（38.35）＋庭及道敷（43.9）	谷昭小二
		木造地（48.35）＋庭地（33.9）	大木宗保
		木造地（48.35）＋庭地（33.9）	栗原徳治

までの拝借人の一覧　③

拝借人の居所	借地期間	坪数
麹町区飯田町五丁目河岸三号	明治 23 年 7 月 28 日～明治 27 年 8 月 14 日	86.9
麹町区飯田河岸十二号	明治 27 年 8 月 14 日～明治 29 年 12 月 18 日	
麹町区飯田河岸二五号	明治 29 年 12 月 18 日～明治 32 年 4 月 10 日	
麹町区平河町五丁目三四番地	明治 32 年 4 月 10 日～明治 32 年 9 月 20 日	
麹町区飯田河岸二五号	明治 32 年 9 月 20 日～	
神田区錦町一丁目一番地	明治 23 年 7 月 28 日～明治 30 年 10 月 18 日	59.3
麹町区飯田河岸三十号	明治 30 年 10 月 18 日～	
神田区錦町一丁目一番地	明治 23 年 7 月 28 日～明治 25 年 3 月 3 日	104.14
麹町区飯田河岸第二七号	明治 25 年 3 月 3 日～明治 28 年 7 月 1 日	
芝区日陰町一丁目一番地	明治 28 年 7 月 1 日～	
神田区猿楽町五番地	明治 23 年 7 月 28 日～明治 29 年 7 月 30 日	100.5
麹町区飯田河岸九号	明治 29 年 7 月 30 日～	
四谷区伊賀町四番地	明治 23 年 7 月 28 日～	130.19
小石川区新諏訪町二番地	明治 23 年 7 月 28 日～明治 26 年 9 月 2 日	131.02
牛込区下宮比町一番地	明治 26 年 9 月 2 日～	
麹町区飯田河岸第三号ノ十	明治 23 年 7 月 28 日～明治 24 年 3 月 18 日	168.8
神田区連雀町十一番地	明治 24 年 3 月 18 日～明治 24 年 7 月 3 日	
京橋区銀座一丁目九番地	明治 24 年 7 月 3 日～明治 25 年 2 月 25 日	
下谷区入谷町百四十二番地	明治 25 年 2 月 25 日～明治 32 年 6 月 10 日	
麹町区飯田町四丁目二三番地	明治 32 年 6 月 10 日～	
麹町区飯田町六丁目十七番地	明治 23 年 12 月 26 日～明治 26 年 9 月 12 日 *分割して三二ノ一、二、三へ	209.94
麹町区飯田河岸三二号	明治 26 年 9 月 12 日～	47.49
麹町区飯田河岸三二号	明治 26 年 9 月 12 日～	61.79
麹町区飯田河岸三十二号	明治 26 年 9 月 12 日～明治 27 年 8 月 9 日	107.59
芝区公園地二五号ノ二	明治 27 年 8 月 9 日～明治 30 年 1 月	
京橋区築地一丁目十六番地	明治 30 年 1 月～	

た傾向は特に認められず、近隣の町やその周縁の町にいたるまで、実に多様な地域からの借用を受け入れることで推移している。おそらく地勢的な条件も強く影響していたのであろう。要するに、隣接地からの要請がそれほど強くないために、様々な要件のもとで土手の拝借が求められ、多様な拝借人を受け入れているのが飯田河岸の特徴なのである。このとき、その要件とはどのようなものであったかを具体的な事例を通じて見ていきたい。

1　対岸からの拝借人

表 4-2　明治 23 ～ 33 年

号		用途	拝借人
三	四	木造居宅地	石川　小三郎
		木造瓦葺二階家（36.75）＋空地（41.66） →物置場（40.25）＋庭及道敷（41.66）	吉村吉右衛門
		木造地（40.25）＋庭地（48.16）＋物置場（3）	川島捨蔵
		木造地（40.25）＋物置（3）＋外（48.16）	吉田和輝
		木造地（40.25）＋物置（3）＋外（48.16） →木造地（60.87）＋物置地（27.54）	仁科条次郎 （共益精米株式会社社長）
	五	木造居宅地	水野利三郎
		木造地（18）＋物品置場（7.2）	菊池栄蔵
	六	木造居宅地	水野利三郎
		木造居宅地	関口チカ
		木造地	谷次はる
	七	木造居宅地	金原彌三郎
		木造地（34.39）＋材木置場（58.91） →木造地（82.22）＋庭地及他（其他）	小川浦次郎
	八	木造居宅地	岡田又一朗
	九	木造居宅地	田中吉五郎
		木造地	菊池栄蔵
	十	木造居宅地	大野利兵衛
		木造居宅地	高畠新吉
		木造居宅地	山中藤兵衛
		木造居宅地	島田直信
		木造居宅地	浅田稲造
	十一	木造許宅地	吉村吉右衛門
三二	一	木造地	大澤フユ
	二	木造地	由良喜美
	三	木造地	吉村吉右衛門
		木造瓦葺平屋（51）＋空地（56.59） →木造地（52.38）＋空地（55.21）	梅津三之輔
		木造地（58.38）＋庭地（49.21） →木造地（78.38）＋庭地（29.21）	梅津三之輔

注）＊1　用途欄の→は同一借地期間中の用途変更並びに坪数の変化を示す。＊2　用途欄の（　）内は坪数を示す。

表4－2から、河岸地拝借人の居所に注目してみると、飯田河岸の利用を求めた人物には、対岸の町に居所を構えながら地先の河岸地を借用する事例が多く存在していることに気づく。二ノ五号地の平戸長兵衛や、三ノ九号地の菊池栄蔵がこれに該当する（一五一頁図4－6）。まず、平戸長兵衛は対岸の神楽河岸を明治一四年から借用し、飯田河岸は明治二六年一〇月から借用を実施していることが確認できる。また、明治二六年九月に飯田河岸を借用した菊池栄蔵も、それ以前は同様

表4-3　明治22～33年における初期拝借人の借用河岸地の筆数と坪数の推移

	明治22年		明治23年	
初期拝借人	拝借河岸地数／全	拝借河岸坪数／全	拝借河岸地数／全	拝借河岸坪数／全
熊澤留吉 四号地	1／1筆 100%	387.79／387.79坪 100%	1／3筆 33.33%	200.39／369.39坪 54.25%
山嶋久光 一号地	3／3筆 100%	947.23／947.23坪 100%	1／5筆 20.00%	511.59／947.23坪 54.01%
平田貞次郎 二号地	1／1筆 100%	1142.2／1142.2坪 100%	2／9筆 22.22%	406.53／1265.88坪 32.11%
吉村吉右衛門 三号地	1／1筆 100%	1142.09／1142.09坪 100%	1／11筆 9.09%	209.94／1373.76坪 15.28%
総河岸地数／総坪数	6／6筆 100%	3619.31／3619.31坪 100%	5／28筆 17.86%	1328.45／3974.66坪 33.42%

	明治27年		明治33年	
初期拝借人	拝借河岸地数／全	拝借河岸坪数／全	拝借河岸地数／全	拝借河岸坪数／全
熊澤留吉 四号地	1／4筆 25.00%	100.39／369.39坪 27.18%	0／4筆 0.00%	0／369.39坪 0.00%
山嶋久光 一号地	2／5筆 40.00%	586.51／947.23坪 61.92%	0／8筆 0.00%	0／968.93坪 0.00%
平田貞次郎 二号地	0／13筆 0.00%	0／1361.63坪 0.00%	0／13筆 0.00%	0／1361.63坪 0.00%
吉村吉右衛門 三号地	1／13筆 7.69%	107.59／1380.69坪 7.79%	0／13筆 0.00%	0／1380.69坪 0.00%
総河岸地数／総坪数	4／35筆 11.43%	794.49／4077.34坪 19.49%	0／38筆 0.00%	0坪／4099.04坪 0.00%

に神楽河岸を借用していた人物である。両者に共通しているのは、ともに明治二六年からの借用であるということだが、このとき神楽河岸では何があったのであろうか。

実は、明治二六年というのは、神楽河岸が市区改正用地として、河岸地の地目から削除された時期に該当する。おそらくこの両者は、それまで活用していた神楽河岸の代替地として、対岸の飯田河岸を借用するに至ったものと考えられる。それぞれの居所は、神楽河岸の隣接町である揚場町と、明治期の新開町である下宮比町であって、ともに地先の河岸地を稼業のために利用してきた人物である。菊池栄蔵に関しては、薪炭を用いて下宮比町で稼業を行っていたものの、資材置場の不足に難渋し、明治一五年にようやく神楽河岸を借用した人物である[35]。それまでのように、地先の利用という借地形態ではなくなったものの、彼らの代替地として円滑に借用が進んでいく状況は、新規参入を受け入れやすい、流動的な飯田河岸の性質をよく表しているといえよう。
加えて、対岸の揚場町所在である一ノ三号地の富山豊甫のように、初期拝借人の大規模敷地の細分化に乗じて、新規に一ノ五ノ三号地を拝借し規模を拡大していく動きも同時に確認できる。対岸の町からの借用は、飯田河岸の細分化の過程ともリンクするように実施されたのであった。

2 河岸地内所在者

このように、飯田河岸を特徴づける河岸地拝借人の性質として、対岸からの借用があったことが分かった。それは同時に、彼らが町地―揚場―川という空間利用の形態をとらないことも表しているが、ここではもうひとつ、神楽河岸などとは異なるタイプについて触れていきたい。それは、飯田河岸に多数存在する河岸地内を居所とするタイプの人物である。

飯田河岸の拝借人は、前掲表4－2に示した期間中で重複も含めると一〇一名であるが、その内で河岸地内所在となっている人物は三二名にものぼる。河岸地内所在にいたる経緯としては、色々なケースが考えられるが、大まかに河岸地内で転居を繰り返している場合と、他の土地から移り住んでくる場合とが想定される。飯田河岸では、三号地の初期拝借人である吉村吉右衛門の居所が、明治二六年で飯田町六丁目から飯田河岸内に変更されていることに加え、三ノ六号地の水野利三郎が二ノ九ノ甲号の拝借の際に神田区だった居所が河岸地内に変更されていることなどから、周辺から移り住んでくるケースが一般的なようだ。また、こ

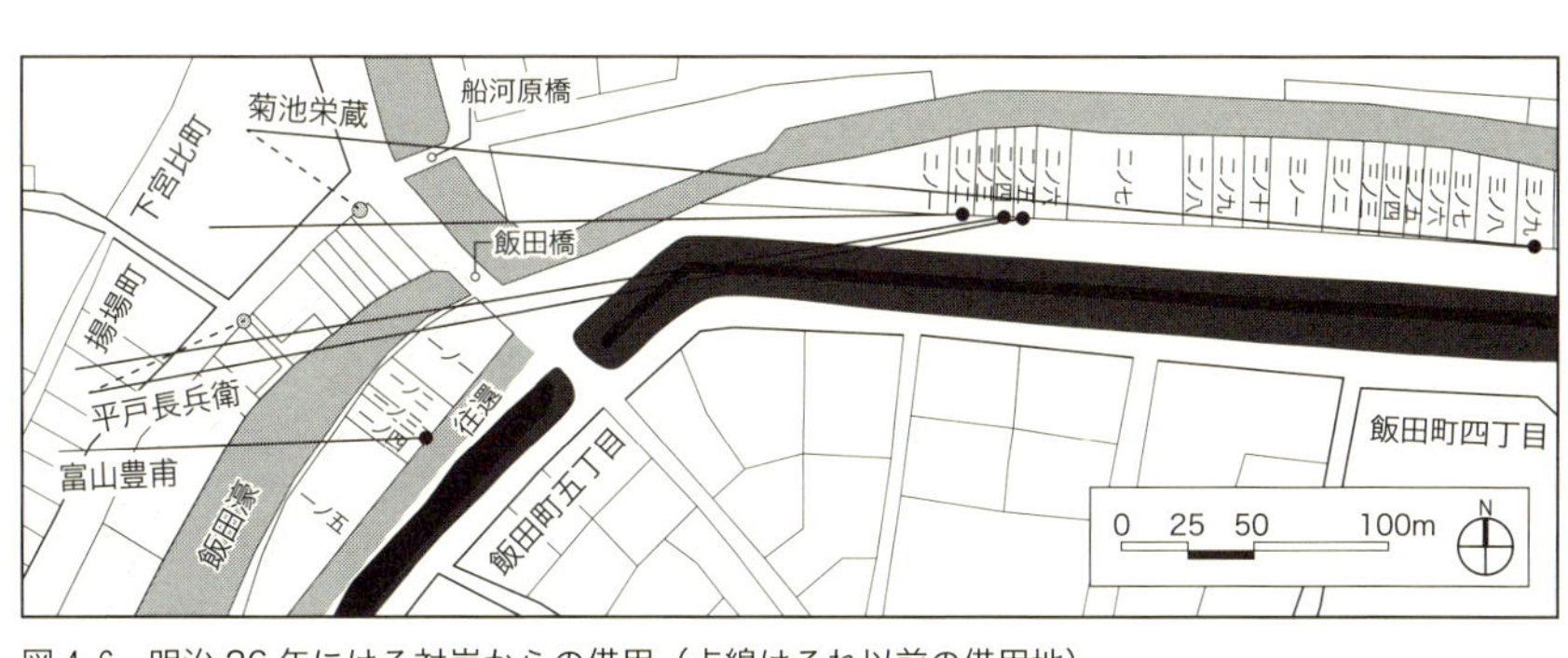

図4-6 明治26年にける対岸からの借用（点線はそれ以前の借用地）

うした転居の要因としては、明治二三年の「東京市基本財産河岸地貸渡規則」によって、河岸地を常居、すなわち居所とすることが可能な状況となっていたことが関わっていると考えられる。

さて、このとき大規模敷地の細分化に伴って創出された河岸地へ移り住むという、飯田河岸の特徴的な動きも見ることができる。そのとき、どういった経緯で河岸地の借用に至るのか、その具体的な動静を、二ノ七ノ乙号の芹沢半蔵を例に検討したい。

芹沢半蔵は明治二四年頃に飯田河岸を借用した人物であるが、元々は神田猿楽町で油商と薪炭の販売を営んでいた。薪炭とする材木は、常陸枚方の問屋から仕入れ、本所の竪川で艀に積み替えたものを水道橋まで運び、そこから車力を用いて猿楽町まで運んでいたという。しかし、これでは運搬に不便ということで、飯田土手を借用し材木屋と下宿を設置することに至ったようだ。彼の自伝である『私の一生』[36]では、「薪でも炭でも、枚方から来ると、水道橋から猿楽町までは、いやでも車力を用いなければならぬ。（一部略）恁うしても水道橋の近所へ、来なければならぬと思って、飯田河岸の十八号地を借りて家を建て、下を材木屋、二階を下宿屋にしようと思って、此処へ家を建てることにした。」と述べられており、遠方の町から、河岸地の利便を求めて移り住んでくる様子が詳しく描かれている。

ちなみに、飯田河岸の十八号地とは、前掲表4－2の二ノ七ノ乙号に該当する。ここは、明治二四年に平田貞次郎の大規模敷地を細分化した際に区画された敷地で、比較的大きな規模を維持している。芹沢半蔵はその後、この地に湧きでる水を使った滝を見世物に露店を設け、それがきっかけとなって富士見楼[37]（図4－7）と名づけられた料理屋を開業し、見事に発展を遂げていく。そして、この富士見楼を拠点として成立したのが、飯田河岸の花街であった。

飯田河岸の花街は、当初は芸妓を神楽坂などから借りていたというが、次第に自前で芸妓置屋を持つようになり、その後、大正期頃までに独立した花街として知られるようになっていく。富士見楼では、神田川に眺望が開いた座敷に芸妓を上げて、風光明媚な水辺の盛り場が形成された。新規に参入が可能であることに加え、水辺の優れた環境がこうした人物の動向に関わっていったのである。

無論、こうして生成された河岸地の利用形態は、内陸の営業地と河岸地がセットになったものではなく、河岸地内において完結した形態をとる。芹沢半蔵も富士見楼を開業した段階で主たる営業地は河岸地内であるし、富士見楼をはじめとした飯田河岸三業会の関連施設も、その領域は河岸地内に留まっている。時代は異なるが、大正一二年の段階における飯田河岸三業会の店舗の分布は、図4－8のように五件中四件が飯田河岸内に立地したものであった[38]。堤防に隔てられ、その内側のみに展開する利用状況が、流動的な土地の性質と、余裕のある敷地規模に支えられて、徐々に生成されていった様子を見て取ることができる。

土地利用と利用形態

最後に、これまで見てきた拝借人の動きを前提としながら、土地利用や利用形態といった空間的な性質を考えてみたい。

本章の主資料である「河岸地台帳」には、用途という名目で土地利用が記されているため、その利用状況を知ることができる。特に、明治二七年頃からそれ以降の借地に関しては、詳細な用途区分と坪数が記述される傾向にあるため、これらを用いることで空間の輪郭を復元的に見ていくこと

図 4-7　富士見楼外観（写真の建物の背面が神田川）

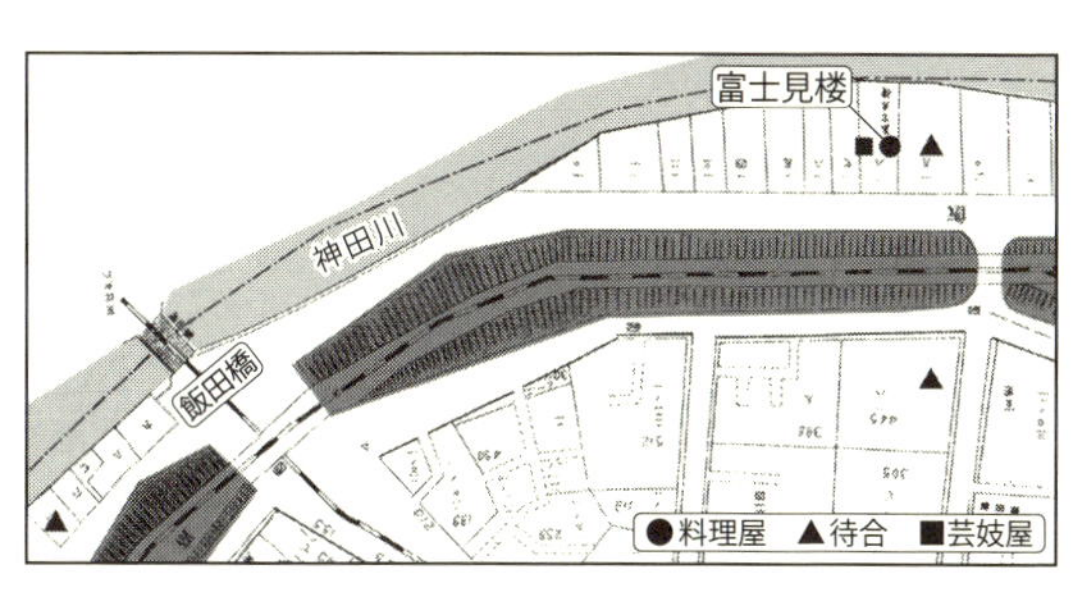

図 4-8　飯田河岸内の三業の分布状況（大正 10 年頃）

ができる。
飯田河岸の土地利用でまず気づくのは、「木造居宅地」や「木造地」がそのほとんどを占めているということである。これらは決して専用住宅のようなものを指しておらず、例えば料理屋である富士見楼が「木造居宅地」となっていることからも、商店のようなものも含んだ広い意味での木造建築全般を指していると理解できる。飯田河岸では、土蔵や煉瓦造はほとんど見られず、河岸地を構成する建物のほとんどが木造であったことが指摘できる。

次に、その規模と敷地内の構成を見てみたい。前掲表4－2の用途欄で坪数が記載された敷地を参照すると、物品置場や庭地といったいわゆる空地が多いことが読み取れる。空地に対する建物の規模は、同等かそれ以下の場合がほとんどで、例えば同時代の日本橋の河岸地のように水際に蔵が建ち並ぶ光景とは、その様子が大きく異なっていたことが分かる[39]。図4－9は[40]、明治三二年の飯田河岸四ノ一・二号地周辺を示したものであるが、水辺側に物揚場と見られる空地が広くとられ、家屋が密集した利用状況ではなかったことが理解できる。

空地部分の利用方法は、物置場であれば薪炭、石材、材木等の資材や商材を積置きするスペースであったと見られるが、四号並びに一号地内では、甲武鉄道社長三浦泰輔による鉄道事業用の資材置場や、初期拝借人の大規模な物揚場が幾つか見られる。その一方で、三・四号地の空地では、物置場よりもむしろ庭地としての利用が目立つ。ここでいう庭地とは、作業場のようなスペースも想定されるが、本来の意味での庭も多く存在していたと考えられる[41]。というのも、「庭地」という用途は他の河岸地にはほとんど見られないことから[42]、飯田河岸であえて表記される「庭

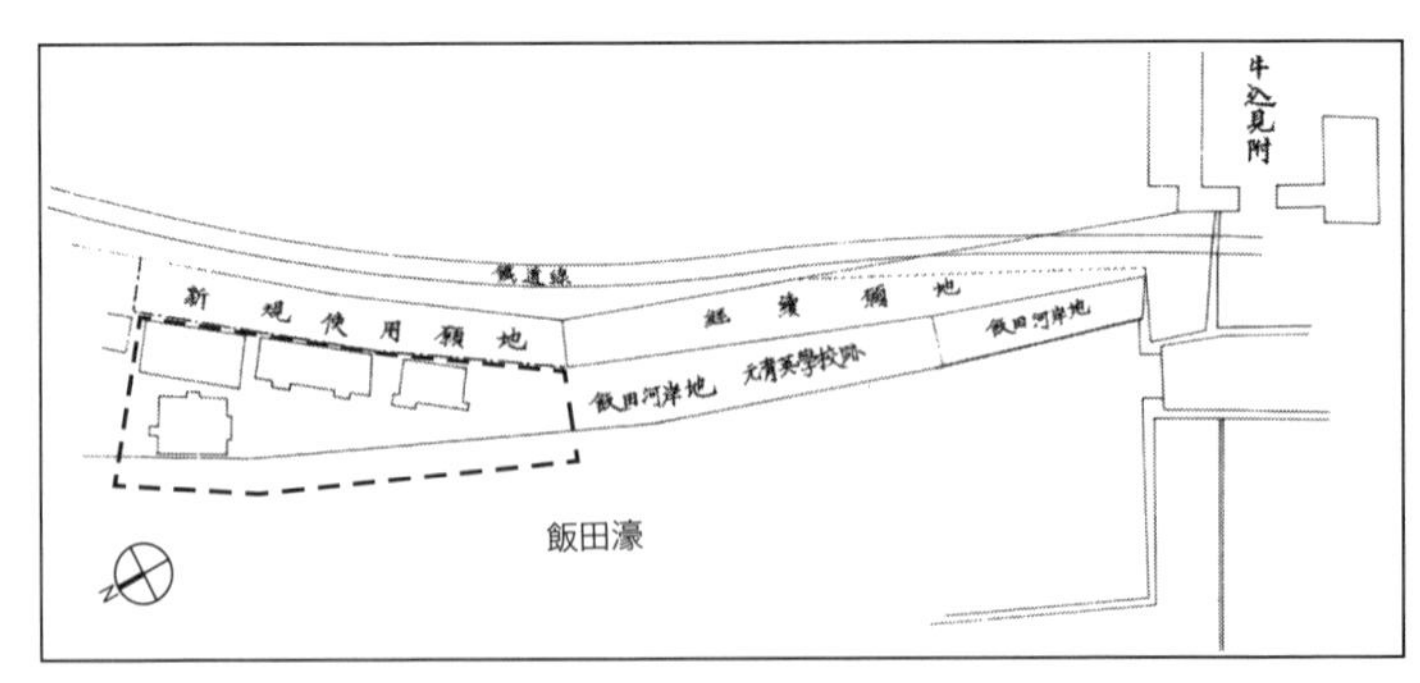

図4-9　明治32年の四ノ一・二号地周辺の土地利用の状況（点線内）

地」には、やはり本来の庭としての意味が込められていると思われるのである。庭を配する商家のような構成は、三・四号地周辺の大きな特徴のひとつであるといえよう。

以上のような空間構成のもとで、個々の敷地はどのように結びつき、空間利用が行われていたのであろうか。上述の河岸地内へと移住する拝借人のその後の動向を見てみると、移住後に新たに敷地を拝借していく動きを確認することができる。菊池栄蔵は、明治三〇年に居所を河岸地内へ移すと同時に物品置場を備えた三ノ五号地を新たに拝借しているし、二ノ八号地の水野利三郎に関しては、明治二四年に居所を飯田河岸地内へと移し、二ノ九ノ甲号の土蔵地、二ノ三号の木造地、二ノ九ノ乙号の物品置場を拝借し機能を拡充している。こうした動きは、飯田河岸を拠点としながら事業を拡大し、ひとつの町のように河岸地を利用する意図があったことを表している。元の居所を離れ、河岸地内へと移り住むこのような新たな拝借人の存在が、飯田河岸の特徴的な利用形態の成立を牽引していったのである。

4　まとめ――土手に築かれた水辺のまち

水辺利用のはじまり

明治以降の河岸地の特徴のひとつはその多様性であるように思う。それは、隣接する町や地勢的な条件など、土地の持つ来歴が、そこでしか見られない個別の展開を引き起こすからに他ならない。その中でも、外濠や神田川の河岸地が歩んだ道筋はとても興味深いものである。外濠の制度的な拘束や、内外の性質の違い、はたまた特殊な地形の条件などは、土手が河岸地へと変貌するに当たって、実に多様な意味を水辺空間に与えている。そして、その意味を読み解き、実際に土地を求め活用していった主体こそが、土手の空間形成を担った水辺の人々なのである。明治という時代に表れた水辺の人々の振る舞いは、果たしてどのように外濠の土手という場所へと根づいていったのであろうか。

本節では、明治期に新設される飯田河岸の形成と変容の過程から、こうした外濠の土手空間に見られた人々の動勢と、空間的な特質を探ることを試みてきた。飯田河岸は、幕末期からの連続的な利用はなされていないうえに、堤防に囲まれるという地勢的な条件を備えているということは、ここまで確認してきた通りである。このような状況のなかで飯田河岸は、河岸地拝借人の更新が頻繁であるという流動的な土地の性質と、広範な地域から借用されるという河岸地拝借人の多様性、そしてその空間利用が河岸地内において完結する内在的な形態を形成したことを明らかとしてきた。そして、このような飯田河岸の特徴は、土地の先行条件に左右されながら、河岸地の形成過程において築かれていったのである。

飯田河岸の最初期の構造は、近世期からの連続的な利用がないために、初期拝借人による大規模区画の借用によって、きわめて短期間のうちにその基盤が形成された。彼らは、明治二二年から二三年までの短い期間にかけて、借用地の段階的な拡充を計り、場合によっては通路の開削を実施するなど、河岸地の空間形成に主導的な役割を果たしていく。そのとき設定された河岸地の利用や区画は、その地勢的条件から、町地―揚場―川のような一般的な利用形態を拒み、河岸地としては不規則で、巨大な敷地が最初期に設定されていったのである。

明治二三年以降には、「東京市基本財産河岸地貸渡規則」が適用され、大規模区画の再編とそれに伴う敷地の細分化を引き起こしていった。これによって、土手に築かれた複雑な区画は、河岸地としての体裁に整えられていく。そして、このとき重要であったことが、この過程で生成された小規模な敷地群が、新規に多様な拝借人を受け入れていったことである。彼らは、河岸地に割り振られた各ブロックのなかで、それぞれに完結した場を築き、新たな利用と建築によって水辺の風景を変貌させていった。

開発主体としての河岸地拝借人

さて、本節は以上のような河岸地の形成過程を、主にそこに関与していった人々の動向に焦点を当てることで描き出し、空間変容の実像に迫ることを目指したものである。官主導で進められた一連の制度の整備過程では、河岸地は単に水際の個別の土地として位置づけられ、河岸地は一元的に管理されていくことになった。しかし、こうした制度的な背景とは異なる次元で、水辺に表れた人々は躍動し、空間形成へと主体的に関わっていく。彼らは河岸地拝借人という立場から、自発的に空間的な基盤を築き、独自の空間を飯田河岸に創出させていったのである。

例えば、山嶋久光のような初期拝借人は、飯田土手を河岸地というよりは広大な空地と見立て、全体の輪郭や道路の新設までを独自に築き上げた、近代におけるデベロッパーといえる存在であった。不便な飯田土手の初期環境を自らが整備し、河岸地としての基盤を築いていった。また、河岸地編入後に見られた対岸の菊池栄蔵や猿若町から移り住んだ芹沢半蔵などは、自らの居所に依拠することなく、時には河岸地内へと移り住むことで、地先利用を前提としない新たな空間変容の担い手となっていった。こうした明治期に特有な拝借人の出現と、彼らによってひとつの町のように河岸地内が活用されていく状況は、近代東京における水辺空間の新しい局面といえよう。

また、花街の成立や、庭を配した宅地の存在などは、対岸の河岸地には見られない独自の展開でもあった。外濠であるという歴史的な条件が、同一の水路でありながら異なる展開を相対する両岸の土地に引き起こしていったのである。

そして、城郭であったはずの飯田土手に河岸地が成立していく過程は、地域にとって水辺空間の意味が大きく転換したことをも同時に表している。初期拝借人の居所に旧武家地である飯田町が多いことや、菊池栄蔵の居所が明治期の新開町である下宮比町であったことからも理解できるように、こうした水辺の転換過程は、周辺の地域構造の変化と連動した問題として捉えることができる。その後、飯田町界隈は鉄道と結びつきながら地域構造を大きく転換させていく。本節で描かれた一連の動向は、江戸の都市空間が東京へと変容していく過程における、水辺を舞台とした人々の最初期の挙動であった。

注 釈

（1） 甲武鉄道の飯田町停車場は、神田川・日本橋川の水運と結びつけることを目指し計画されている。また、近隣に陸軍砲兵工廠が存在したこともあって、物資の流通センターとして機能していくことが知られている。鈴木理生『明治生まれの町 神田三崎町』青蛙房、一九七八年、一一六頁～一一八頁。

（2） 明治期における日本橋の河岸地に関する研究としては、鹿内や岡本が土地利用や所有に関しての研究を行っているが、このなかで対象とされているのは、明治以降も連続的に利用されている近世期以来の河岸地であり、本節のように区画や土地利用、拝借人が新規に生成されていくプロセスを検討するものとは異なる。鹿内京子・石川幹子（二〇〇三）「明治以降の日本橋における魚河岸の歴史的変遷に関する研究」『平成一六年度日本造園学会全国大会 研究発表論文集（21）』、並びに岡本哲志「明治期における日本橋の河岸地構造の変容に関する研究 明治初期と明治末期との比較」法政大学エコ地域デザイン研究所編『水辺都市再生に向けた地域デザインの構図 Vol.4』法政大学エコ地域デザイン研究所、二〇〇七年、一五三～一九七頁。また、伊藤が明治初期の日本橋の河岸地について、社会構造や所有権に触れながら空間構造の変容について研究を行っているが、こちらも近世期以来の区域や敷地を引き継いだ河岸地を対象としている。伊藤裕久「日本橋魚市場の空間構造――近世から近代へ」『都市史小委員会二〇〇六年度シンポジウム「都市と建築――内と外」梗概集』日本建築学会、二〇〇七年、一五三～一九七頁。

（3） 飯田河岸の対岸に位置する神楽河岸・市兵衛河岸を対象とした研究に、拙稿が挙げられる。両河岸は近世期の部分的な利用域を中心とし、土手の未使用部分が周辺の主体によって段階的に借地されることで河岸地が生成されていくのに対して、飯田河岸の借地は短期間のうちに集中的に実施されているため、区画が巨大で、なおかつ神楽河岸・市兵衛河岸ではみられないような土地利用が存在する。高道昌志「明治期における神楽河岸・市兵衛河岸の成立とその変容過程」『日本建築学会計画系論文集』第七一二号、二〇一五年六月。

（4） 伊藤好一『江戸のまちかど』（平凡社、一九八七年、七七頁）には、江戸の幾つかの河岸地は、もともと空けておかなければならなかった河岸端が、物置場や蔵地として地先の人々に利用されることで成立していったことが指摘されている。また、鈴木理生『江戸の川・東京の川』（井上書院、一九八九年、一五三頁）によれば、江戸の河岸地の性質として、地先の町地から河岸地の水際までを一体的に使用できたと指摘されている。

（5）東京都公文書館所蔵：第一種・河岸地台帳〔麴町区、芝区、麻布区、牛込区、小石川区〕全一六冊の内第一冊、東京都地理課、一八八九年、請求番号 601.B4.13.

（6）参謀本部陸軍部測量局『五千分一東京図測量図』日本地図センター、一九八四年（明治一六〜一七年作成のものの複製）。

（7）地図資料編纂会編『明治前期　内務省地理局作成地図集成』（柏書房、一九九九年）に所収された、内務省地理局作成の『東京実測全図』（明治一八〜二〇年作成のものの複製）。

（8）東京都編『東京市史稿　市街篇　第七六冊』東京都、一九八三年、九二六〜九二八頁。

（9）図4‐2は、マリサ・ディ・ルッソおよび石黒敬章監修『大日本全国名所一覧――イタリア公使秘蔵の明治写真帖』（平凡社、二〇〇一年）に収められた「水道橋」の写真（四三頁）。原板は日本カメラ博物館所蔵。

（10）鈴木理生『江戸の川　東京の川』井上書院、一九八九年、一七七〜一七八頁。

（11）手塚五郎編『近代土地所有権――法令・論説・判例』日本加除出版、一九八四年、三八頁。

（12）東京都編『東京市史稿　市街篇　第五八冊』東京都編、一九六六年、六九五〜七〇三頁。

（13）前掲（8）、三三八〜三五二頁。

（14）前掲（8）、九二六〜九二七頁。

（15）「河岸地規則」では、河岸地をさらに細かく、「貨物陸揚舟積ノ用ニ供スル物揚場」を第一類、「宅地其他ノ用ニ供スル地」を第二類として分類している。個人や民間に貸し与えられる一般的な河岸地は第二類として位置づけられており、本節で取り扱う飯田河岸もこれに該当している。また、第一類とされたのは、共同物揚場や臨時物揚場といった公的な性格が強い河岸地で、個人借用されるような性質のものではない。

（16）藤森照信『明治の東京計画』（岩波書店、一九八二年、一九五頁）によれば、東京府区部内の官有河岸地の売却費が、市区改正事業遂行の主要な財源となったことが述べられている。

（17）「河岸地規則」による河岸地の定義では、先述の第二類「宅地其他ノ用ニ供スル地」を、さらに第一條「借用河岸地」と第二條「自用河岸地」に分類しており、本節で扱うような一般に貸渡される河岸地は、第一條「借用河岸地」として位置づけている。本文中の「河岸地規則」の第四章とは、この「借用河岸地」に関する規則を記述した箇所に相当する。

（18）東京都編『東京市史稿　市街篇　第八〇冊』東京都、一九八九年、四五七頁。

（19）「河岸地規則」では最大五年であった借地期限が、「河岸地貸渡規則」では、「石造煉瓦石造土藏造ノ家屋」を建築するものは三〇年、「其他ノ家屋」は一〇年、「家屋ヲ建築セサル者」は三年と、借地期限を改めている。

(20) 東京都公文書館所蔵：明治二二年願伺届録・河岸地〔麹町区、芝区、麻布区、牛込区、小石川区、本郷区〕庶務課、第二八　飯田河岸拝借願　山嶋久光、請求番号 617.C8.03.

(21) 東京都公文書館所蔵：明治一五年願回議録・人民願ノ部・四ノ内第一号、租税課、第一一　岩崎忠照より牛込門より飯田橋まで土手願伺之部、請求番号 612.B4.01.

(22) 東京都公文書館所蔵：明治一五年願回議録・願伺之部、地理課、第一一　牛込門外堀端水車取設の為拝借地願　大森義、請求番号 613.B2.04.

(23) 東京都公文書館所蔵：明治一三年回議録・市街地理・改七、租税課、第七　国友某より牛込門続土堀外へ射的銃猟銃修理所建設并射的場築立度旨出願の件、請求番号 610.A8.09.

(24) 明治九年の飯田橋の架橋は、井上清相と他三名を総代とした飯田町の地主三九名の申請によって実施されたものである。架橋位置の堤防は開削され、土手と周辺地域は一部ではあるが空間的に接続されることになった。東京都公文書館所蔵：明治九～一一年架橋願・井上清相　牛込船河原橋、土木課、第八　土手開削願　飯田町五丁目一番地井伊直、請求番号 609.D4.07.

(25) 明治二二年二月に提出された一号地の使用換願には、当該地を明治二一年三月から馬場として利用していたことが述べられている。前掲（20）の、「第六　飯田河岸地使用換願　山嶋久光」。

(26) 明治二二年二月に出された、平田貞次郎と吉村吉右衛門による七号地と八号地の拝借願に添付された図面には、この段階ですでに一号地が平田貞次郎の拝借地であることが示されている。また、二号地も吉村吉衛門の拝借地であったこともその状況から判断できる。つまり、当該地は明治二二年三月の河岸地成立以前からの借用であったことが分かる。前掲（20）の、「第三一　飯田河岸拝借願　平田貞次郎外一名」。

(27) 前掲（20）の、「第一八　飯田河岸貸渡ノ件」。

(28) 前掲（20）の、「第三五　飯田河岸拝借願　杉坂喜共」。

(29) 前掲（20）の、「第二八　飯田河岸拝借願　山嶋久光」。

(30) 前掲（26）。

(31) 前掲（20）の、「第四〇　飯田河地均ノ件　山嶋久光」。

(32) 前掲（20）の、「第四八　富士見河岸道路取設ノ件　山嶋久光」。

(33) 吉村吉右衛門は、明治二二年「河岸地台帳」から飯田河岸、佐久間河岸、日本橋中洲河岸の拝借人であったことが分かり、複数の河岸地を同時に運用する人物であったことが知れる。東京都公文書館所蔵：第一種・河岸地台帳〔神田区〕全、東京都地理

課、一八八九年、請求番号601.B4.14および、東京都公文書館所蔵：第一種・河岸地台帳〔日本橋〕全一六冊の内第四冊の四、東京都地理課、一八八九年、請求番号601.B5.02.

(34) 前掲(5)によれば、一・五・六号地はともに山嶋久光の所有となっている。一号地は明治二一年三月から馬場として利用されているが、五・六号地は拝借願の出された明治二二年四月の段階で、すでに居宅地となっている。この三つの敷地は、明治二三年一〇月に所有者を山嶋久光のまま統合し分筆されている。つまり、拝借願が提出された段階で、一・五・六号地を一体に居宅地として開発していくことが、すでに視野に収められており、申請段階で敷かれた区割り線は便宜的なものであったと解釈できる。

(35) 菊池栄蔵は、明治一四年に飯田河岸の対岸に位置する船河原橋の袂の土手に対して、営業の物品置場に難渋しているという理由から利用申請を提出し、その直後の明治一五年に神楽河岸の借用を実施している。東京都公文書館所蔵：明治一四年回議録・第一号、租税課、第五四　菊池栄造ヨリ牛込区舟河原橋上流沼地営業物品置場ニ拝借願ノ件、請求番号611.D2.01.

(36) 芹澤半蔵『私の一生』富士見楼、一九一五年、三四～三五頁。

(37) 前掲(36)に掲載の、「富士見樓正面」の図。

(38) 『三業名鑑』日本実業社、一九二二年、九二頁。

(39) 前掲(2)鹿内京子の研究によれば、同時代の日本橋の河岸地の用途は、そのほとんどが蔵地であることが分かる。

(40) 本図は、土堤際の土地を借用したいという甲武鉄道の申請を、市区改正委員会において議論する際に提示された図である。藤森照信監修『東京都市計画資料集成　明治大正篇　第一一巻』本の友社、一九八七年、一〇七～一〇八頁。

(41) 明治三二年以降の台帳を参照すると、「庭地」が「庭園敷」に改められている事例が見られ、本来の意味での庭の存在を確認できる。

(42) 例えば、対岸に位置する神楽・市兵衛河岸を見てみても、明治一〇年代から三〇年代の期間で、用途が庭となっている敷地は一筆も存在しない。

第5章

「御郭の土手」の変容

鉄道敷設事業と水辺空間

1　はじめに

外濠と鉄道の風景

東京の外濠と聞いてまず最初に思い浮かぶのは、濠に沿って走る電車の光景ではないだろうか。東京の中央線が四ツ谷駅から市ヶ谷駅を経て、飯田橋へと至る区間の風景は、おそらく東京に住まう多くの人にとって馴染みの深い景色であろう。広大な土手に敷設された鉄道軌道と、起伏に富んだ土手の地形、そしてお濠の水や緑の環境空間が織りなすコントラストは、他では見られない迫力である。おそらく、世界でもあまり類を見ないであろうこうした空間こそが、今回の舞台である市ヶ谷濠と牛込濠の特徴である。

考えてみれば、外濠には様々な時代の要素が混在している。江戸時代の外濠を描いた絵図や、明治初期の古い写真を見てみると、土手の光景が思いのほかサッパリとしていて、コントラストというよりは、お濠らしい統一感を持った姿であることに気づく。法面に植えられた様々な樹木や土手上の桜、歩道の整備された土手公園に鉄道軌道とその関連施設、その全ては明治以降に付与された新しい要素なのである。ではこのような要素は、果たしてどのような経緯を経て、混在し、ひとつの場所に併存するに至ったのであろうか。

先の章では、主に河岸地の成立に注目して、土手の転換、変容を見てきた。しかし、本章で取り上げる濠は、舟運利用ができない閉じられた水面である。形状と状況だけを見ればいわば巨大な水たまりといった具合であるが、城郭であるという場の性質が、ここに単なる形状的な特徴を超えた意味を与えることになる。こうした前提の下で、本章で注目するのが鉄道の敷設事業である。江戸時代まで立ち入りすら禁じられていた外濠の土手に、鉄道の軌道を通し、駅を造り、緑を植えて人々に開放することで、外濠の土手には様々な要素が根づいていくことになる。おそらく現在に見られる外濠の基盤が築かれるうえでの最初の転機となったこうした事業が、いかに受け入れられていったのか、その流れを見ていきたい。

本章の目的

江戸城の総構えをなす外濠は、広大な水面と土手を持った巨大な土木構築物である。江戸時代まで、城下町の重要な都市施設、つまり防衛上の拠点として幕府の厳格な管理の下に置かれていたものの、明治以降に管理主体を失い、防衛施設としての意味を喪失する。都市空間に取り残されたこの巨大な空地は、いかにして近代東京のなかに取り込まれていったのか、本章ではこうした変容過程を、鉄道敷設事業を通じた一連の動向から概観する。

外濠といってもその範囲は広い。一般的に外濠とは、江戸城内堀の外側を囲い込み、外郭を形成する掘割のことを指している。その様相は多様で、虎ノ門周辺にみられる水路のように幅の狭いものから、赤坂の溜池のように巨大な池ともいうべき堀も存在する。本章では特に市ヶ谷濠と牛込濠を対象とするが、このふたつの濠は一六三六年に自然地形に沿うように谷筋に沿って開削された人工の掘割である。郭内側の岸には高さ十数メートルにもなる巨大な土手が構築されているが、明治時代にこの足元を切り崩し敷設されたのが、現在のＪＲ中央線の前身に当たる甲武鉄道であった。

土手は本来、江戸城の防衛の為に築かれたいわば城壁であるが、近代への移行期にその存立基盤は揺らいでいく。単に物理的な空地となった巨大な土手には、いかなる営為が働きその空間を変容させたのか、そうした一連の空間変容の過程を、甲武鉄道の敷設計画と事業化へ至る経緯、そして実施の過程に触れながら明らかとしていくことが本章の目的である。前章まで対象としてきた土手が、舟運利用の可能な実利的な機能を備えた場所であったのに対して、本章の市ヶ谷濠と牛込濠は土手と堰によって囲まれた純然たる濠である。これまでとは条件の異なる土手を対象とすることで、明治期の外濠をめぐる多様な動向に迫ることを目指したい。

方法と資料

分析にあたっては、主に甲武鉄道関連の資料[1]を用いて、対象の土手が軌道用地とされていく過程と、実際の工事をめぐっての動きから、外濠が担った都市的な機能の転換と、そのとき生成された空間の特質を見ていきたい。

甲武鉄道がそれまでの起点であった新宿から、牛込、飯田町方面に延伸を計画していたのは明治二四年頃のことである[2]。この時期の東京の状況は、市区改正委員会の設置に伴い、それまで滞っていた市区改正計画がいよいよ事業化されつつある段階にあたり、甲武鉄道の市内への新規敷設に関しても、委員会内で議論が頻繁に行われていくことになる。このとき甲武鉄道側や市区改正委員会、さらには陸軍といった主体が事業計画に関わり、それぞれの意向が交錯することになる。本稿ではこの三者を、土手空間を転換させる主要な主体と位置づけて、その相互のやり取りに注目したい。そこから、当時の土手に対するそれぞれの認識を読み取り、どのような意向が働いたことでいかなる風景を獲得していったのか、その過程を明らかとしていきたい。

また、先行研究に目を向けてみると、上記のように、土手とそこに関与する主体との関係から、土手空間の成立過程を検証する試みはこれまでほとんど行われていない。甲武鉄道の敷設に関する計画史的なアプローチは幾つか存在するものの、本書とはその狙いを異にしている。そのなかで丸茂の研究は、甲武鉄道による市街延伸計画を取り扱い、市区改正委員会や陸軍とのやり取りのなかから、計画に内在された美観という意識の表出過程を、議事録を中心とした文献資料から精緻に描き出している[3]。こうした成果も参照しながら、本章では土手を改変させた三つの主体を、鉄道計画という事業を透過して見ることで、外濠、ひいては土手に対する認識を読み解き、外濠の場所性が空間生成に与えた影響を、できる限り復元的に描きだすことを目指している。こうした観点から、甲武鉄道、市区改正委員会、陸軍省を同位の主体として扱い、それぞれの意向を別々に読み込むかたちで分析を進めていく。同時に土手空間の復元も重要な作業として位置づけていきたい。

市ヶ谷濠と牛込濠について

対象となる濠は、市ヶ谷濠と牛込濠のふたつであるが、厳密には明治二一年頃に牛込濠を分割するかたちで新見附橋という土橋が架橋されており[4]、それ以降の対象地は市ヶ谷濠、新見附濠、牛込濠によって構成される（図5-1）。

濠を分割する橋には堰が設けられているため、それぞれで水位が異なり、舟を利用しての相互の行き来は不可能な状態となっている。また、対象となる土手は、濠を挟んで東側、要するに外濠の右岸に立地しており、切り立った崖のような地形をしていることに特徴がある（次頁図5-2）。これは、比較的に水面までの距離が近い対岸の土手とは対比的な状況である。

また、この時期の土手の法面には植樹がほとんどなく、その上面に松の木が並ぶという江戸時代までと変わらぬ姿を留めていた。その風景は、作家の永井荷風に、「私は四谷見附を出てから迂曲した外濠の堤の、丁度その曲角になっている本村町の坂上に立って、次第に地勢の低くなり行くにつれ、目のとどく

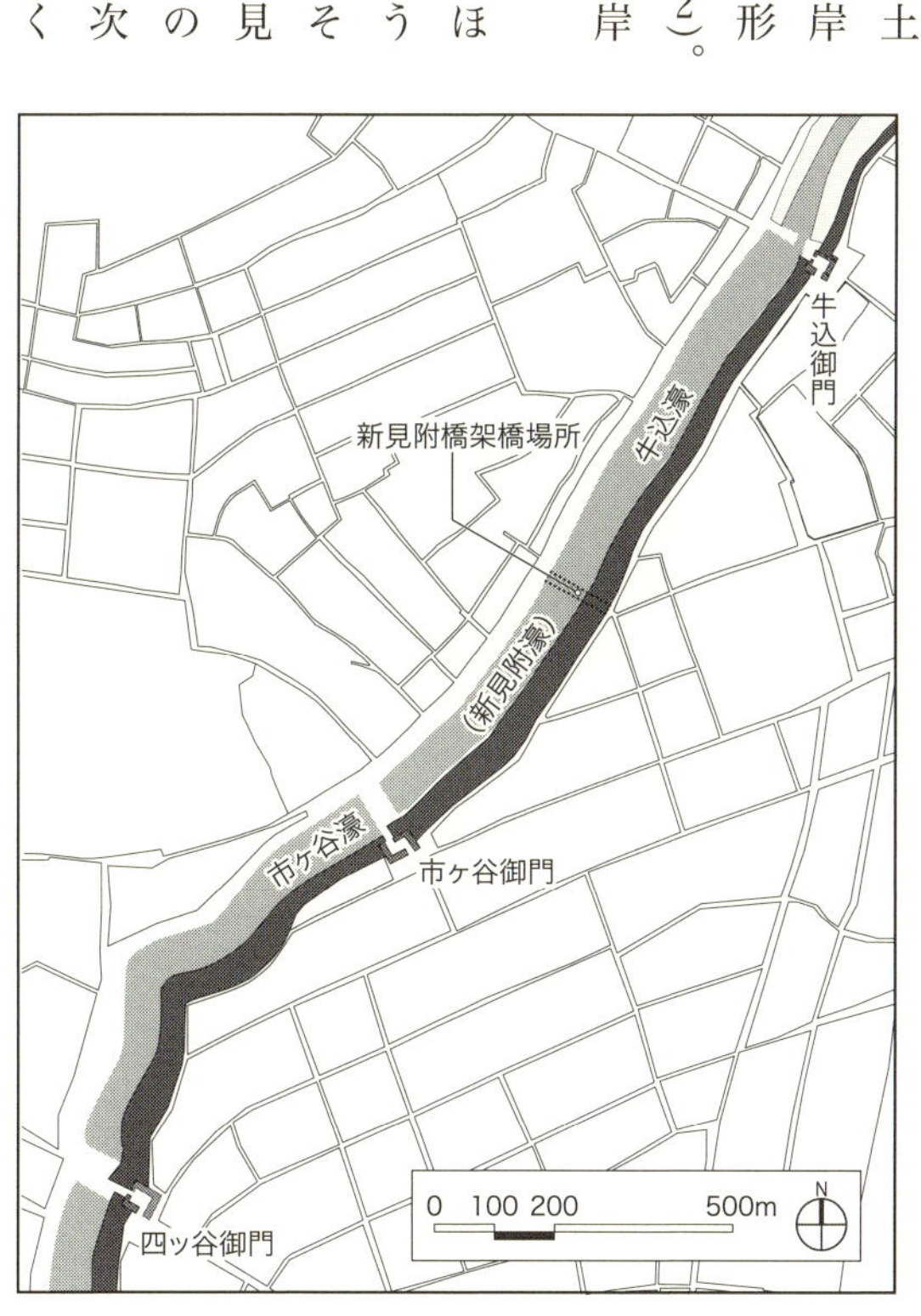

図5-1　明治初年頃の対象地（濃い灰色部分が土手を示す）

かぎり市ヶ谷から牛込を経て遠く小石川の高台を望む景色をば東京中での最も美しい景色の中に数えている。」と称えられるほど美しいものであったようだ。[5] しかし、不思議なことに江戸時代の土手の様子を描いた絵図などは、ごく一部を除いてほとんど存在しない[6]（図5－3）。対照的に明治以降は、鉄道が開通したこともあって、積極的に写真等に収められ、絵葉書のモチーフになるなど、東京のひとつの名勝ともなっていく。都市の要害からこうした親しみのある都市風景へと変貌していった事実だけをみても、土手という場所の意味が大胆に転換していったことが分かる。

図 5-2　外濠の右岸の切り立った崖の様子

図 5-3　近世期の牛込御門と外郭側の土手の様子

さらに、管理の状況についても確認しておきたい。上記のとおりふたつの濠は舟運利用ができない純然たる濠である。そのため、下流の飯田濠の土手が、官有地でありながらも明治政府による河岸地政策のなかで処理されていくのに対し、市ヶ谷濠と牛込濠の土手はこれには該当せず、あくまでも土手として、河岸地とは異なる次元で推移していくことになる。明治五年に、明治政府が実施した「河岸地其他取締[7]」を見てみると、「御郭周」と「濠端」に関して、「一、御郭廻リ堀端ノ儀ハ、無税ノ官地ニ付、是迄許可ヲ請相立候番屋ノ外、總テ建物日數三十日限リ取拂可申、尤置場ノ分ハ追テ相違候事。」とあるように、他の河岸地とは区別して、その処置に取り組んでいた様子が読み取れる。明治政府が、幕府から引き継ぐかたちで新たな主体となり、土手を官有地として管理していたのである。

こうして、市街地に取り込まれることなく、その形状を留めながら明治政府へと引き継がれていった市ヶ谷濠と牛込濠の土手であったが、実際には、陸軍による意向や、鉄道の敷設事業といった動向に取り込まれ、その影響下においてその性質を転換させていくことになる。本章で対象とする土手は、こうした異なる主体による意向が交錯する場所である。近代への転換期において、土手という特殊な場所にどのような力が作用し、またどのような空間がそこに表出することになったのか、以下本論で確認していく。

2 土手空間と鉄道路線決定の経緯

甲武鉄道の市内への延伸計画

明治初年頃、外濠は近世以来の姿をほぼ留めていた。巨大な水面は、明治という時代においては無用の長物であるとして、埋め立てて市街地にしようという動きが、この時代には幾つか散見される。しかし、これらは実現することなく、結果的に市ヶ谷濠・牛込濠の広大な空間は保たれていく。こうした経緯は、そもそも当時の明治政府や東京府が、これらの空間をいかに活用し、東京の都市機能として取り込んでいくかといった展望を持ち合わせていなかったことがその要因として考えられる。明治初期の外濠は、地目のうえでは官有地とされながらも、具体的な意味づけのないニュートラルな場所として存続していた。

こうした土地の性質が大きく転換するきっかけとなるのが、甲武鉄道による市街線の敷設計画である。甲武鉄道はもともと、新宿～羽村間の玉川上水の土手を利用した馬車鉄道の計画を発端として設立された鉄道会社である[8]。明治二二年の新宿～立川間の営業開始を嚆矢に、同年には八王子までの延伸を終え、その後新宿以東にあたる東京市街地への延伸が計画される。この延伸計画は、明治二二年当時、陸軍省の大山巌が小石川の砲兵工廠内に鉄道を敷設したいという相談を日本鉄道に持ち掛けたということを、甲武鉄道の役員であった雨宮敬次郎と岩田作兵衛が聞きつけ、これをきっかけに両氏によって企図されたものであるという[9]。

ここで想定されている路線は、「新宿停車場ニ起リ同所光國神社東北ノ裏手ヲ廻リ自證院ノ前通リヲ過キ坂町本村町ヲ經テ外濠ヲ横切リ市ヶ谷ニ出テ夫レヨリ外濠ノ内側ニ沿ヒ牛込門ヨリ小石川橋近傍ヲ經テ神田三崎町練兵場ニ達スル[10]」とされているように、外濠の土手を利用しようという計画であった（図5－4）。土手を利用するという発想自体は、市区改正委員会において既に前例のあるものではあったが[11]、甲武鉄道は設立当初の明治一六年にも、他の路線で玉川上水の土手を利用することを提案しており（実現せず）、土地の選定に関してはその場所性を特に考慮せず、地勢的な条件から計画遂行のために合理的な判断を下していたといえよう。こうした甲武鉄道による着想を通じて、外濠の土手は都市空間のなかの活用し得る空地としてみなされ、近代の鉄道計画のなかに取り込まれていく。

その後の路線計画は、最初期とは微妙にその全容を変えながら推移していくこととなるが、その背景には市区改正委員会や陸軍といった主体の意向が強く

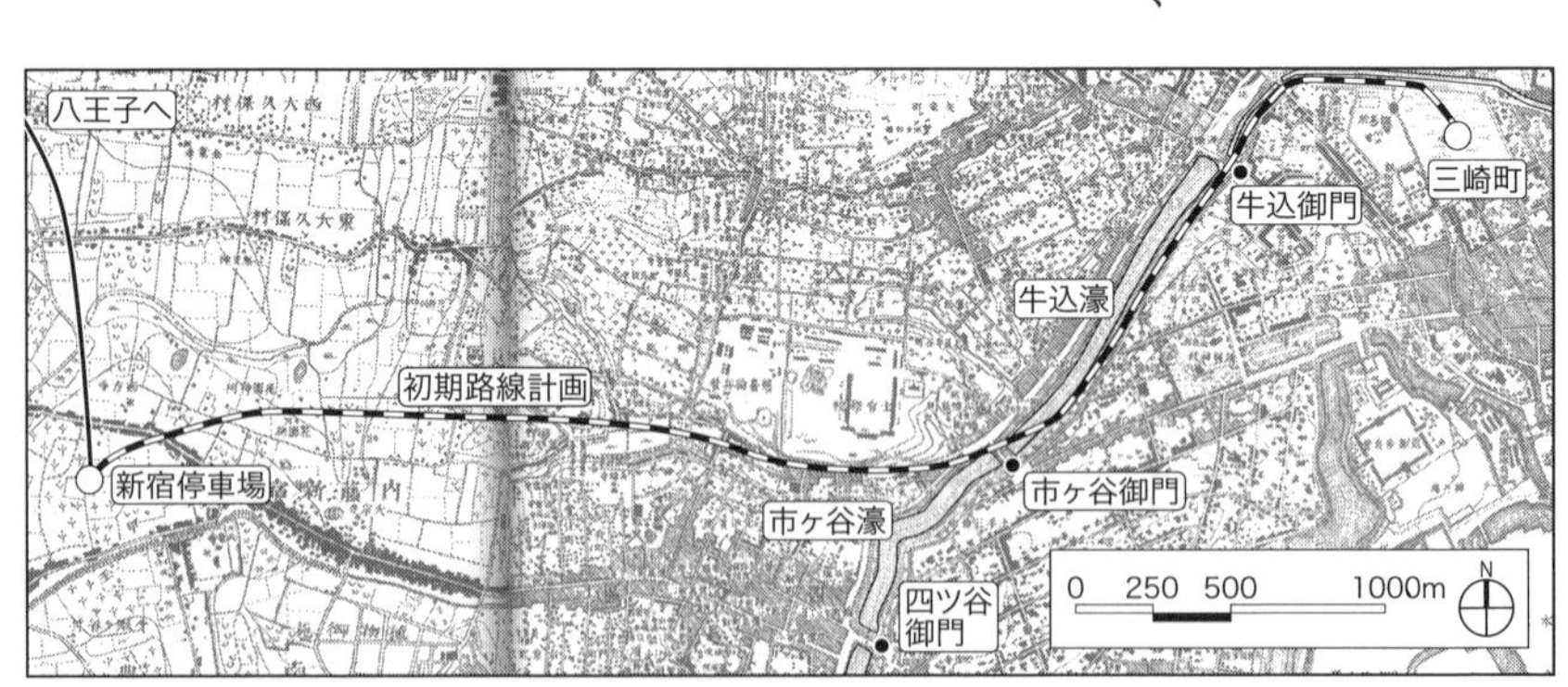

図 5-4　甲武鉄道による市内延伸計画の初期案（明治 22 年。実線は既存路線）

影響している。次項では、まず市区改正委員会において、甲武鉄道による路線計画案がどのように扱われたのかを概観していく。

市区改正委員会での議論

甲武鉄道の市内への延伸に関して、最初の議論が執り行われるのは、明治二二年六月の委員会においてである[12]。その題目は、先述の甲武鉄道による「新宿停車場ヨリ神田三崎町迄鉄道布設ノ件」に関して鉄道局から照会を受け、委員会がそれに関して意見を述べたものである。この一連の議論は、土手上の軌道と一般の道をいかに立体交差させるのかという点と、同時期に計画されていた新橋停車場と上野停車場を結ぶ市街鉄道の妨げにならないよう留意するという点の確認に終始し、詳細な検討は工事が具体化した段階で実施しようということで終了する。

この過程で注目されるのは、まず外濠の土手を利用するということに対して、異議が唱えられることなく、甲武鉄道の原案に示された路線計画がそのまま受け入れられているという事実である。市区改正委員会では、これに先立って検討されていた新橋停車場と上野停車場を結ぶ市街鉄道の路線計画に関しての議論で[13]、道路交通の妨げにならぬよう「外濠沿ヒノ塘堤」に軌道を設けることを一時的に構想しており、路線は異なるものの、外濠の土手を活用するという点において、甲武鉄道側の意向と認識が一致していたといえる。こうした過程を見ても、このとき外濠が特別な御郭の土手ではなく、計画遂行に好都合な空地として委員会側に概ね認知されていたことが読み取れる（次頁図5－5）。

そしてもうひとつ注目されるのが、路線の選定において、一般の道路と鉄道をいかに立体的に交差させるかということに対して、盛んに意見が交わされているという点である。甲武鉄道の路線案に対して、委員会ではまず「鐵道路線ノ踏切ハ甚タ危險ナルカ何ニトカ都合ヲ爲シ髙架鐵道ノ様ニハナラサルヤ」という意見から議論がはじめられ、その過程で外濠の土手をうまく利用すれば可能ではないかという意見が提示される。「小石川橋ノ所ヲ踏切ニセサルニハ牛込邊ヨリ勾配ヲ付シ漸次ニ上ル様ニナササルヘカラス尤モ飯田町ノ所ハ到底踏切ニセサルヲ得サレトモ牛込市ヶ谷邊ハ所謂高架ニシテ車馬ハ鐵道ノ下ヲ通ルコトニモ相成[14]」とあるように、外濠の勾配のある土手は、鉄道と道路の立体交差に最適な形状なのではないかということが指摘された。現在の中央線を見れば明らかだが、最終的には実際にこのようなかたちで施工されていくことになる（図5－6）。こうした外濠の地勢的な特性は、円滑に事業を遂行したい委員会にとってはまさに好都合な条件であり、土手に対するこのような見方が、計画の事業化を後押しするかたちになったという事実は見逃せない。ここでも、外濠の土手が特別な場所ではなく、都市内における便利な空地として認識されていたことが指摘できる。

　以上、都市内における空地という性質と、立体交差の問題を解決してくれる地勢的に好都合な性質という市区改正委員会による見方によって、鉄道計画が事業化され、土手空間の意味が大きく転換していく様子を確認してきた。次項では、もうひとつの重要な主体である陸軍の意向と、その影響による土手の空間的変化を見ていきたい。

図 5-5　土手を利用した鉄道敷設の様子（現在）

図 5-6　土手の高低差を生かした立体交差の様子（現在）

陸軍の意向

市区改正委員会において、外濠への路線計画が概ね了承された後、甲武鉄道では土手の形状を鑑みて具体的な敷設方法の検討が進められていく。起伏の激しい外濠の土手にいかにして軌道を敷くのかという問題に関しては、立体交差の重要性を示唆した先述の市区改正委員会の意向に加えて、路線周辺に多数の軍事施設を抱えていた陸軍省の要請が強く作用することになる。

まず、甲武鉄道によって最初に提示された明治二二年の路線計画は、陸軍省の意向によってその内容が変更されていく。以下の引用は、当時甲武鉄道の役員を努めていた雨宮敬二郎が、路線に関して陸軍大将川上操六から受けた要請を、後に自伝のなかで回想しているものである。「東京には今軍事停車場と云ふものがない（一部略）。就ては青山の練兵場、あすこへ新宿から持つて来れば陸軍省は十分保護してやるがどふする」[15]。さらに、先述のとおり、そもそも市街地への延伸計画は、日本鉄道が陸軍省から水道橋の砲兵工廠内に鉄道を敷設したいという相談を受けたことを、上記の雨宮らが聞きつけ、これに乗じて計画されたものである。それに加えて、陸軍としては後に設置される予定であった飯田町停車場を、砲兵工廠で生産される物資の供給地として活用していこうという意図があったことも、市区改正委員会での飯田町停車場をめぐっての議論から明らかである[16]。甲武鉄道の路線計画はこうした経緯から、新宿から信濃町を経て大きく湾曲しながら四ツ谷に至り、そこから外濠に沿って飯田町に至るルートが描き出されていった（次頁図5-7）。つまり、本計画はその初期段階から陸軍省の意向を強く意識したものであったことが指摘できる。

これらを踏まえたうえで、次に土手への具体的な敷設方法という段階において、いかに陸軍がその内容に関与していったのかを見ていきたい。市区改正委員会において、陸軍の土手に関する要請に対しての検討が試みているのは、明治二五年一〇月の「甲武鐵道線路延長ノ件調査ヲ了シタルニ由リ引續キ議事ヲ開ク」についての議論がその最初期のものとして確認できる。(17) 本案件は、その九日前に開かれた「甲武鐵道會社線路延長ノ件」の議論を受けて実施された、具体的な工事に向けての現地調査の報告と、それに対しての意見並びに工事方法の修正案の検討が行われている。ここで問題とされている事例のひとつに、四ツ谷見附から市ヶ谷見附の間への軌道設置についてのやり取りを挙げることができる。この区間の土手は、四ツ谷から市ヶ谷方面に向かって北東へ大きく湾曲した形状となっており、甲武鉄道の原案ではこの土手を崩して切り通しの軌道とする計画が立案されていた。これに対して、湾曲部の手前からトンネルを掘って開通させる新たな案が本会のなかで検討されている（図5－8）。このとき、土手の現地調査を行った委員から、トンネル案への修正を求めたいという意見が報告されているが、その背景には陸軍省から以下のような要請が提示されていたのであった。「彼ノ市ヶ谷門ノ處へ出ル軌道モ此角ヲ曲リナリニ布設スル爲メ濠ヲ埋ルトノコトナルカ此角ヨリ市ヶ谷門ニ至ルノ間ハ濠モ斜メニ狭クナリ居リ殊ニ陸軍省ニテモ軍事上狭ムルヲ好マサル由ニ付キ恰モ本員等ノ意見ト暗合スルヲ以テ此場所ハ是非隧道ニ改メラレンコトヲ欲ス」。(18) こうした要請を受けて、当区間には隣接地の町名から三番町隧道と名づけられたトンネルが開通することにな

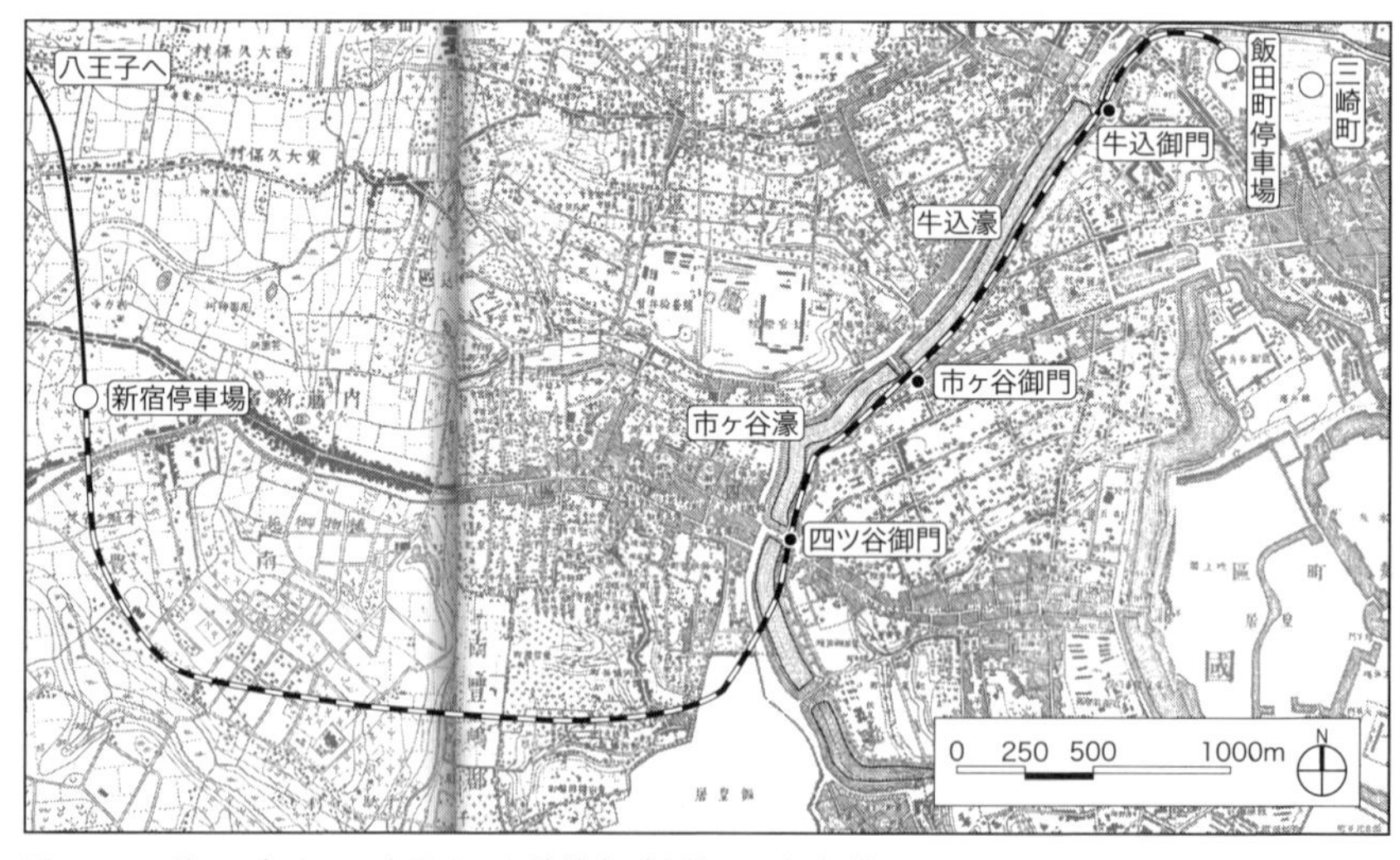

図 5-7　明治 25 年までに変更された路線案（実線は既存路線）

る。一八七頁の図5－21[19]の左奥と、図5－9[20]はその三番町隧道を写したものであるが、土手の湾曲した部分をくり抜いて開削されている様子が見て取れるであろう。トンネル案を推す委員会の意見と、濠幅が減衰することを嫌う陸軍省の態度が一致し、そのことが計画案をとりまとめていくうえで重要な動機となっていた。

さて、陸軍省の濠幅を減衰することなく留めておきたいという意見は、実は市区改正委員会での議論に先がけること一ヶ月前、甲武鉄道に対して既にその旨が伝えられている。陸軍省は明治二五年九月に、甲武鉄道に対して市街延伸計画の設計に対する六箇條の要請を提出している[21]。そのうちの第三條は、「四谷見附ト市ヶ谷見附ノ中間ニ線路ノ凸出スルハ濠幅ヲ減スルヲ以テ線路ヲ移變シ隧道ヲ設クヘキ事」となっており、先述の委員会での議論の際に示された意向が、この段階で既に提示されていることが確認できる。さらに注目されるのは、第二條の内容も、四ツ谷停車場の設置にあたって「要塞地ノ障碍力」を維持するために濠幅を減衰させないということを求めたものであり、六箇條のうち二箇條までが濠幅の維持に関する要請であったことが分かる。こうした陸軍の意向は、土手への軌道敷設方法の具体案に

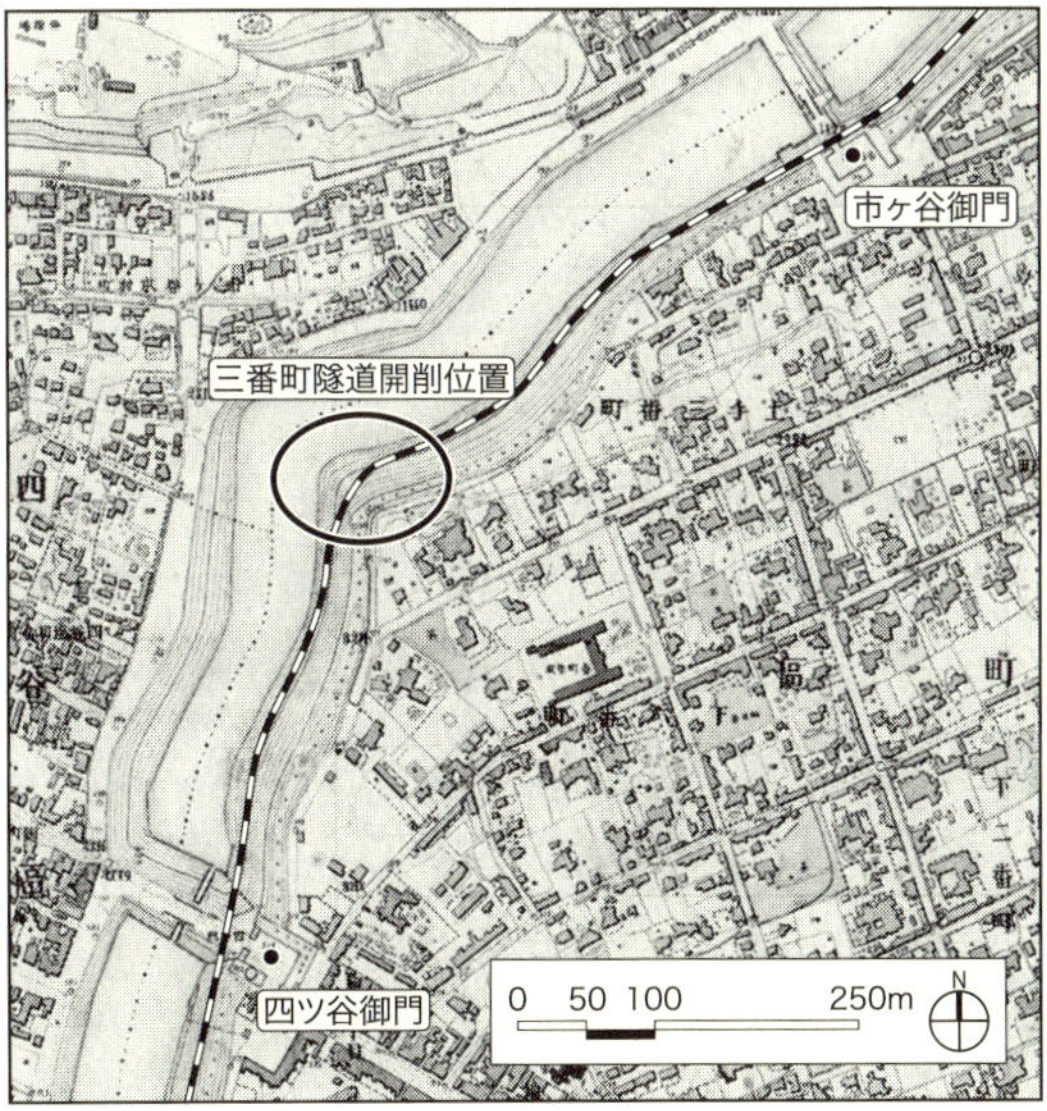

図 5-8　三番町隧道の開削位置

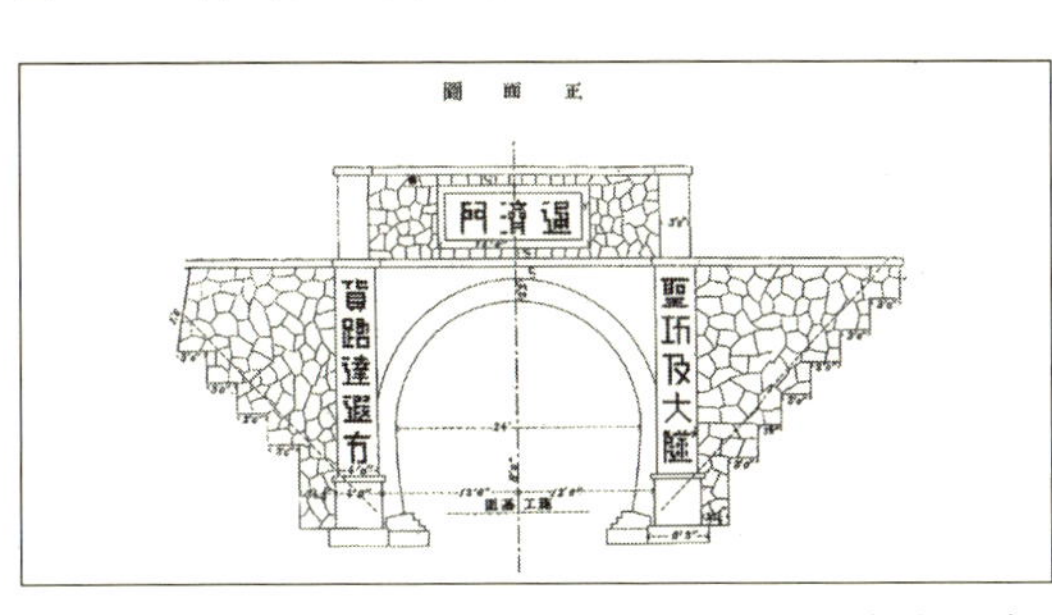

図 5-9　三番町隧道の入口の立面図（原図の汚れは削除した）

影響を及ぼし、外濠全体の輪郭が、大きく埋め立てられることなく、近世期のまま留めるかたちで工事が遂行されていくことに繋がっていった。

以上、陸軍省の外濠の土手に対する意向が、路線計画の具体的な敷設方法という段階で、その内容に影響を与えていったことを明らかとした。このとき、鉄道による輸送力を期待する陸軍にとって、外濠の土手とは鉄道計画遂行のための好都合な場所であると同時に、都市防衛のための障壁という外濠本来の意味をも同時に内包させた多義的な空間であったことが伺える。明治期に管理主体とその意味を喪失した外濠は、このような近代の主体による意向の下で、新たにその空間的な輪郭を帯びていく。

市区改正委員会の意向

次に、全体の計画に影響を与えた主体として市区改正委員会に注目し、土手に対する意向とその動向を確認していきたい。

市区改正委員会で最初に甲武鉄道の延伸計画に関しての議論が行われるのは、先述のとおり明治二二年六月の委員会においてである[22]。これ以降、委員会での議論は一旦中断となるものの、計画案がより具体化しつつあった明治二五年一〇月一九日に、内務大臣から再度照会を求められたことをきっかけに、「甲武鐵道會社線路延長ノ件」に関しての議論として再開される。そして、その九日後の明治二五年一〇月二八日、現地調査を踏まえての「甲武鐵道線路延長ノ件調査ヲ了シタルニ由リ引續キ議事ヲ開ク」の議論のなかで、より詳細な検討が実施されていく。まずは、このときの議論の内容に追ってみたい。

市区改正委員会では、一〇月一九日の議論の際に、甲武鉄道に対して次の四箇條の条件を提示することを検討している[23]。

第一　市區改正ノ道路等ニ関係ヲ有スル場所ニシテ鐵道線路ニ該ル所ハ他日市區改正起工ニ際シ會社ノ自費ヲ以テ改築セシメ改正事業ニ毫モ障害ヲ與ヘサル様東京市參事會ト協議セシメ豫メ約束ヲ定ムルコト

第二　市ヶ谷門外ノ鐵道線路ハ市區改正ノ設計タル五等道路ヲ斜メニ踏切リ不都合ノミナラス本道路ハ車馬ノ通行モ自然頻繁ヲ告クヘキ場所ナレハ後來大ナル差閊ヲ生スヘシ故ニ東京市參事會ト協議ノ上今少シク位置ヲ變更シ成ルヘク石垣ヘ添フテ軌道ヲ敷設セシムル様ナスヘキコト

第三　壘上ノ樹木ハ古來ヨリ養成シ來リタルモノニテ殊ニ人口稠密ノ市内ニ在リテハ多ク得難キノ老樹ノミナラス之レカ爲メ大ニ其風景ヲ增シ雅致愛スヘキモノナレハ成ルヘク樹木ヲ伐採セサル様注意セシムヘキコト

第四　壘頂壘裾等總テ往時ノ大計畫ニ成リタルモノニテ殊ニ四ツ谷牛込間ノ眺望ノ如キ實ト二無類ノ風致ヲ有シ一層全市ノ美觀ヲ添フルモノナレハ軌道布設其他一切ノ工事ニ於イテモ充分ノ注意ヲ加ヘ風致ヲ損セサル様起工スヘキコト

本条件は一九日の議論では先送りとなり、委員による現地調査を経た二八日の議論において、内容についての修正、ならびに検討が加えられていく[24]。このとき、第三條・第四條に見られる土手の風致に関する議論、特に重要な争点として樹木の伐採に関して意見が交わされている。

例えば、第三條に関連した議論のなかでは、「飯田橋ヨリ小石川橋ノ間ニ係ル軌道ハ土堤ノ中心ヲ通スル設計ナレハ其木立ハ無論取拂ヲ要スルトノコトナリ果シテ然ラハ實ニ美觀ヲ損シ殺風景ノ至リナラスヤ依テ土堤ノ中腹ニ軌道ヲ移セハ此害ヲ免カルヘケレ成ヘク美觀ヲ損セヌ様爲シタキ」という意見が見られる。土手の樹木を伐採しないために、軌道は土手の中腹に設置しようという提案であるが、風致に配慮したこうした意見に対して、他の委員からは「風致ヲ損セサレハ差閊ナシ」といったように、概ね好意的な意見が寄せられていく(前掲図3－4の左側の土手)[25]。

また、第四條にあたる、四ツ谷市ヶ谷間のトンネル設置に関しての議論のなかでも、風致という観点から土手形状の維持にこだわっている様子を伺うことができる。先述のとおり、濠幅の維持にこだわっていた陸軍に対して、市区改正委員会の意向は「風致ヲ殺クノ處アルモノナレハ隧道ニ改ムルハ至極結構ナリ」という態度に起因するものであった。それぞれに事情は異なるものの、委員会では「双方ノ利益ナルヘシムト思惟セリ」として、この条件を甲武鉄道に提示することで決議していく。

こうした一連のやり取りのなかで注目されるのは、全体の路線計画において、立体交差という観点から土手の活用を奨励していた市区改正委員会が、実際の軌道敷設という段階に当たっては、風致といった観点からむしろ土手の形状を維持すべきであるという態度を示したことである。先の陸軍と同様に、近代事業を推し進めたい委員会にとって、外濠の土手がそうした時節に応じた要請を容易に受容し得る好都合な場所であったことが伺える。しかし重要なのは、それと同時に、江戸城の御郭濠でもあるという特別な見方が混在しているという態度を垣間見ることができるという点である。その後、委員会によって提示されたこの四箇條は、多少の修正も加えられながら[26]、明治二五年の一一月二五日には甲武鉄道に対して正式に提示され、その後の軌道敷設工事に対して一定の拘束力を持ちながらその内容に影響を与えていく。

以上のように本節では、市区改正委員会や陸軍、そして甲武鉄道といった存在が、土手空間の改変や維持を担う主体として影響力を発揮していたことを、鉄道の市街延伸計画をめぐっての動向から明らかとした。次節では、ここまで見てきたような土手空間に関わるそれぞれの主体の意向が、実際の工事の段階でいかに影響力を発揮し、全体の空間特性を左右していったのか、主に甲武鉄道による実際の土手改変の取り組みのなかから見ていきたい。

3 開かれる外濠

土手の開放

前節で見てきたように、甲武鉄道による路線計画は、市区改正委員会と陸軍による意向に左右されるかたちで事業化されていった。土手に関わる主体それぞれの意向が交錯するなかで、甲武鉄道によって導き出された外濠の土手への対応は、既存の形態・状況を可能な限り留めながら軌道用地として活用していくものであった。こうした経緯を経て、明治二六年三月一日、甲武鉄道に対して新線敷設の本免状が逓信省より下付されることになる。これを受けて、同年七月五日に新宿〜飯田町間の工事が始められ（図5－10）[27]、明治二八年四月三日には飯田町停車場の営業が開始される[28]。完成した飯田町停車場は、次頁の図5－11[29]、図5－12[30]が示すとおり、甲武鉄道の終点であると同時に、貨物線を引き込んだ広大な物流の拠点ともなっていた。

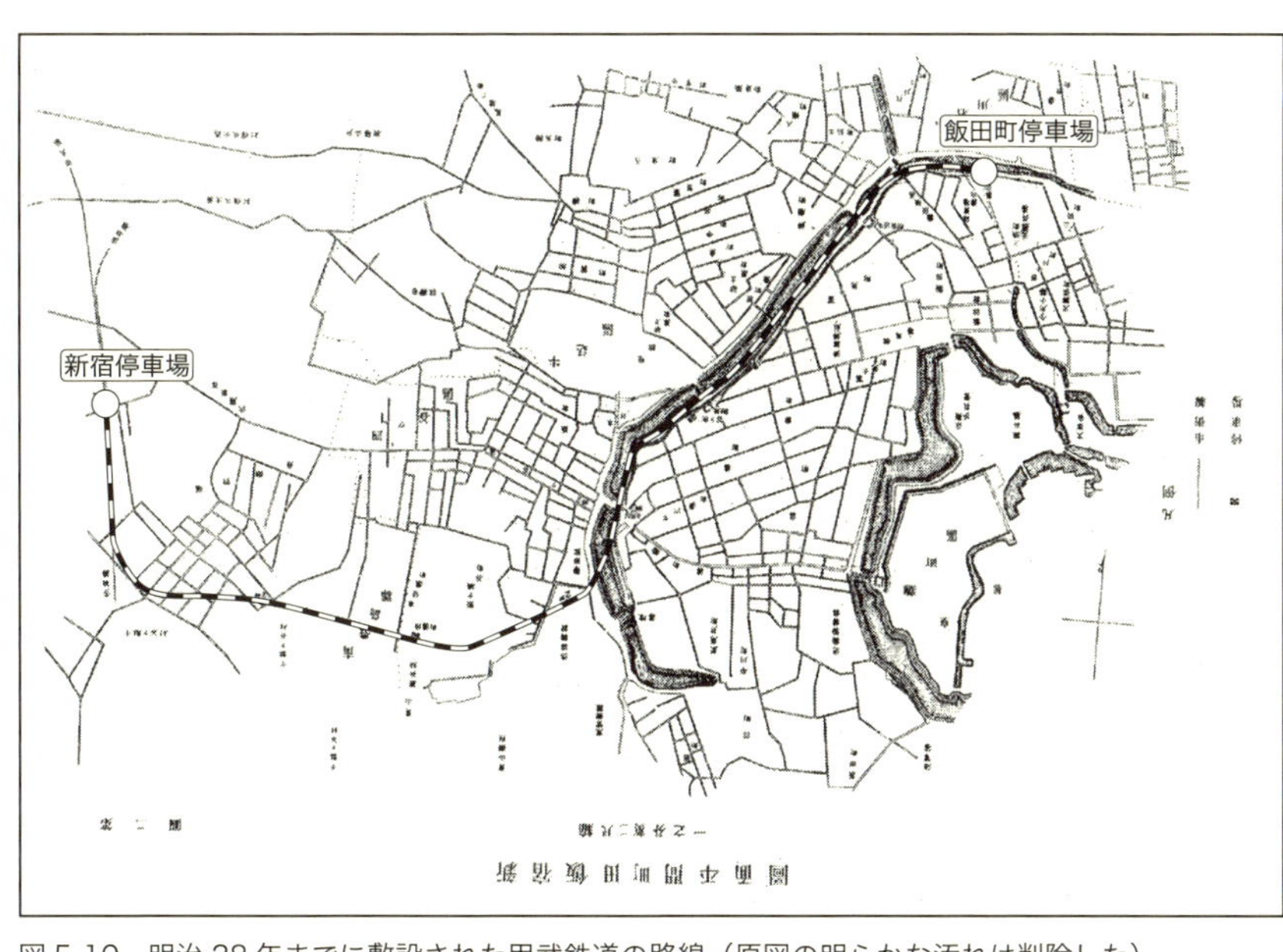

図5-10　明治28年までに敷設された甲武鉄道の路線（原図の明らかな汚れは削除した）

およそ一年半に及ぶ工期を経て、築き上げられた市ヶ谷〜飯田橋間の土手は、全体的には現況に配慮することが意図されながらも、細部では土手の形状を部分的に改変している箇所が幾つか存在している。例えば、牛込停車場では牛込区側からホームへと渡る通路とする目的で、牛込見附橋傍の濠の一部が埋め立てられているし、牛込並びに市ヶ谷停車場には、それまでの土手に見られないツツジの木が新たに植樹され、その景観を一変させている。要するに、それまで都市における障壁であった外濠の土手が、ある種の公共的な場所として開放されていったのである。こうした変化は、鉄道敷設事業を通じて外濠の性質が大きく転換したことを意味している。

　しかし、これらの空間は、甲武鉄道の意向が全面的に反映された結果生まれたものではなく、前節と同様に市区改正委員会の意向が、その工事期間において反映され、実際の現場レベルに強く影響を与えたことで導かれたものである。こうした経緯から、明治期の土手空間の形成過程を明らかとしたい。

図 5-11　飯田町停車場駅舎

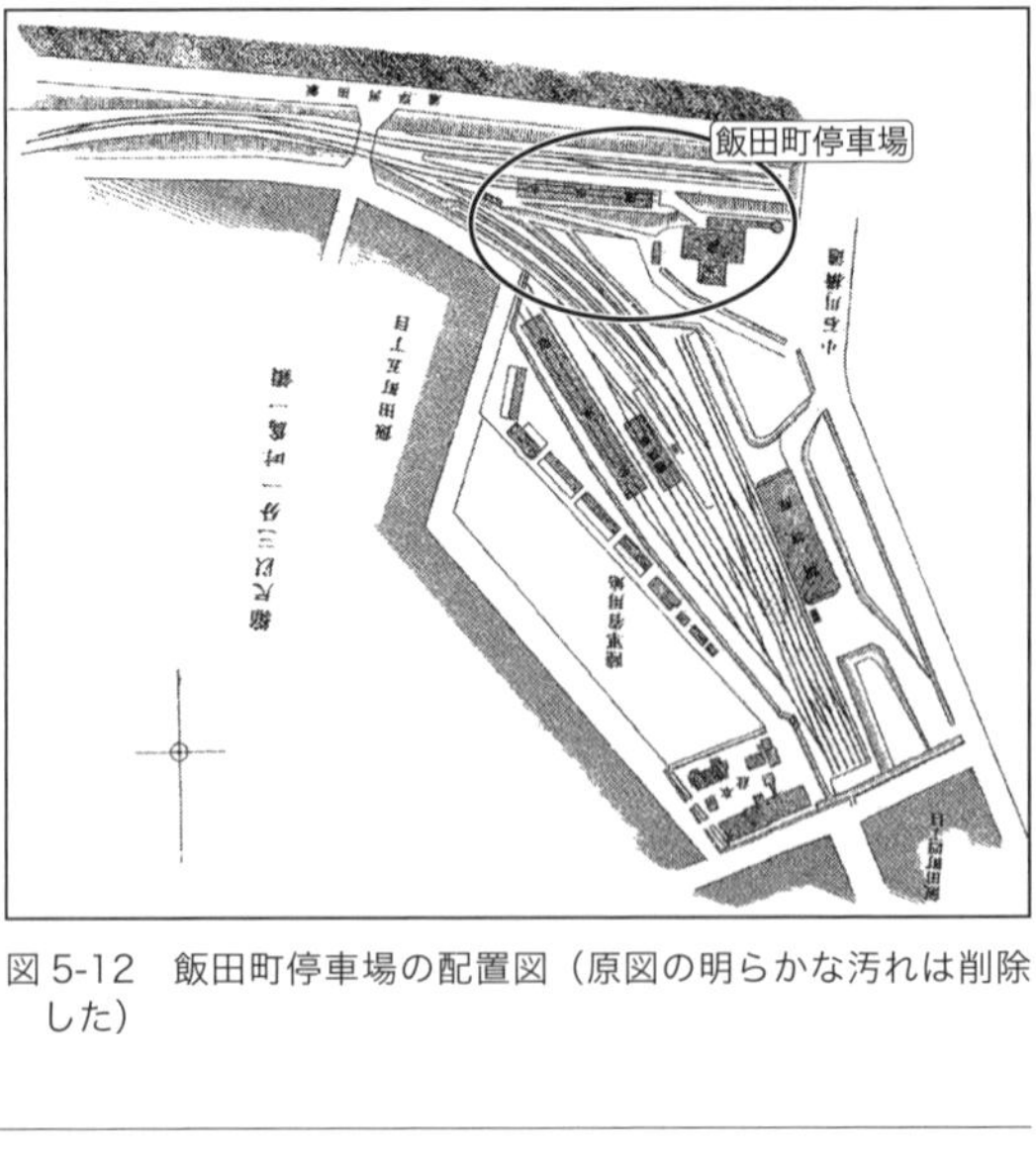

図 5-12　飯田町停車場の配置図（原図の明らかな汚れは削除した）

風致という観点からの鉄道工事への制約

甲武鉄道による市ヶ谷〜飯田町間の鉄道敷設工事がはじめられると、市区改正委員会では前節で示した四箇条が厳守されているのかを定期的に監視していくことになる。明治二七年七月一二日に実施された委員会では、五名の調査員による調査結果を通じて、委員会による四箇條の内容に抵触する工事状況などが、以下の五項目のように報告された[31]。

一、牛込門外道路ニ係ル勾配ハ成ルヘク舊形ニ比シ大差ナカラシムルタメ阪下ヨリ盛土ヲ爲シタルモノナルヲ以テ曾テ本會ヨリ答申シタル趣旨ニ反スルノ點ナシト認ム
一、牛込橋以西右側ノ外濠ヲ埋立テ以テ同停車場ニ達スヘキ通路ヲ設ケ及市ヶ谷門外ヘ停車場ヲ設ケントスルハ諮門外ノ事柄ナリト認ム
一、四ツ谷門内紀尾井町六番地先ヨリ同停車場ニ達スヘキ通路ノ開鑿ヲ爲サス却テ之ヲ杜塞スルカ如キ工事ヲ爲シタルハ諮問ノ事實ニ反スルモノナリト認ム
一、土堤削落、外濠埋築其他總テノ工事ハ粗畧ニシテ大ニ風致ヲ損スルコトナキ能ハス殊ニ石垣ノ築造ハ粗材ヲ供用シ不整理少ナカラスト認ム
一、土堤削落、外濠埋築ハ往々許可ヲ経タル區域以外ニ渉ルモノアリト認ム

ここで提示された五項目は、いずれも外濠の風致を損なうことを懸念する委員会の意向を反映した内容となっている。本会議では、こうした状況を改善するため、東京府知事の照会を経て甲武鉄道に対して一定の処置を講じることが可決されるが、その議論の過程では、やはり風致という観点から、甲武鉄道による土手の処置を問題視する意見が目立つ。

例えば、調査委員を務めた松田秀雄は議論の冒頭で甲武鉄道の工事状況について、「其工事ハ設計ニ違ヒタル場所アルノミナラス大體上頗ル粗畧ナルヲ以テ本會カ希望ノ一要件タル美觀ヲ損スル所少ナカラス[32]」と述べている。ここでは、甲武鉄道による工事が想定を超えた範囲で実施され、粗略な工事が執り行われている実態から、土手の風致が損なわれていく状況が危惧されている。

さらに松田は、第三項の四ツ谷停車場に至る通路開削についての案件を提示した理由として、「同會社ハ偏ニ金ノ費ヘサル仕方ヲ爲シ同シ石垣中ニモ甚シキ粗石ヲ用ヒタル箇所アリテ自然風致ヲ損スル[33]」と述べており、今後の土手の状況に不都合をきたさないためにも、工事状況を十分に監視することが必要であると訴えている。甲武鉄道の工事状況、あるいはその計画に対して、主に風致という観点から議論が進められていることが伺える。

こうした意向は、土手に植生する樹木への配慮にも見出すことができる。同会議では、甲武鉄道が市区改正委員会の照会を得ずに、市ヶ谷停車場の設置工事を独自に進めていることが問題視されているが、その一連の議論の過程で重点的に意見が交わされたのが、土手の樹木（図5－13[34]）の伐採をめぐっての事項である。その議論では、「伐採シタル樹木ハ果シテ其許可以内ノ區域ニ於テセシヤ將タ以外ニモ伐採セシモノアラハ其時ハ實ニ不都合ナラスヤ[35]」と述べられているように、委員会の感知していない区域で、樹木の伐採が無断で進められることを懸念している様子が読み取れる。既に認可されていた軌道用地とは別に、停車場用地として甲武鉄道が独自に樹木の伐採を進めていたことが問題視されたようだ。この問題は、委員会による再調査の後に、停車場の設置と樹

図 5-13　市ヶ谷停車場付近の樹木の様子（明治時代中期）

木の伐採がともに承認されていくことになるが、再調査を提案した森田委員によれば、本問題は「帝都ノ外貌山水ノ明媚等ニ関係ヲ有スルモノナレハ充分取調フルノ必要アリト信ス」(36)としており、東京の風致に関わる問題として、土手の樹木の伐採に関わる問題を見ていたことが分かる。

さらに、新宿～飯田橋間の営業開始後にも、市区改正委員会による土手の樹木に関する要請は見受けられる。下の図5-14・5-15、次頁の図5-16・5-17、図5-18・5-19(37)はそれぞれ四ツ谷、市ヶ谷、牛込の各停車場に新たに設置される通路を示しているが、飯田町停車場が開業して直後の明治二八年六月二五日の委員会では、これらの通路の是非について検討が行われている。本議論は、東京府に対して甲武鉄道社長三浦泰輔が申請した土手借用の願い出を、市区改正設計に関わる問題として東京府知事から委員会が照会を受けたことで実施されたものであるが、ここでも風致あるいは美観という観点から、土手の樹木を必要以上に伐採することを危惧している態度を見出すことができる。結果的に議論自体は、美観を損ねないことを徹底

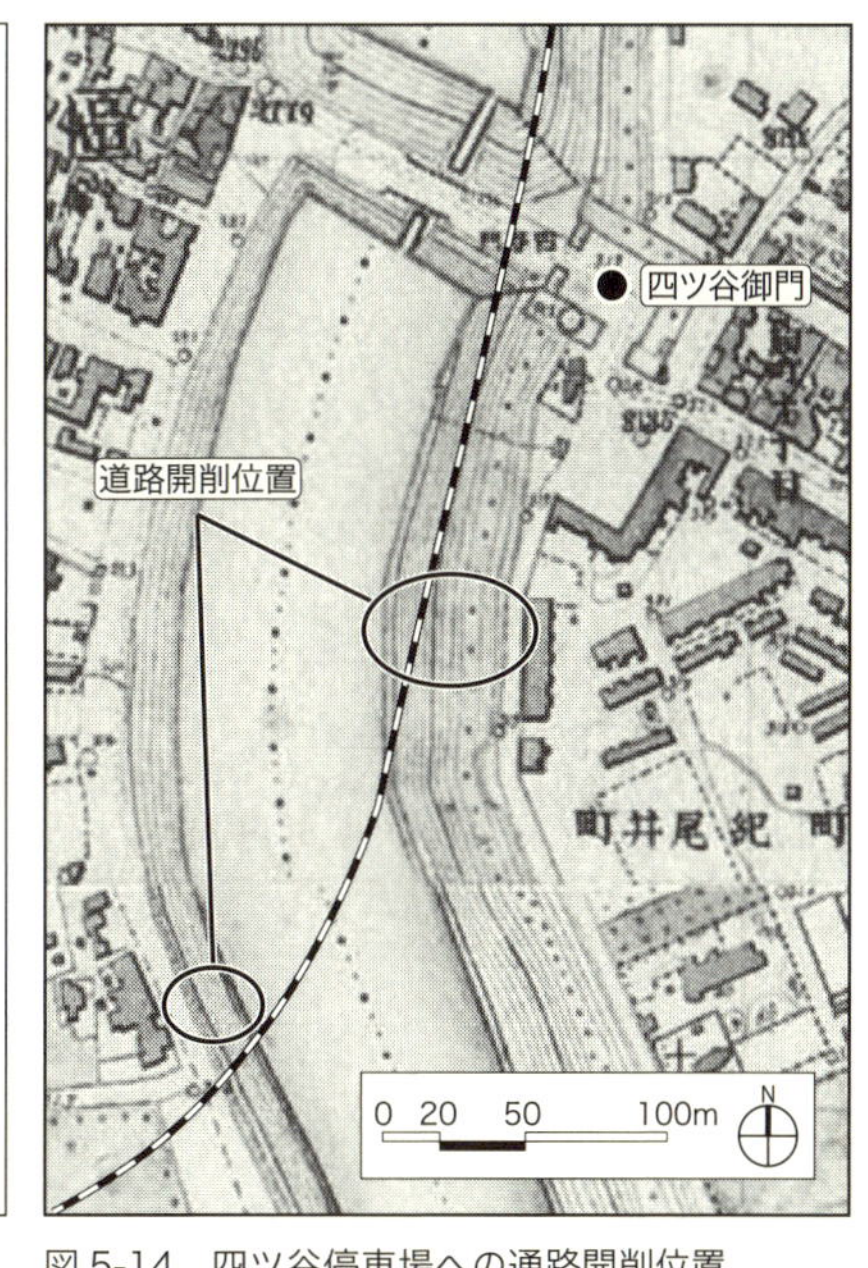

図 5-14　四ツ谷停車場への通路開削位置

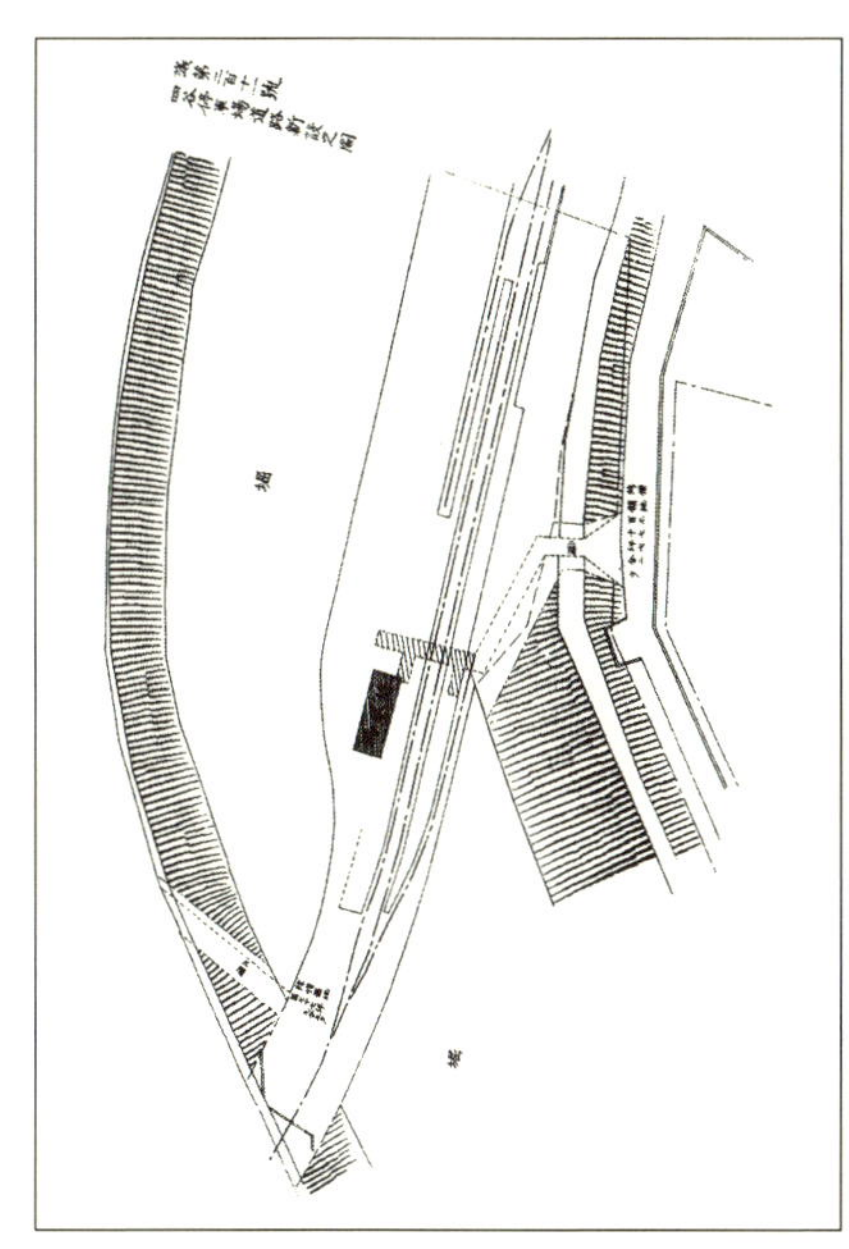

図 5-15　四ツ谷停車場の開削通路計画図

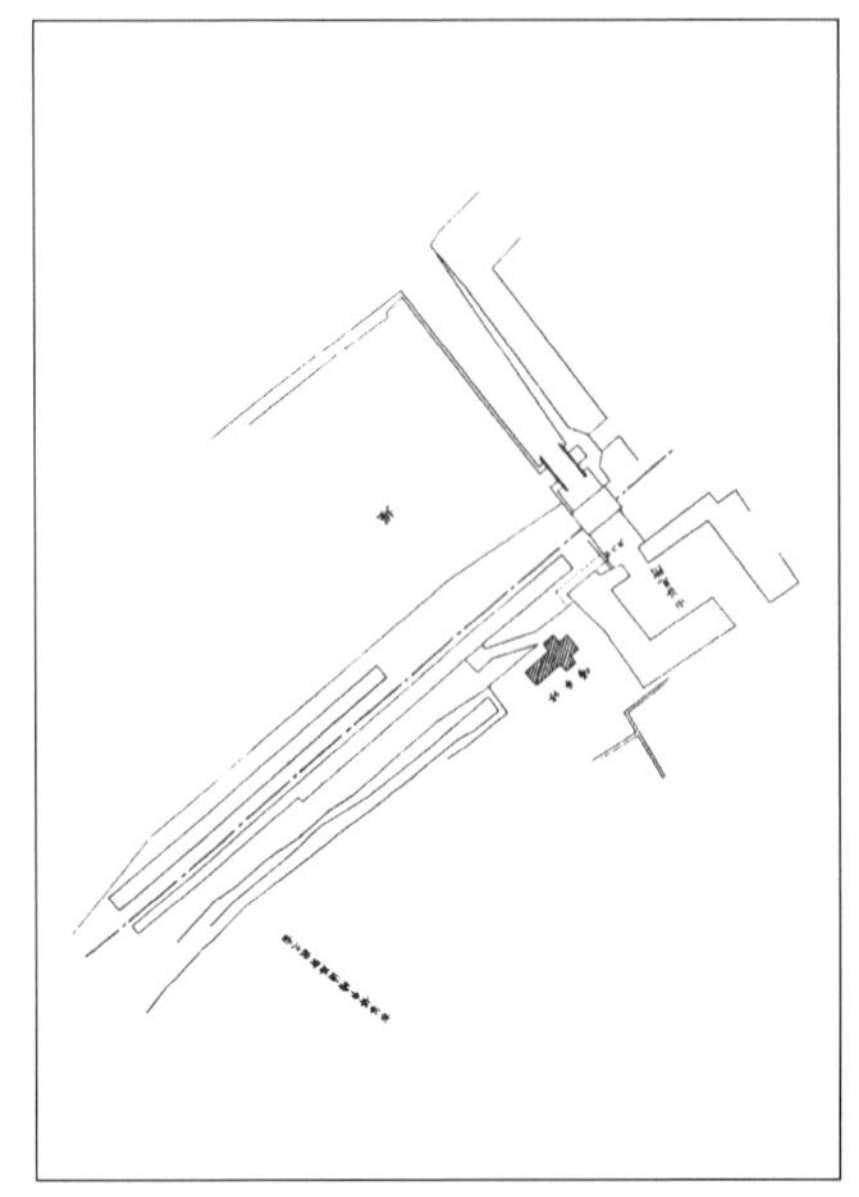

図 5-17　市ヶ谷停車場の開削通路計画図

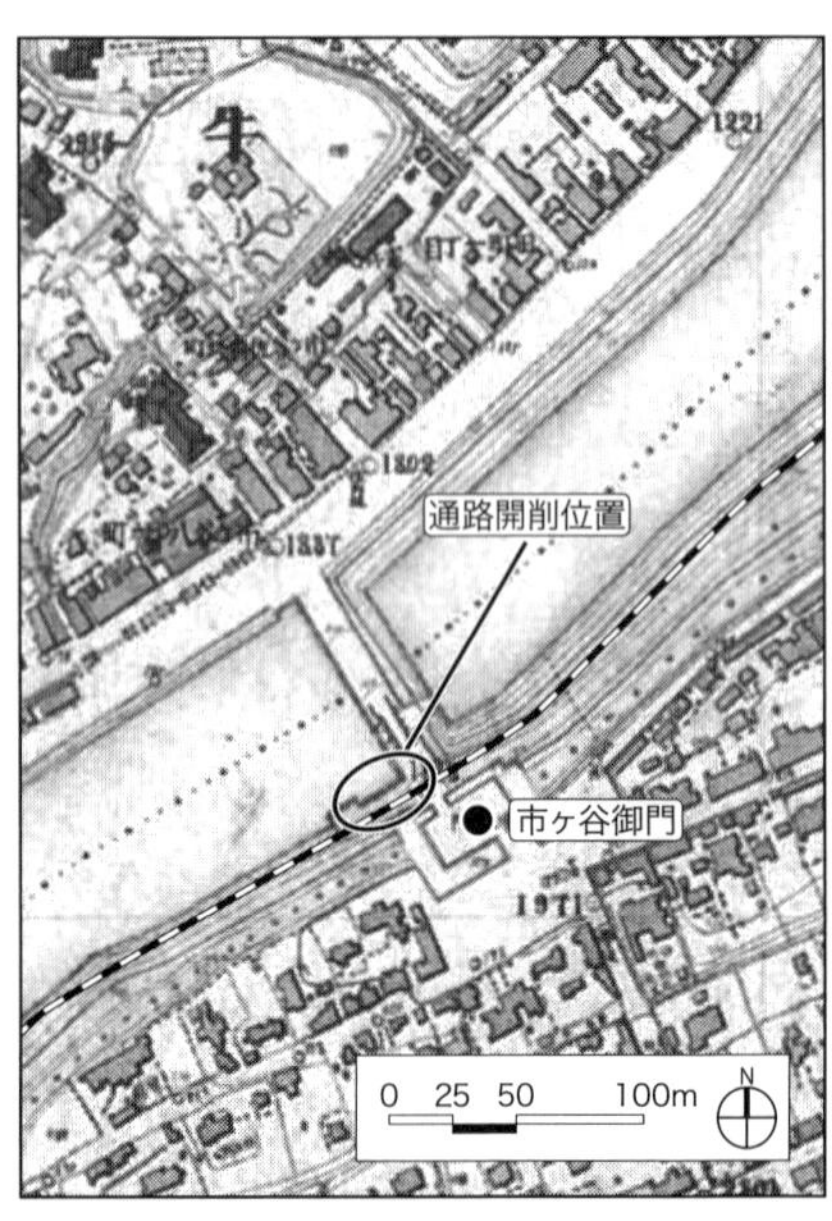

図 5-16　市ヶ谷停車場への通路開削位地

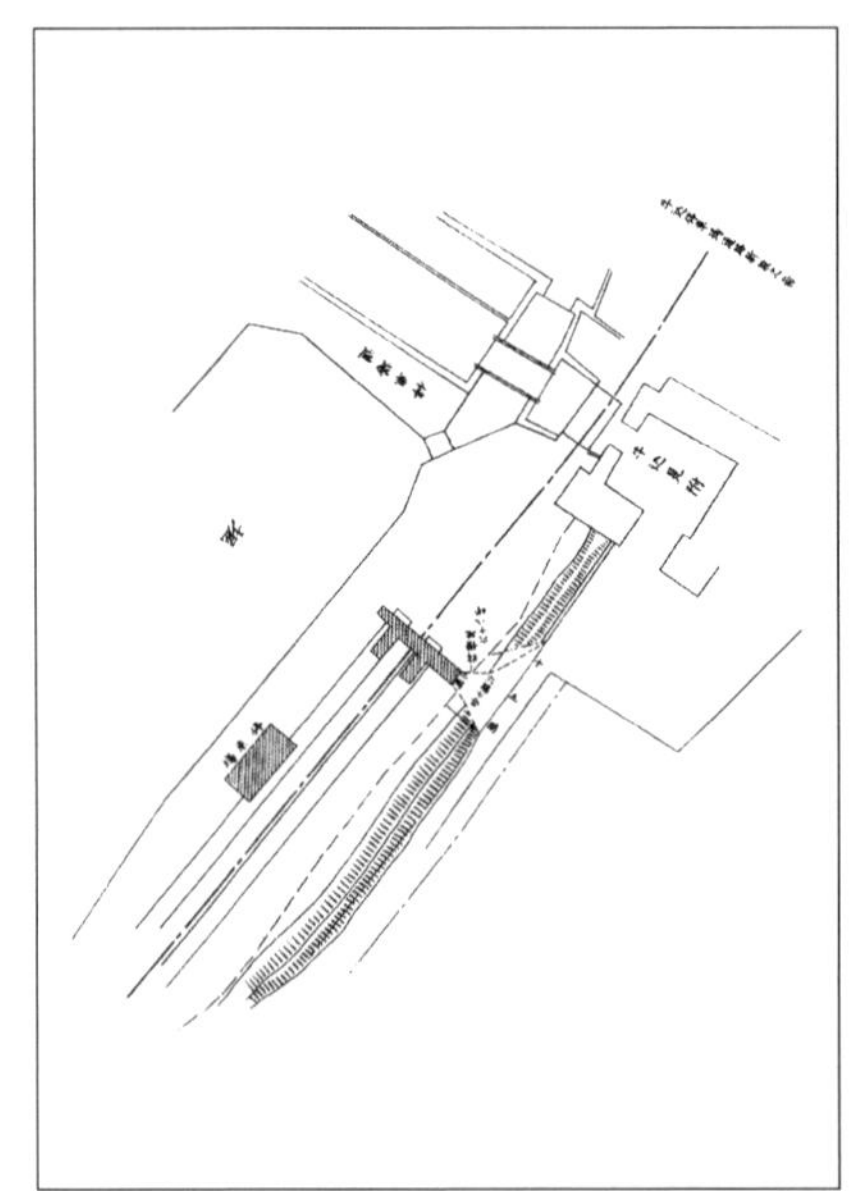

図 5-19　牛込停車場の開削通路計画図

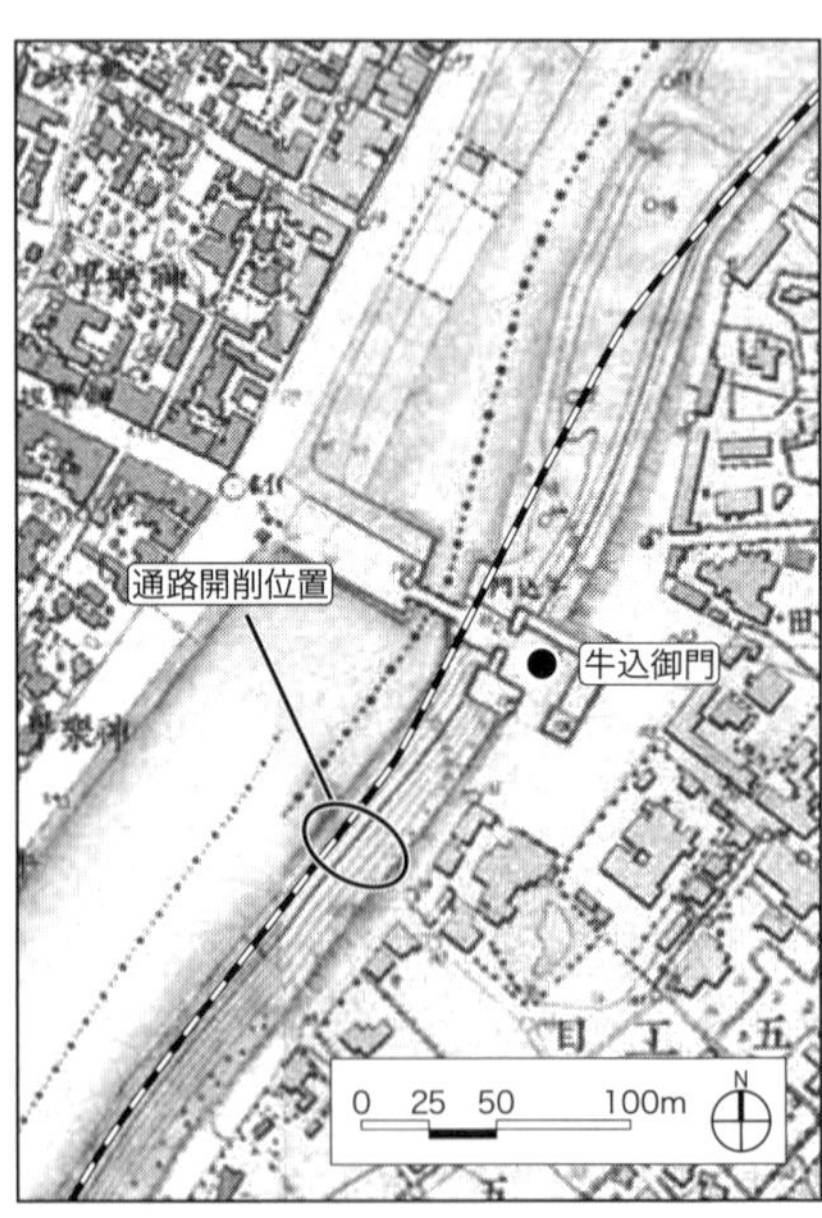

図 5-18　牛込停車場への通路開削位地

するために、調査員を派遣することを決定するが、曽根委員の「樹木ヲ伐採セヌト云ウ處ハ判然セス又大ニ懸念ナキ能ハサレハ充分調査セラルル様致シタシ[38]」という発言からも、樹木を美観上重要な要素と位置づけ、配慮を求めていこうという姿勢を伺い知ることができる。このように、甲武鉄道による実際の工事段階においても、市区改正委員会は風致という観点から、特に土手の樹木に対して度々の要請を行っていたのである。

さて、このような樹木に関する案件が、市区改正委員会において取り上げられているのは、土手に新設される各通路が、市区改正設計による道路と交わっていることによるものである。つまり、上記のような市区改正委員会の土手の風致に対する意向は、あくまで市区改正計画の管轄内においてのみ見られるものであり[39]、それは外濠全体の景観を捉えたものではなく、植栽や土手の保全を通じて、局所的に体裁をなすことに注力しているようにも見受けられる。外濠全体を東京のなかでどのように位置づけるのかという、全体性についての議論はなされないままに、あくまで部分的な保全に最善を尽くすことが、この時代の外濠に対する処置でもあった。

停車場通路に関する議論のなかでは、森田委員が停車場の調査方針について発言しているが、その内容は利便にのみ執着し、濠の美観を損ねるような鉄道計画なのであれば、少なくとも各停車場はその風致に充分に配慮したものでなくてはならないといった意図の発言を行っている[40]。結局それぞれの停車場通路は、特に問題がないとされ、概ね計画案のとおり実現することになるが、市区改正委員会のこうした意向は、鉄道全体の路線計画とは異なるレベルで、土手の部分的な空間変容に影響を与えていったと言えよう。

近代の土手空間の成立

鉄道計画という近代の新たな事業は、外濠の土手空間をそれまでの形態を概ね留めるかたちで推移していった。こうした背景には、これまで見てきたような、濠全体の形態に関わる問題と、停車場を介しての細部に関わる問題において、市区改正委員会による風致という観点から事業をコントロールしようとする意向があったことが明らかとなった。本節では、こうした背景のもと、甲武鉄道によって実際に築かれた土手空間を復元的に見ていくことで、近代の外濠に築かれた空間の特質に迫っていきたい。

まず、甲武鉄道によって築かれた、四ツ谷〜牛込停車場までの土手とその路線を見てみたい。図5－20を見ると、四ツ谷停車場から土手の中腹部に通された軌道は、市ヶ谷見附橋と牛込停車場の下をくぐり、そこから土手の上面へと抜けていくような路線をとり、終

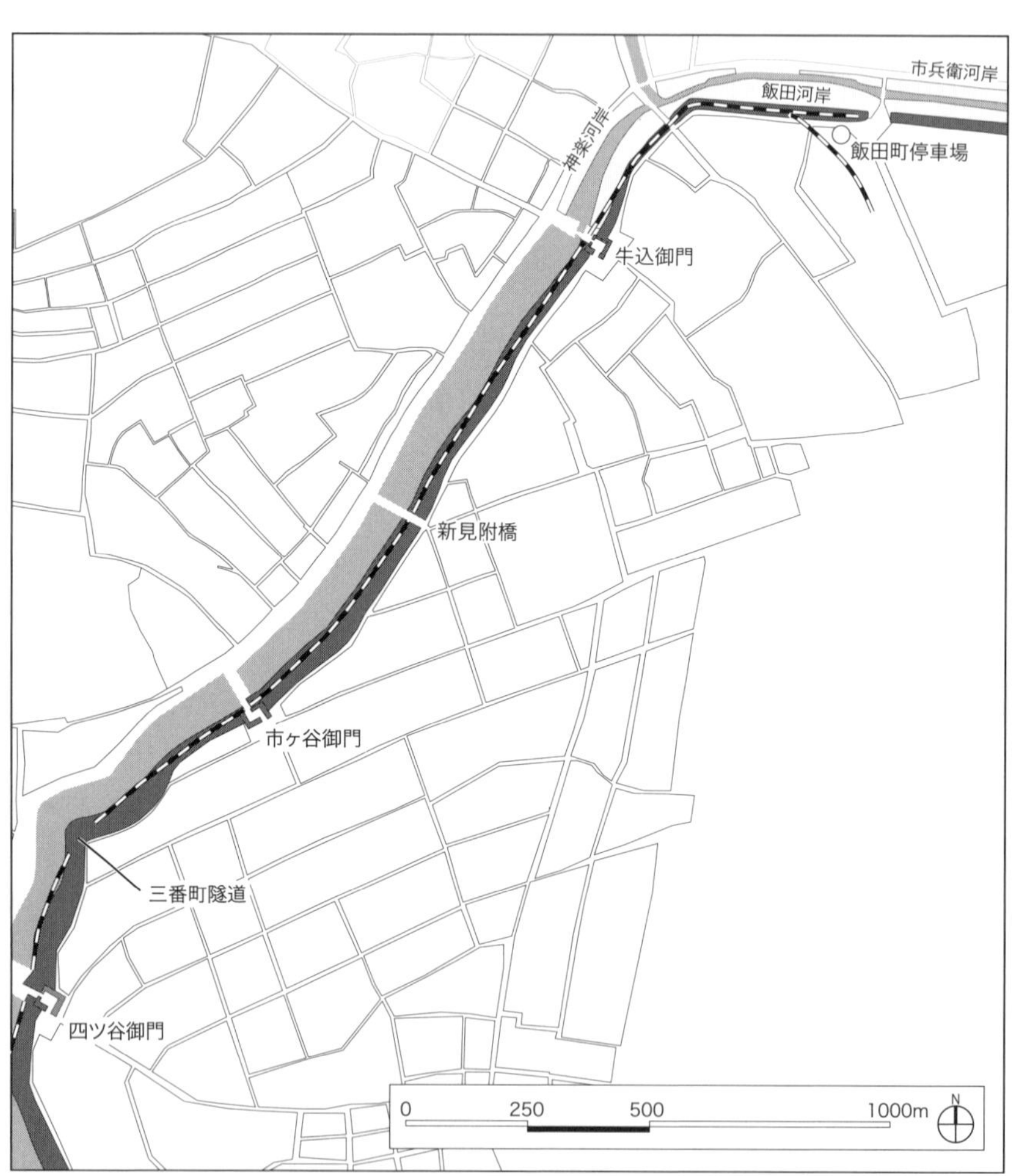

図 5-20　四ツ谷〜飯田町停車場間の土手に敷設された鉄道軌道の位置

点である飯田町停車場では、軌道は完全に土手の上面へと移動することが分かる。こうした立体的な軌道は、道路との立体交差を容易にすることを目的に意図的に設置されたものである。また、濠幅を減衰しないために、土手をくり抜いた箇所を軌道位置とし、障害がある場合はトンネルを設けることでこれを開通させている。こうした軌道計画は、既存の地形条件や、これを無視できない場合はトンネルを設けるなどの配慮を行うことで、濠全体の輪郭を概ね留めることに寄与していったといえよう。しかし、土手の部分に目を向けてみると、幾つかの改変を伴ってこの鉄道事業は完遂されていることが見えてくる。

図5－21の写真[41]は、四ツ谷～牛込間の開通直後の土手の様子であるが、線路に沿って複数の桜の若木が植樹されていることが確認できる。これは、明治二七年一〇月九日の四ツ谷～牛込間の開通記念として植えられたものであるが[42]、このような取り組みは、鉄道会社によって主体的に実施された土手の環境への配慮として見ることができる。こうした動向の背景には、甲武鉄道が土手への処置をめぐって、市区改正委員会から風致と樹木に関して度々の要請を受けてきたという事実が影響していたのではないだろうか。

植樹による土手環境の整備は、外濠沿いの各見附に設置された停車場にも見ることができる。甲武鉄道の路線計画においての各停車場は、それぞれが堤防の奥に設置されているため、そこまでの通路は土手を切り

図 5-21　四ツ谷〜市ヶ谷停車場間の土手に植樹された桜の若木

開き改変することで設置されることになる。線路沿いに桜を植樹した甲武鉄道は、鉄道利用者の顔ともなるこの場所に対して、つつじの木を植樹している。[43] 図5－22の写真[44]は、その頃の四ツ谷停車場の様子を写したものであるが、土手の法面いっぱいに植えられたつつじの光景は、近世期までは城壁として、一般の人々が立ち入ることのない閉鎖的な場であった土手が、人々に利用される開かれた空間へと変質したことを表している。さらにその後、牛込、四ツ谷の両停車場前には、桜も植樹されたようで、明治後期までに当地域は桜の名所として大いに賑わったという。

ここまで触れてきた通り、甲武鉄道は工事の段階においても、濠全体の形状や樹木に対して、市区改正委員会からの要請を強く受けてきている。土手全体の輪郭は留められるかたちで鉄道事業は完遂されたが、こうした局所的な部分では、市区改正委員会による要望も背景としながら、自発的に土手の環境に対する配慮と改変を行い、場の性質を大きく転換させている。特に、停車場という近代の鉄道事業と、一般の人々が交わる要所を舞台に、植樹や通路の新設等を通じて、土手空間が市民に開放されていったという事実は、外濠の性質と空間的な特質を考えるうえで重要な転換点といえよう。

さらにつけ加えるなら、市区改正委員会の意向を汲みながら実施されたこうした事例とは別に、市区改正事業の外側においても、甲武鉄道による自発的な土手の改変事業は存在する。市区改正計画に直接影響を与えないそのような事業の代表的な例として、ここでは牛込濠の一部埋め立てを取り上げる。この事業は、牛込停車場の神楽坂側からの通路として利用するために、牛込見附橋脇の濠の一部を埋め立てたものであるが（図5－23）、な

図5-22　四ツ谷停車場の土手の法面に植樹されたつつじ

ぜか委員会においては、一応は照会され議題として挙げられてはいるものの、あまり大きな問題とはならず、特に議論されることもなく承認されている。[45] おそらく、濠の形状や市区改正通路に直接関わるものではないために、大きく取り上げられなかったのであろう。こうした事例からは、市区改正委員会における土手の風致という観点が、全体の風景や景観を俯瞰的に捉えたものではなく、事業管轄内において局所的に捉えられる場の問題として扱われていたことが伺えるのである。その一方で甲武鉄道は、外濠の鉄道敷設事業を通じて、市区改正計画のみならず部分的な空間変容においても、土手、ひいては外濠の形態そのものに影響を与えた重要な主体であった事実が浮かび上がる。こうした一連の動向のなかで、全体の形状保全と部分的な改変が同時に進行する状況に、外濠の土手空間のひとつの転機を見ることができる。

4 周辺住民による土手空間の改変

最後に、土手に関わる主体として、その周辺の地域に目を向けてみたい。市ヶ谷見附橋と牛込見附橋のちょうど中間くらいに位置する新見附橋は、明治二七年頃に、周辺地域の住民を中心とした二三名の有志により実費で架橋された橋である。[46] 橋の架橋位置に隣接する、市ヶ谷田町二丁目並びに同三丁目の地主であった福永儀八[47]を代表に、東京市

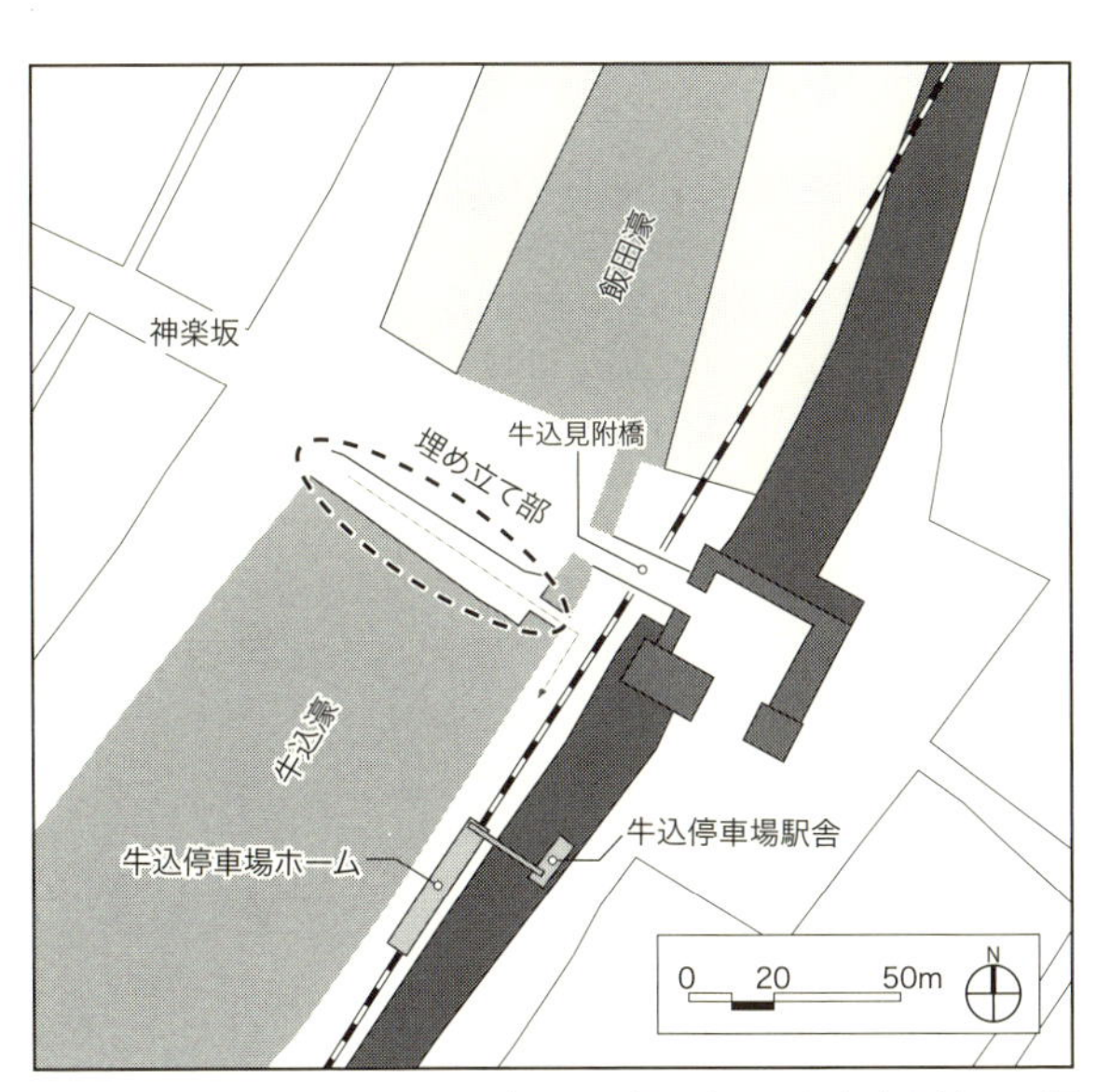

図 5-23　停車場ホームへの通路として埋め立てられた牛込濠の一部

参事会へ申請されたものを、東京市からの照会を受けた市区改正委員会での検討を経て実際に施工された（図5－24、図5－25）。工費を削減する目的で、その工事には牛込濠の浚渫等で発生した土が利用されたという。

さて、新見附橋が架橋される以前の当地区は、牛込濠の水面によって交通の往来が困難で、特に牛込区側の住人にとっては大変不便な場所であった。もともと城壁であることから、こうした形状はある意味では必然といえるものであったが、明治以降の周辺の人々にとってこれは大変に不便な状況であった。こうした環境を改善する目的で企図されたのがこの新見附橋の架橋事業であった。市区改正委員会においては、松田委員が「牛込市ヶ谷間ハ随分長キ処ナレハ有志者ヨリ工費ヲ出シテ其間ノ道路ヲ新設セントスルハ誠ニ賛成ナリ」(48)と述べているように、特に問題とされることもなく承認されており、水面の埋め立てに対して配慮を求められることもなかったようである。牛込停車場傍の埋め立てと同様に、甲武鉄道に対して執拗に土手の風致への配慮を迫った委員会の態度とは、その様子が大きく異なっている。これも、

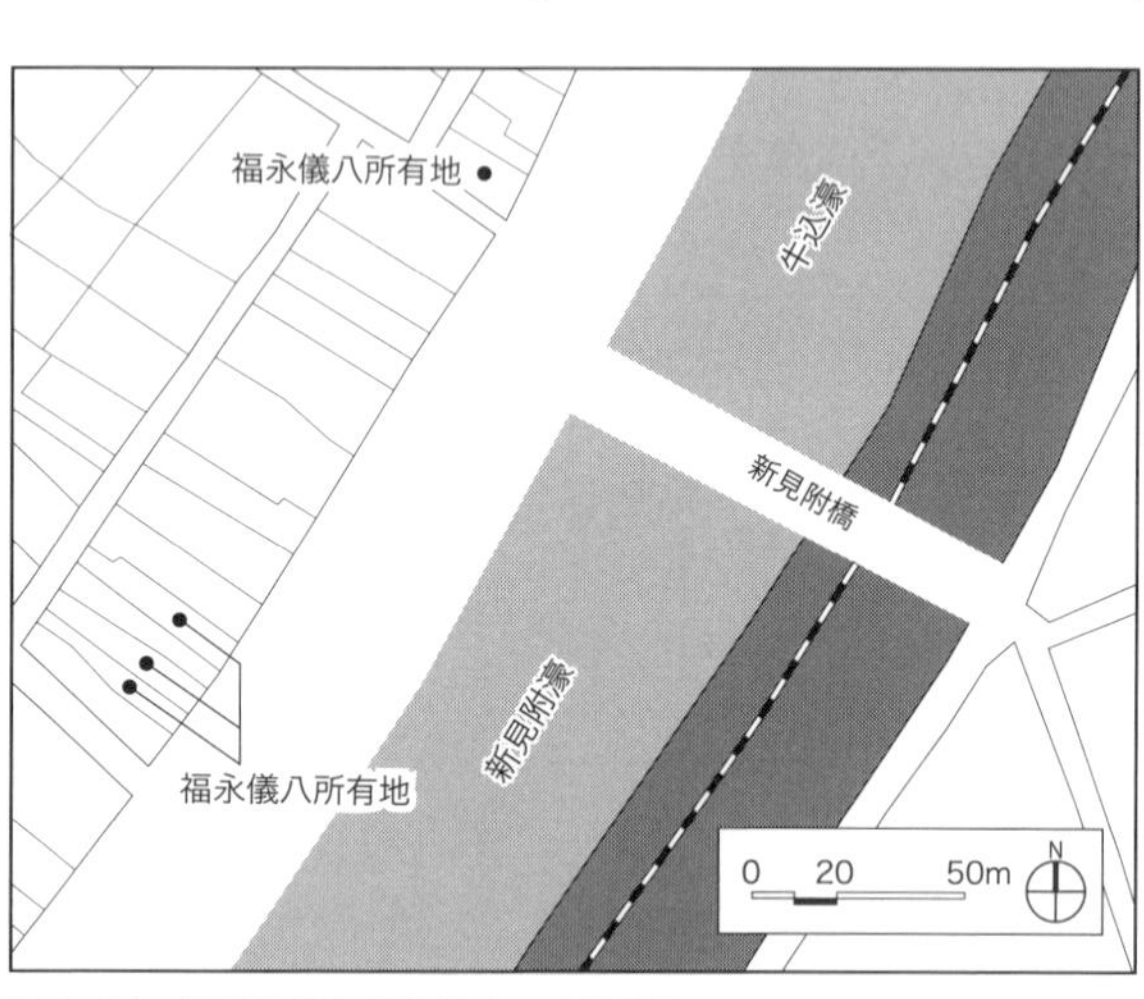

図 5-24　新見附橋と福永儀八の土地所有

図 5-25　現在の新見附橋の様子

市区改正設計に直接関わるものではないために、その処置に対して一定の制約を課すことはなかったのであろう。周辺地域の住民という存在も、外濠の土手空間の改変を担う主体として位置づけることができると同時に、外濠という場所が、多様な主体による意向が交錯し、新たな意味づけがなされ、空間がかたちづくられていく場であったことが理解できる。

以上、甲武鉄道の鉄道敷設事業、ならびに周辺地域からの働きかけに注目し、そこに築かれた土手空間の様子を復元的に見てきた。まず、市区改正委員会と陸軍という異なる主体の意向が交錯し、その結果として、外濠の土手は全体の輪郭を留める一方で、部分的には甲武鉄道の主体的な取り組みによって変化を遂げてきた。そして、甲武鉄道に限らず、周辺住民による働きかけもあって、土手は近代の都市機能を受容しながら、より開かれた場へと変質していったのである。

5 まとめ

江戸幕府という管理主体を失い、都市機能としての意味を喪失した江戸城外濠。本章では、都市に取り残されたこの巨大な空地が、いかにして近代東京のなかに定着していったのかを、主に甲武鉄道による鉄道敷設事業を通じて明らかとしてきた。河岸地のような水運を使った実利的な活用を受けつけない市ヶ谷濠と牛込濠の土手は、鉄道敷設という近代事業が立ち上げられた段階から、様々な主体の意向が絡む場所として、再び都市的な意味を帯びていくことになる。本章ではこうした過程を、主にふたつの時期に分けて考察した。

まず、新宿〜飯田橋間の延伸が立案され、事業化していくまでの計画期では、甲武鉄道による路線計画に対して、陸軍、そして市区改正委員会の意向が交錯することで、計画の全容が整えられていったことを確認した。ここで注目されるのは、それぞれの主体が、それぞれに外濠の土手に対して異なる見解を示しているという点である。事業を円滑に推進したい甲武鉄道、防衛上の観点から土手形状の維持を望む陸軍、そして土手の風致という観点にこだわる市区改正委員会、こうした構図から導かれた計画の全容は、軌道用地として積極的に活用しながらも、土手の形状や樹木に関しては極力現状維持を求めるものであった。空白となっていた土手の場所性が、こうした近代化事業のなかで再び表面化し、新たな意味が付与されていく過程が明らかとなった。

この時期に見られた外濠の土手に対する見方は、その後の実際の工事期間においても、一定の影響力を発揮していく。特に、市区改正委員会による風致という観点から要請された樹木の伐採に対する制限は、工事の方法や施工場所という現場レベルにおいて、土手の現況に配慮することを甲武鉄道に迫った。結果として、甲武鉄道は自発的に停車場と線路沿いの土手に植樹を行い、外濠の風景を一変させていく。市区改正委員会の度重なる要請が、こうした対応を促した事は想像に難くない。また、甲武鉄道が植樹した桜やつつじは、東京の市民に親しまれた名所となり、それまでの閉塞的な場から開かれた場へと、外濠空間を変質させていくひとつの転機となっていった。

これに加えて、甲武鉄道は市区改正計画とは直接に関わらない部分においても、土手の改変を行っている。停車場への通路として利用するために、牛込濠の一部を埋め立てた事業は、その代表的な事例といえよう。甲武鉄道は、おそらく外濠の風致という点においては最も無頓着な態度を示していたといえる。しかし、土手を鉄道営業地として整備していく過程で、結果としては外濠を開き、公共的な環境空間として再定義していくことに寄与することになった。甲武鉄道による鉄道敷設の工事期とは、土手形状の保持と部分的な改変が同時に進行し、外濠が単なる官有地ではなく、日常的に触れられる場所として定着されていく時期であった。

以上、牛込濠と市ヶ谷濠の土手が、近代の鉄道事業を通じて、様々な意向が交錯し、空間の輪郭と都市的な場所の意味が再定義されていく過程を明らかとしてきた。存立基盤が確定しないニュートラルな状態に対して、社会的な要求に応える空地という実利的な見方と、江戸城の御郭の土手であったという歴史的な見方、さらには都市の要害であるという物理的な見方が混在し、鉄道事業をひとつの触媒としながら近代の土手空間はかたちづくられていった。河岸地のような実利的な水辺利用が困難な特殊な条件下で、空間変容を遂げていく外濠の近代におけるひとつの局面が垣間見えた。

注釈

(1) 市区改正委員会での議論については、藤森照信監修『東京都市計画資料集成　明治大正篇　第二〜八巻』（本の友社、一九八七年）に掲載の委員会議事録を、甲武鉄道に関する資料に関しては、菅原恒覧『甲武鉄道市街線紀要』（甲武鉄道株式会社、一八九六年）を主に用いた。
(2) 鈴木理生『明治生まれの町　神田三崎町』（青蛙房、一九七八年、一一六〜一一八頁）によれば、甲武鉄道は日本鉄道から独立することになった明治二四年に、路線の「三崎町延長」が先決問題であったことが指摘されている。
(3) 丸茂弘幸・青木太郎・木下光「甲武鉄道延伸に関わる審査過程に現れた東京市区改正委員会の景観思想」『日本都市計画学会学術研究論文集』第三四号、一九九九年一〇月。
(4) 新見附橋は、明治二一年に福永儀八を中心とした他二二名により申請があり、架橋されたものである。なお、土橋の造成にあたっては、外濠の浚渫で得られた土を使用することが公言されている。藤森照信監修『東京都市計画資料集成　明治大正篇　第六巻』本の友社、一九八七年、三六〜三八頁。
(5) 引用文は永井荷風の著書『日和下駄』（籾山書店、一九一五年）の一節で、外濠と土手の織りなす景観が評価されている。
(6) 歌川広重作の『広重東都坂尽』に収められた「牛込神楽坂乃図」（国立国会図書館所蔵）。
(7) 「河岸地其他取締」のなかでは、外国人居留地区内河岸地、御郭廻リ堀端、府下往還幷下水上川中等の三つについて、一般の河岸地とは別に言及がなされている。東京都編『東京市史稿　市街篇　第五三冊』東京都編、一九六二年、六一四〜六一六頁。
(8) 前掲（1）の菅原恒覧の著書、二〜三頁。
(9) 前掲（8）、七頁。
(10) 前掲（9）。

(11) 前掲（3）によれば、明治二一年一一月の市区改正委員会において東京府区部会議員の田口卯吉は、将来の市街鉄道の路線として、外濠に軌道を設けるという考えを示している。本構想はそのまま明治二二年六月の委員会で設定された、「将来布設ヲ要スベキ市内鉄道路線」の下地として受け継がれていく。なお、明治二二年五月に鉄道局に申請された甲武鉄道による最初の路線計画案が、どの程度委員会の案を取り入れたものなのかは定かではない。

(12) 藤森照信監修『東京都市計画資料集成　明治大正篇　第二巻』本の友社、一九八七年、二五四〜二五六頁。

(13) 前掲（12）、一五〜二〇頁。

(14) 本意見は鉄道局技師である松本壮一郎が、本文に示した通り、どうすれば高架を実現できるかという問いに対して、その具体案を返答したものである。前掲（12）、二五五頁。

(15) 雨宮啓次郎『過去六十年事跡』武蔵野社、一九七六年、一六六頁。

(16) 例えば、明治二七年市区改正委員会の「甲武鉄道會社飯田町停車場近傍道路開廢ノ件」についての議論では、将来陸軍省が砲兵工廠内に鉄道を延伸することを想定しているために、飯田町停車場前の広場を空けておくべきであるというやり取りが見られる。藤森照信監修『東京都市計画資料集成　明治大正篇　第七巻』本の友社、一九八七年、一九頁。

(17) 藤森照信監修『東京都市計画資料集成　明治大正篇　第五巻』本の友社、一九八七年、五九〜六五頁。

(18) 前掲（17）。

(19) 図5-21の、左奥の土手上に見えているアーチ状の構築物が、三番町隧道である。

(20) 前掲（8）に掲載の「三番町隧道立面図」。

(21) 前掲（8）、九〜一九頁。

(22) 前掲（12）。

(23) この四箇條は、その日の委員会の冒頭に、東京府書記官である銀林綱男委員から提示されたものである。前掲（17）、五二〜五八頁。

(24) 前掲（17）、五九〜七〇頁。なお、本文中の引用はすべて当委員会においての発言である。

(25) 図3-4の左側に見える土手が、議論の対象となっている部分にあたる。土手の上部に木が生い茂っている様子が分かる。

(26) 市区改正委員会によって提示された四箇條は、最終的に第四條を「堤上ノ樹木ハ可成伐採セサル様注意ヲ加ヘ止ムヲ得ス伐採シタル場合ニ於テハ東京市参事會ニ協議シ線路ヲ妨ケナキ場所ニハ樹木ヲ植ヘ風致ヲ損セサル様致スヘキ事」と変更する。その議論の過程については、前掲（3）に詳しい。

(27) 前掲（8）に掲載の「新宿飯田橋間平面図」。

(28) 甲武鉄道に新線布設の本免状が逓信省より下付され、実際に工事が実施されていく様子は、前掲(3)に詳しい。
(29) 日本国有鉄道編『日本国有鉄道百年写真史』交通協力会、一九七二年。
(30) 前掲(8)に掲載の「飯田町停車場図」。
(31) 前掲(16)、二九頁。
(32) 前掲(16)、二九頁。
(33) 前掲(16)、三〇頁。
(34) 『写真の中の明治・大正――国立国会図書館所蔵写真帳から』http://ndl.go.jp/scenery/index.html(二〇一五年一一月二二日アクセス)
(35) 前掲(16)、四三頁。
(36) 前掲(16)、四五頁。
(37) 各停車場の計画図は、明治二八年六月二五日の市区改正委員会の際に提示されたもので、議事に掲載されたものを引用している。藤森照信監修『東京都市計画資料集成 明治大正篇 第八巻』本の友社、一九八七年、五〇頁。
(38) 前掲(37)、五二頁。
(39) 四ツ谷・市ヶ谷・牛込停車場に設置される通路が議題に挙げられている要因は、それぞれの通路が市区改正道路に接道することによると見られる。なお、本議論のなかでは、市区改正法規には停車場に関する記載はないが、本案が市区改正設計に関わる事項であることから議論すべきであるという意見が述べられている。前掲(37)、五一頁。
(40) このような意見に該当するのは、本議論のなかの「停車場設置ニ就テハ其交通便否ヲ顧ミサル場合アルノミナラス強テ外廓ノ美觀ヲ破ルモ之ヲ築造セントナラハ是等ノ諸點モ充分ニ考慮ヲ要スルモノナラン」という森田委員からの発言である。前掲(37)、五二頁。
(41) 川上幸義『新日本鉄道史(上)』鉄道図書刊行会、一九六六年。
(42) 『甲武鉄道市街線紀要』には、「十月九日新宿牛込間ノ営業ヲ開始セリ即チ之レカ記念トシテ無數ノ躑躅ヲ四谷及牛込停車場ニ植へ線路ニハ又數百株の櫻樹ヲ植付ケ風致頗ル掬スヘキアリ」とあり、土手への植樹の経緯が分かる。前掲(8)、一三頁。
(43) 牛込・四ツ谷停車場につつじが植樹された経緯は、前掲(42)に記載あり。
(44) 日本国有鉄道『日本国有鉄道百年写真史』交通協力会、一九七二年、一二〇頁。
(45) 牛込見附橋脇の濠一部の埋め立ては、甲武鉄道が設計を独自に変更し、委員会の照会を得ずに東京府知事の照会のみで実施したもので、委員会内ではその一連の手続きを問題視しているものの、埋め立て自体の是非を問うような議論はなされていない。

前掲（16）、二四～二五頁。

（46）前掲（4）、三六～三八頁。

（47）福永儀八は、明治一一年の段階で、新見附橋の牛込区側に隣接する市ヶ谷田町二丁目、同三丁目に、四筆の土地を所有する地主層の人物であった。東京都公文書館所蔵：明治一一年　区分町鑑　東京地主按内　全、山本忠兵衛輯、請求番号なし（資料ID000101786.

（48）前掲（4）。

第6章

外濠とまち I

河岸地拝借人からみた地域の変容

1　はじめに

本章の目的

都市内部における河川や掘割といった水辺は、主に隣接地や近隣の人々の様々な要請を受け止めることで、空間的な基盤を築いていく。とりわけ近代黎明期の東京では、都市の発展に水辺が大きな役割を果たすため[1]、実に多様な主体がそこに表れることになる。個人や民間による蔵地や物揚場のような利用から、近代の工場や倉庫といった産業資本の介入まで、その属性は幅広い。

こうした近代における水辺の状況は、河川や掘割といった場所が、東京の発展を支える重要な拠点であったという事実に加え、それと同時に、水辺自体の動きとも連関しながら、そこが周囲の町や地域に対しても様々な影響を与えうる存在であったことを教えてくれる。近代に水辺を求めた人々が、水際の土手空間において活躍する姿は、前章までに見てきた通りであるが、では彼らの居所、即ち都市内部においての彼らの振舞いとはどのようなものであったのだろうか。要するに、水辺を改変していった主体の、もう一つの側面として、彼らが周辺の地域構造に与えた影響とは果たして何だったのであろうか。本章では、土地取得や土地利用といった具体的な動勢を観察することで、近代東京における水陸の相互関係を連関して捉え、こうした水辺空間の考え方を広げていく。

具体的な対象地としては、第3・4章で取り上げた神楽河岸、市兵衛河岸、飯田河岸に三崎河岸を加え、それぞれの河岸地の周囲に広がる市街地に目を向ける。そのうえで、河岸地を借地する人物に当たる河岸地拝借人の動勢を捉えていきたい。本書ではここまで、彼らが近代の土手空間の再編を担った新たな社会層であることを確認してきた。その様子は、全体の空間的な基盤を造り上げると同時に、様々な土地利用によって、場に固有の空間を表出させることに寄与していくものであった[2]。

河岸地拝借人が明治期において、これほど自由にそれぞれの土手で躍動できた背景には、官主導の河岸地政策によってその存立が確保され、河岸地という地目が明確にされてきたことが大きく関わっている。その制度下では、明治期の河岸地は隣接地の地先という近世以来の特性が考慮されず、個別の土地として処理されてきた訳であるが[3]、市街地との物理的な距離感、関係性を考慮しないこうした制度を背景に、河岸地拝借人の都市内での分布は広がりを見せていく。河岸地を介して、それまで関わりのなかった地域にも新たな水辺との関係が結ばれていくのである。そして、それを担った存在こそが水辺を求めた人々――河岸地拝借人であった。

この近代に特徴的な都市空間の変容の担い手である河岸地拝借人の、まちのなかでの都市空間に対する振舞いに本章では注目したい。本章で取り上げる河岸地拝借人の居所の多くは旧武家地に属しており、明治以降にその性質を大きく転換させてきた地域に当たる。河岸地が成立していく過程で、その変容を牽引していった彼らは、その居所の周辺地域においてもまた空間構造に影響を与えていたと考えられるのである。武家地が商業地化していく過程において、あるいは新規に町が築かれていく様子を、河岸地拝借人による土地取得とそれに伴う開発行為、さらには地域構造の推移から読み解き、明治期における地域の空間構成にどのような影響を与えていったのかを明らかにしていく。

方法と資料

水辺から周辺地域の変容に迫ろうという試みは、都市史や建築史の分野においてこれまでにもみられた研究方法であるが[4]、本章では、地域における既存の空間構造が次代へと展開していく様子を、河岸地拝借人の存在から描き出すという点にその新規性を見出したい。

例えば、日本橋では先行研究から、河岸地拝借人が水際の土地だけでなく、それに隣接する周辺街区の開発にも関わっていたことが知られているが[5]、こうした成果を参照しながら、本章ではさらにその枠組みを広げていきたい。分析にあたって対象とする河岸地は、明治期に新設、あるいは改変された場所であるが、それゆえに拝借人の居所は隣接地に留まらず、東京全体の広範な地域に及んでいる。明治以降の河岸地政策は、濠を水路へと転換させ、土手の意味を書き換えるものであったが、これによって新参の河岸地拝借人が隣接地からその周辺まで、様々な地域に生まれることになる。それらの地域を対象とし、そのかたちを変えていった人々の動きから、明治期東京における空間構造の変容の一端を読み解いていく。

具体的には、河岸地拝借人の性質と市街地の土地所有から、彼らが街区レベルでの空間変容にいかに影響を与えたかに焦点を当てたい。主な資料として「河岸地台帳」[6]を用いて、周辺地域の土地所有者が知れる「沽券図」（東京都公文書館所蔵）と地籍台帳[7]を参照し、河岸地拝借人の土地取得とそこでの都市的動向について分析を進める。

また、これまでの都市史研究における「河岸地台帳」の利用は、水際の土地の状況を、拝借人、地坪、用途の推移を定量的に把握することに主眼が置かれたものが多く、台帳を用いながら、水際のみならず、周辺の地域構造の変容の担い手としての河岸地拝借人の側面が描かれたことはあまりないように思う[8]。

河岸地拝借人とは果たしてどのような人物で、地域のなかでどのような存在であったのだろうか。こうした問題に迫るために、彼らが借用する河岸地と居所との地理的な関係を、隣接型、近傍型、遠隔型に分類して、地域での振舞いを見ていく。おそらく、それぞれのタイプの河岸拝借人には、水辺に対する要請の違いから、異なる職種や空間理念を見出すことができるはずである。何のために水辺を求めたのか、また、どのような空間利用を想定し、地域といかなる関係を結ぶのか、こうした点に注目したい。

以上のように、水辺利用者の居所との関係を分析のポイントとして設定し、地先利用のみならずより広範な地区との結びつきを見出すことで、河岸地拝借人の都市構造に対する影響を捉えていく。

2　水路に寄り添うまち〈隣接型〉

水際の利用形態

河岸地と地域の関係という点で最も一般的といえるのが、地先の関係であろう。水路や河川に隣接する商家や商店が、その目の前の水際の土地を活用する形態は、東京に限らず様々な地域で見られるものである。本章ではこうした形態を〈隣接型〉として定義し、その地域の構造を河岸地との関係から見ていきたい。隣接型の河岸地拝借人が、水辺空間のみならず、地域の変容をも担う主体であったことを、水陸の利用形態と土地所有の推移から確認していく。

対象地でこの〈隣接型〉の特徴が顕著に表れているのは、神楽河岸と市兵衛河岸である。神楽河岸と市兵衛河岸は、近世期の部分的な利用を引き継ぎながら成立しており、明治初期から段階的に発展を遂げてきたことは、第3・4章で確認してきた通りである。その過程は、隣接地の人物によって土手が地先のように取り込まれることで、全体の空間的な基盤を築いていくものであった。

明治二五年における河岸地拝借人の居所を示した図6－1（次頁）からは、神楽・市兵衛河岸の拝借人のほぼ全員が地先の関係にある隣接町に居所を構える様子が読み取れる。神楽河岸では特に揚場町と下宮比町からの借地が顕著で、稼業用地として積極的に水辺を活用していた様子が伺える。

こうした個人によって借用される河岸地と共に注目されるのは共同物揚場の存在である。これは、その名の通り複数の人物が共同で利用する河岸地であるが、おそらくその利用者のなかにも隣接地を居所とする人物は含

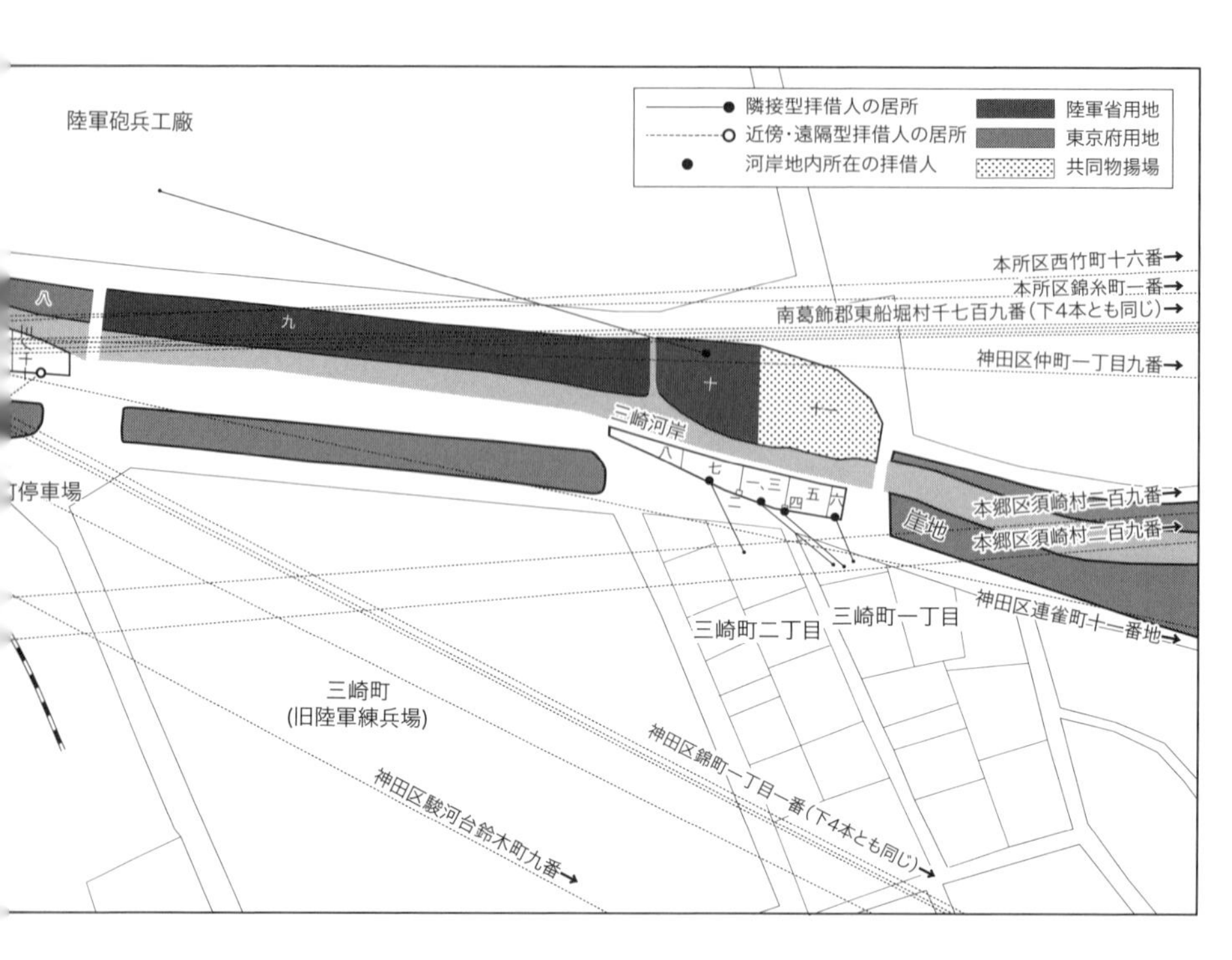

まれているはずである。実際、神楽河岸などは河岸地の筆数が少ないことから、隣接町といえども、多くの人々はこの共同物揚場を利用せざるを得ない状況にあったと思われる。ここではまず、個人借用と共同物揚場のふたつの隣接型の河岸地拝借人の実態についてみていきたい。

1 個人借用地と共同物揚場

まず、個人によって借用される河岸地の様子を見てみる。図6－2は、明治二三年頃の神楽河岸第五号地内の土地利用を描いたものであるが、一〇〇坪程の敷地内いっぱいに家屋が建てられ、高密な土地利用の状況を見て取ることができる。当地のこのときの拝借人は、河岸地に隣接した揚場町で酒問屋を営む升本喜兵衛であるが、これらの河岸地の建物は稼業で利用する木造の蔵や倉庫、あるいは作業場であったと推察され、町―河岸―水路が一体となった空間利用が行われていたと見られる。[9]

こうした個人借用地の状況の一方で、共同物揚

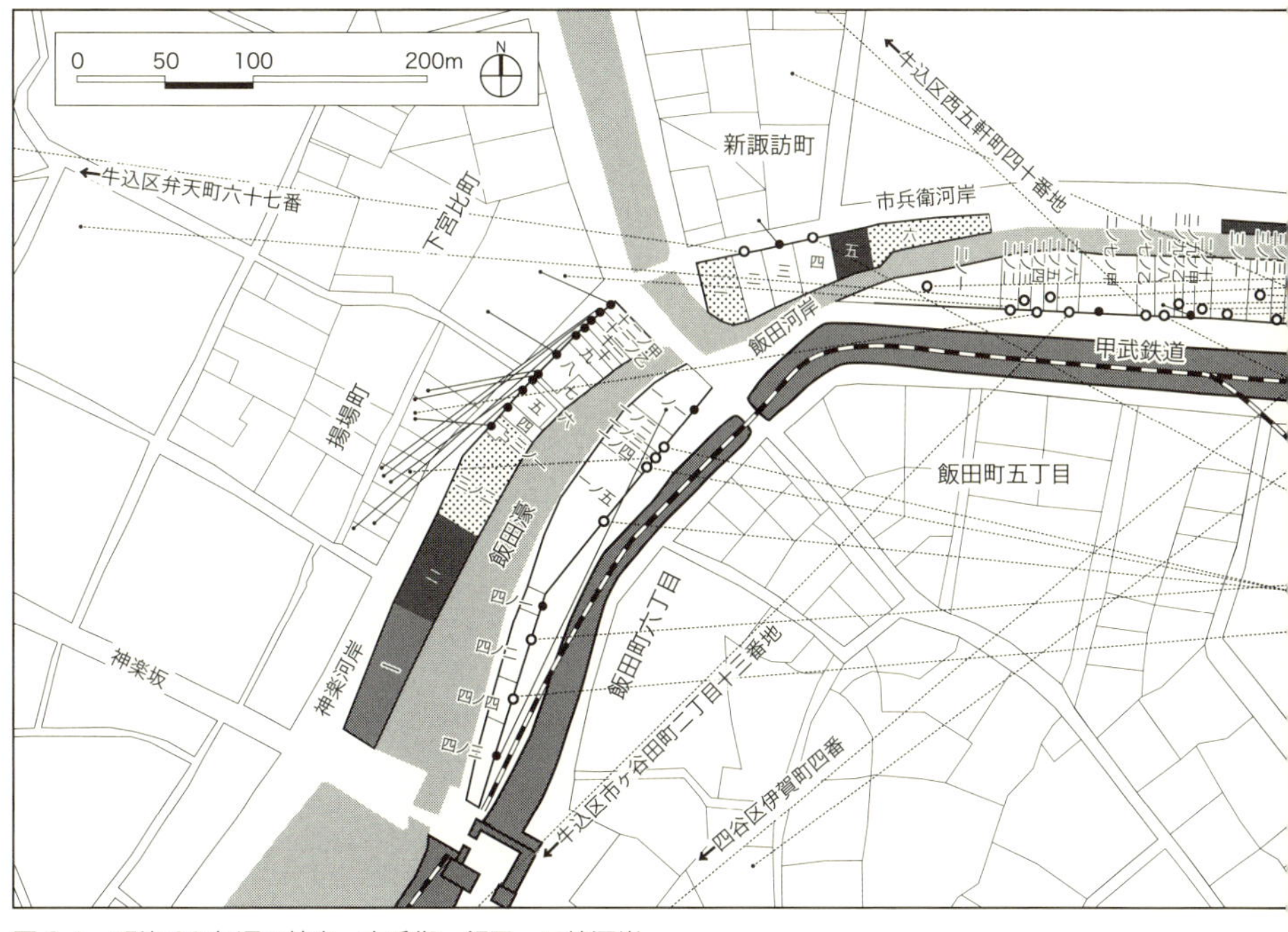

図 6-1　明治 23 年頃の神楽・市兵衛・飯田・三崎河岸

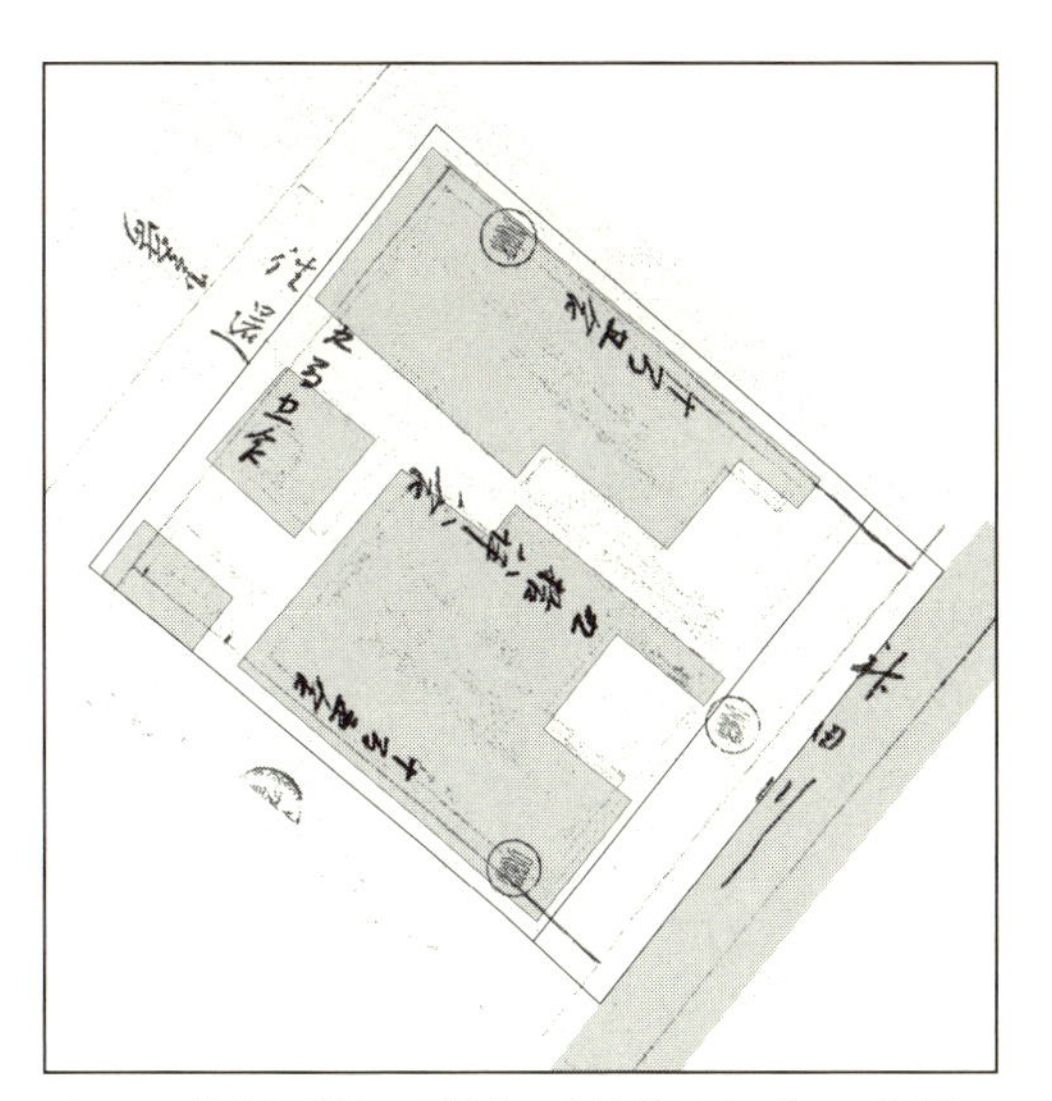
図 6-2　神楽河岸第五号地内の土地利用（明治 23 年頃）

場では定常的な建物はほとんど見られず、複数の利用者が物揚場・物置場として部分的に活用するのが一般的であったと考えられる。例えば、図6－3[10]（次頁）は、市兵衛河岸の対岸にあった三崎河岸の様子であるが、資材が土手上に積み置きされ、個人借用地とは様相が異なることがわかる。

また、その利用者は隣接町に加え、広範な地域の人物に及んでいたようである。例えば、明治一五年に牛込区長秋山則白から東京府に対して出された、神楽河岸内に設置予定の陸軍省用地の立地について出された伺いのなかでは、「当區居住人而已ナラス麴町區四谷區南豊島郡北多摩郡等ニ至ルマテ運漕ノ荷物陸揚ノ際乙号揚場有之ニ不拘概此地ヨリスルノ要地ニ有之候[11]」と述べられており、隣接町はもちろんのこと、牛込区や場合によっては南豊島郡や北多摩郡といった郊外からの利用も受けつける場所であったことが理解できる。そのなかでも特に、個人借用ができない隣接地の商人にとっては、地先の物揚場として重要な役割を担っていたはずである。

[2] 河岸地の隣接町という資質

地先としての共同物揚場の重要性は、明治一四年ごろ陸軍省用地の神楽河岸地内への設置をめぐって、隣接町の住人から東京府に寄せられた以下のような抗議文からも見て取れる。「牛込神樂河岸之内東京府道路修繕御用砂利置場ハ陸軍省御用物揚場トノ間ニシテ共同物揚場有之候処今般陸軍省御物揚場ト御差換御模様替ニ相成候趣承知仕驚キ私共一同ヨリ其難渋ヲ當區役所ニ御歎願仕候處各區役所ニ於テ御明許アリテ書面御脚（ママ）下ニ相成遺憾当惑之際座テ傍觀スルニ堪サル故ニ恐縮ヲ顧ミス奉歎願候[12]」とある。つまり陸軍省用地が予定通り神楽町一丁目の地先に設置されると、それぞれの居所から共同物揚場が離れてしまうため地先利用ができず困るということを、当該地の共同物揚場の利用者が連盟を組んで、

図 6-3　物資が積み置きされた三崎河岸の様子（明治 31 年）

東京府に計画の見直しをするよう迫っているのである。地先利用が、個人借用河岸地のみならず共同物揚場を利用する隣接地の人々にとっても、いかに重要であったかが伺い知れる。河岸地は基本的には、隣接する町から水陸を一体的に活用するのが最も好ましい状態であるというのが、一般的な認識としてあったのであろう。これは、河岸地に隣接する町や土地が、商業地として高い資質を備えていたことを意味しており、またそれ故に、そうした町に居所を構え、陸上の拠点を構えていくことが水辺利用者にとっての重要な要件であったことも理解できる。

境内地となった三崎河岸

地先の関係という点では、三崎河岸の河岸地拝借人も注目される。水道橋の袂で、外濠の南岸に成立した三崎河岸は、お濠の内側に成立した河岸地であるため、立地上は第4章で取り上げた飯田河岸に類似する。しかし、河岸地拝借人に目を向けてみると、隣接町に居所を構える人物が多く、河岸地のタイプとしてはむしろ隣接型に位置づけることができる。神楽河岸や市兵衛河岸とは成立の経緯が異なるにも関わらず、隣接町が河岸地と地先の関係を結ぶことになったのには、河岸地の成立に先駆けた土手の改変状況が深く関わっているのだが、ここでは隣接型の水陸の関係のひとつのケースとして、その成立の過程を確認しておく。

まず、三崎河岸の河岸地成立直前までの状態で注目されるのは（図6－4）、近世期から三崎稲荷神社の境内地が設けられているという事実である[13]。次頁の図6－5は、明治一二年頃の境内の様子を描いた

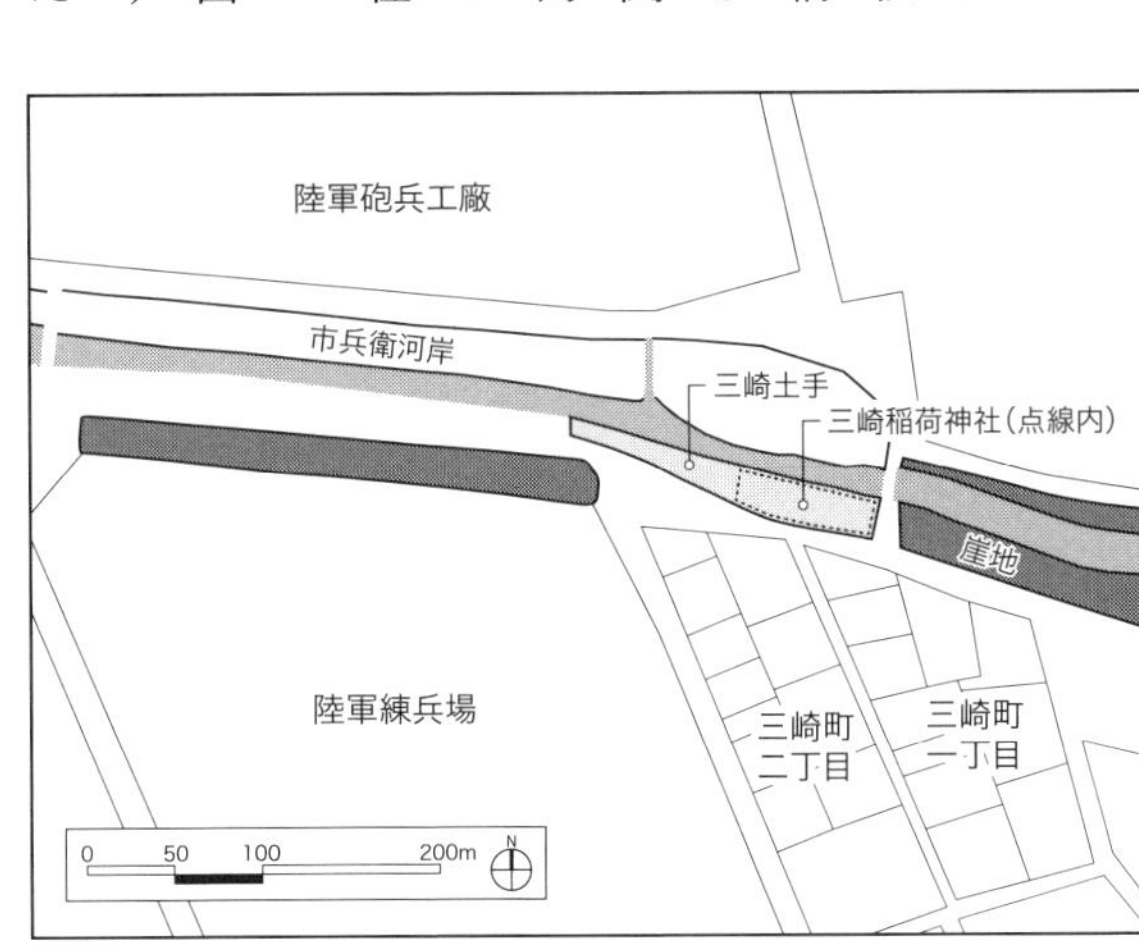

図6-4　明治12年頃の三崎土手の様子（通路架け替え後）

ものであるが、本殿を中心に神楽所等の付随施設や、幾つかの個人借用の敷地が集合し、土手の広範なエリアを一体的に利用していたことが読み取れる。明治初期における三崎土手は、こうした近世期からの土地利用を概ね留めた状態であった。

こうした状況が大きく転換するきっかけとなったのが、隣接する三崎町への陸軍練兵場の設置と、それに伴って実施された堤防際への通路架け替え事業である。三崎町の練兵場は、明治初年に幕府の講武所跡地を引き継ぎ設置されたものだが、軍事訓練における流れ弾等への配慮から、堤防を鉄砲の射撃時の障壁としたいという要請が陸軍省から寄せられ[14]、明治一二年頃から図6-6[15]のように通路の架け替えが実施されていった。本事業は、堤防に沿う通路を練兵場用地として囲い込み、代替地として外濠（神田川）と堤防の間に通路を設けようというものである。このとき、新設通路の用地の一部として三崎稲荷神社の敷地の一部が削られたことで、本殿の建て替えや一部の借地人の敷地の減衰が行われるが、より重要であったことは堤防の一部が取り払われ、水路―土手―町という一続きの空間が創出されたことである。

三崎河岸ではこれ以降、隣接地の人々から土手利用の要請を頻繁に受け、その後、明治一七年頃に三崎河岸と

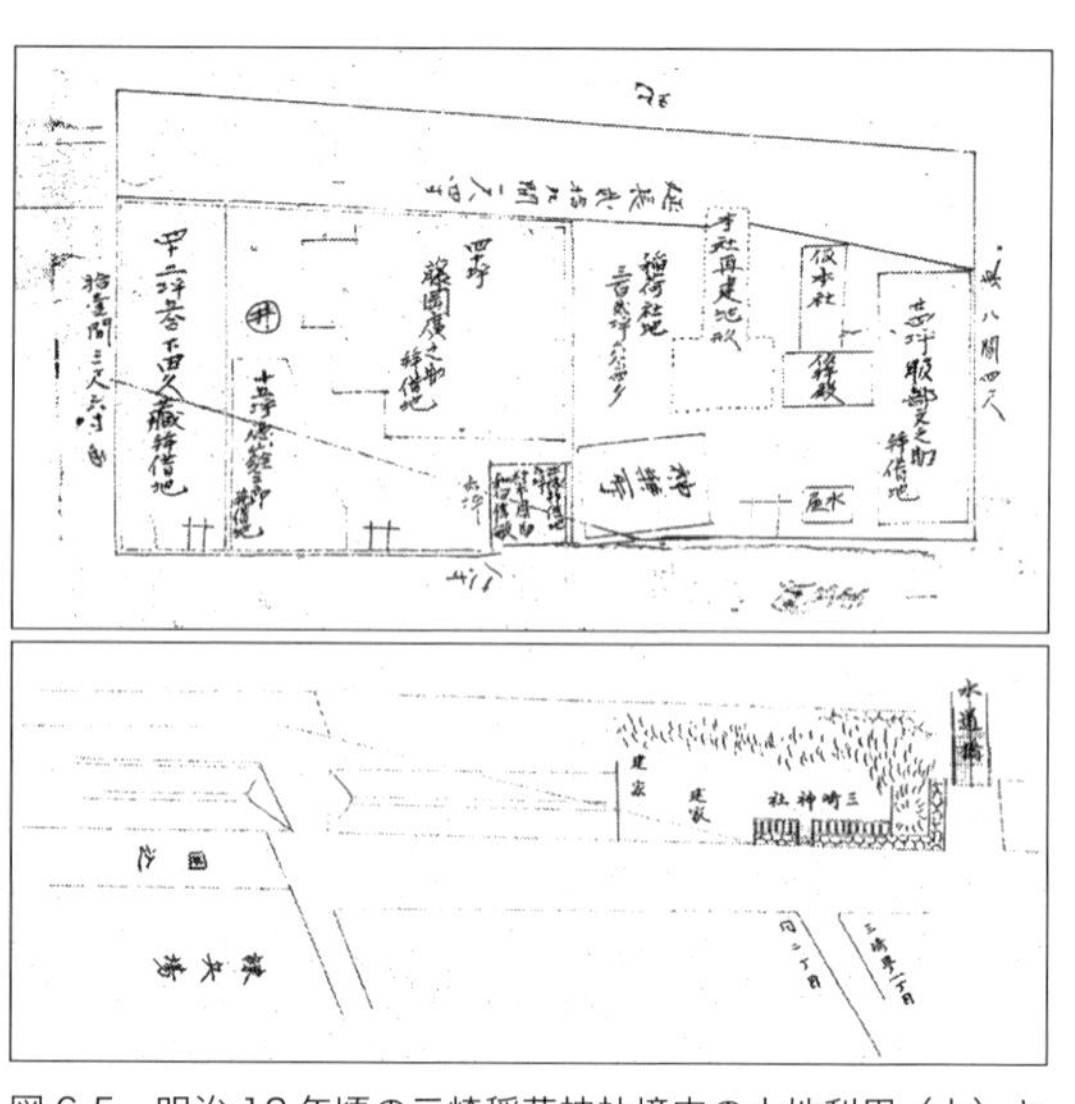

図6-5　明治12年頃の三崎稲荷神社境内の土地利用（上）と土手の様子（下）

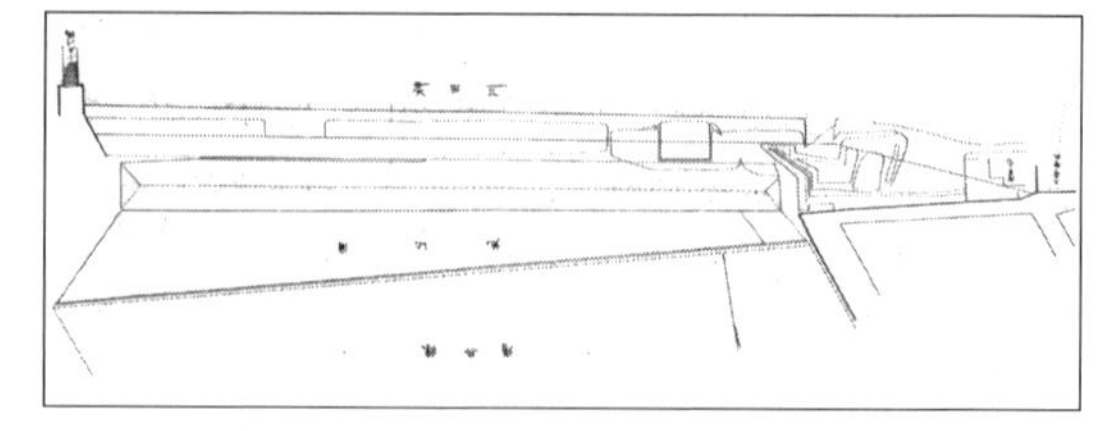
図6-6　通路架け替え計画図（土堤南側の通路を囲い込み神田川に新たな往還が設けられた）

表6-1　最初期の三崎河岸の拝借人（明治17年頃）

号	用途（坪）	拝借人	拝借人の居所	借地期間	坪数
壱	居宅地	○穂積耕雲	神田区三崎町一丁目九番地	明治18年7月7日〜 明治22年11月14日	119
弐	井戸敷 (3.975)				5.3
	下水敷 (1.325)				
参	＊壱号と同一				
四	休憩所	○村本周助	神田区三崎町一丁目九番地	明治18年7月7日〜 明治19年2月	5.8
	居宅地	○村本クマ	神田区三崎町一丁目九番地	明治19年2月25日〜 明治23年12月	
五	三崎神社使用地				92.11
六	居宅地	○服部多喜	神田区三崎町一丁目九番地	明治18年7月7日〜 明治19年4月 ＊死亡に付、明治19年4月名義換え	30.79
七	居宅地	○古宇田健	神田区三崎町二丁目八番地	明治18年10月〜 明治19年3月	132.16
	居宅地	加藤傳次郎	神田区錦町壱丁目十二番地	明治19年3月21日〜 明治21年7月	
	居宅地	○加藤傳次郎	神田区三崎町二丁目八番地	明治21年7月26日〜	
七ノ内 (1)	樹木敷地				5.9
七ノ内 (2)	電信敷地				2
八	石置場 (101.52)	保科宗兵衛	本郷区元町二丁目七三番地	明治18年10月〜	118.62
	居宅地 (17.1)				

注）○は隣接町の拝借人

いう呼称が東京府から正式に与えられることになる。[16]「河岸地台帳」において、三崎河岸の記述が最初に確認できるのは、明治一八年のことであるが[17]、その時期の拝借人の情報を見てみると、ほぼ全ての人物が河岸地に隣接する敷地を居所としていることを確認できる（表6－1、次頁図6－7）。三崎稲荷神社の境内地をほぼそのまま引き継いだ三崎河岸にあって、七号地は先ほどの道路架け替え事業によって創出された新規の敷地であるが、ここを借用したのは、やはり隣接町に当たる三崎町二丁目八番地の古宇田健であった。古宇田は地盤を固めるために河岸地内に樹木植込地を設けるなどして土地の整備を進めると同時に、地先の物置場のような利用を行っていたものと見られる(18)。

そして、最も注目されるのが、三崎稲荷神社の境内地に当たる一〜六号地である。このなかで、個人借用となっている敷地のすべての拝借人の居所が三崎町一丁目九番地であることに気づく。実は、この内の二人は、前掲図6-5に見られた境内地の利用者であり(19)、河岸地となった三崎稲荷神社に対して、改めて拝借申請を行い借用に至ったものである。彼らがどの段階で旧武家地であった隣接地の所在となったかは明らかではないが、境内地が河岸地となっていく過程で、外面的には地先の拝借地という構成が築かれていった。そこでの土地利用は、従前どおり境内地での営業であると見られるが、隣接型の拝借人のなかには、河岸地成立以前からの形態を引き継ぐように処理され、河岸地拝借人という立場から隣接地との関係を再構築するケースもあったことをここでは確認しておきたい。

河岸地拝借人からみた隣接町の変容

河岸地を利用しようという人々にとって、地先の町に拠点を構えることは、稼業を発展させていくうえで重要な要件である。そのために、水際の町には様々な店舗や産業資本の集積が見られるようになっていく。こうした隣接型の河岸地拝借人によって築かれた、町―河岸―川という水辺の空間利用を踏まえ、今度は彼らが居所を構える隣接町に視線を移し、前掲図6-1を参照しながら、地域構造の変容過程を河岸地拝借人の性質と土地取得の様子から見ていきたい。

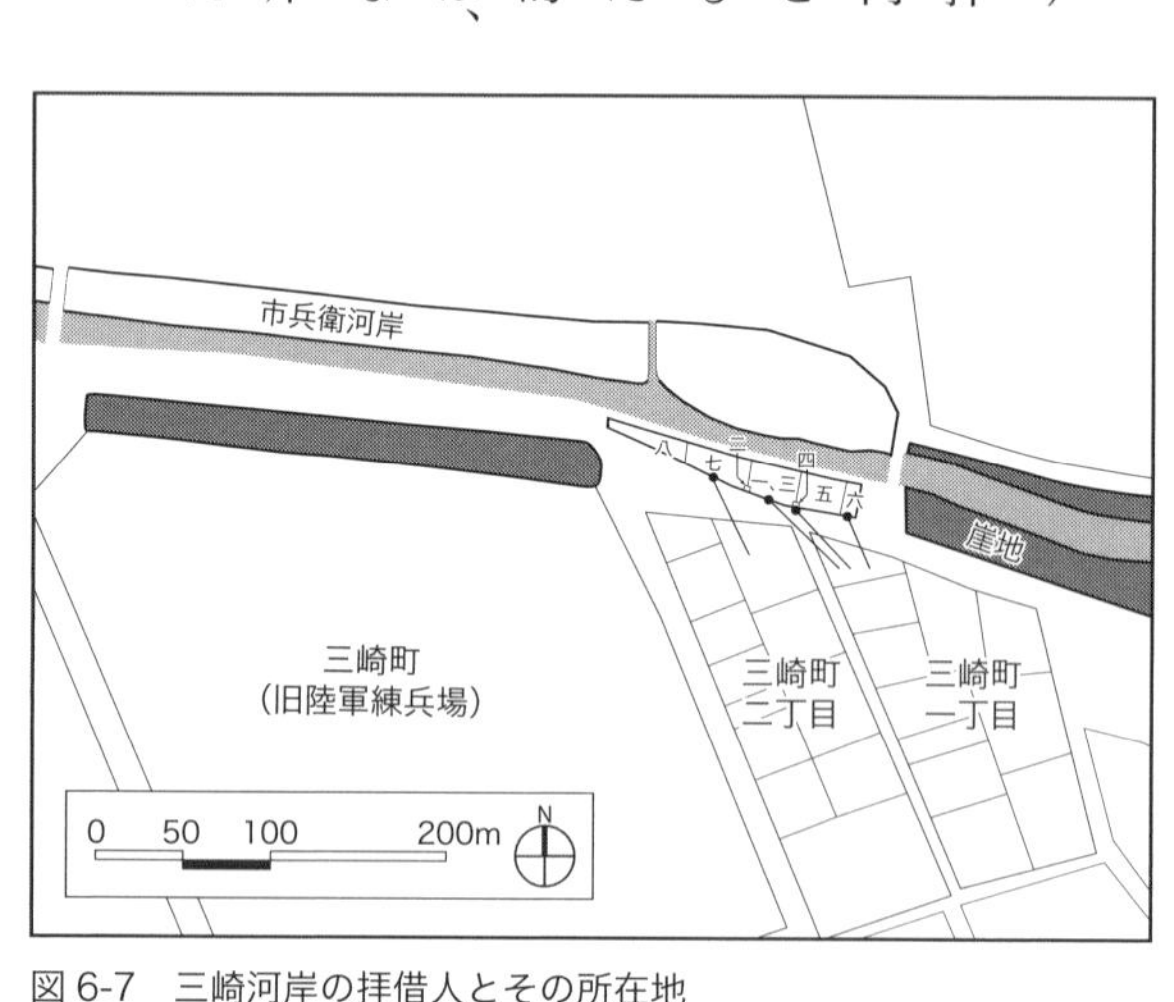

図6-7　三崎河岸の拝借人とその所在地

1 大名屋敷跡地の変容

まず、最初に確認しておきたいのは、上述の河岸地が立地している地区の大部分は、近世期まで旗本を中心とした中下級武士の武家地によって占められていたという点である（図6－8）。隣接型の河岸地拝借人の居所の多くも旧武家地に立地しているため、河岸地拝借人の居所の成立は、明治初年から徐々に進行する旧武家地の再編過程と連動する動きとして見ることができる[20]。旧武家地の新たな住人として出現した河岸地拝借人は、地主や借家人という立場から、それまでとは異なる土地利用によって地域の構造を転換さ

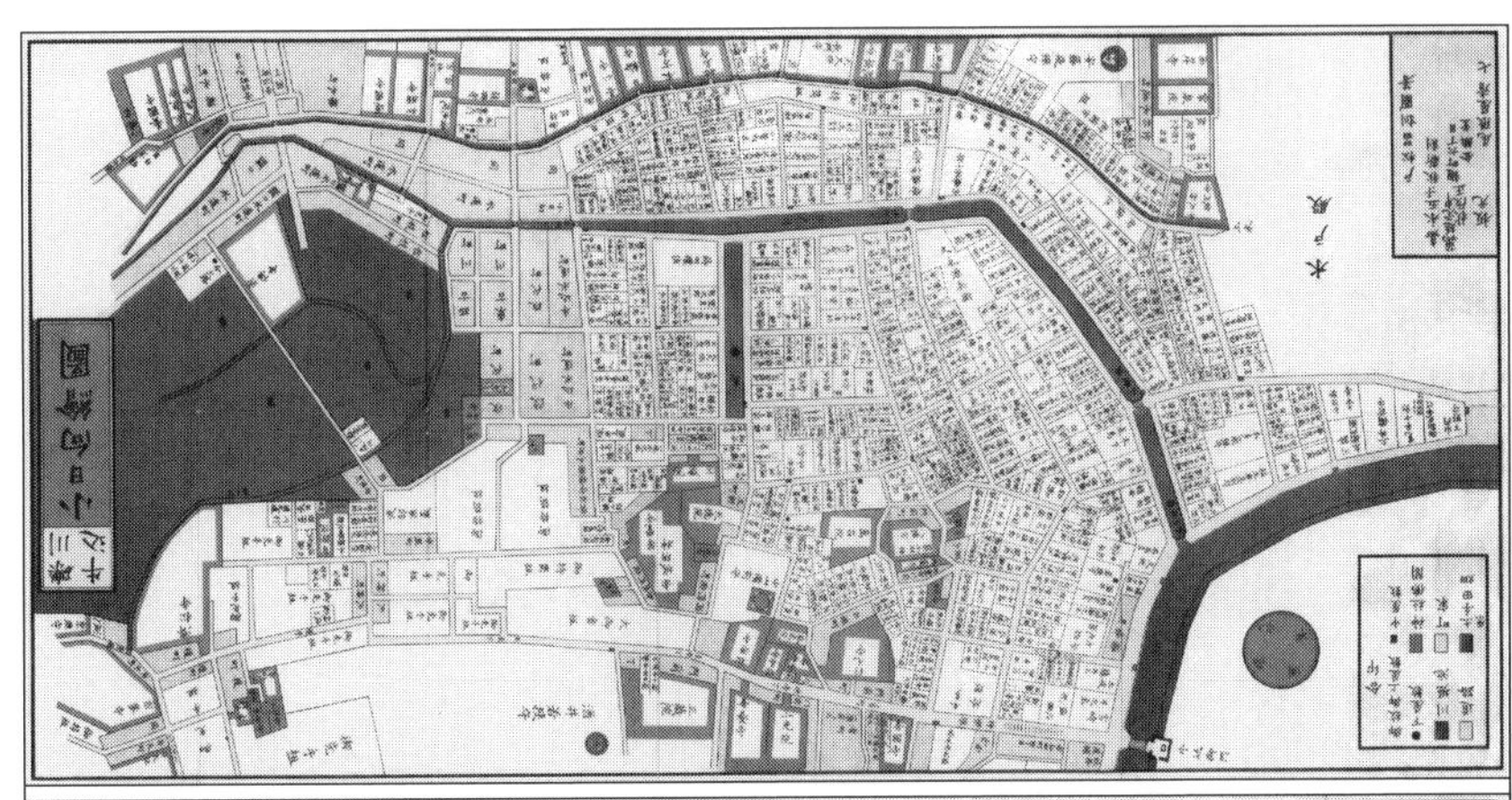

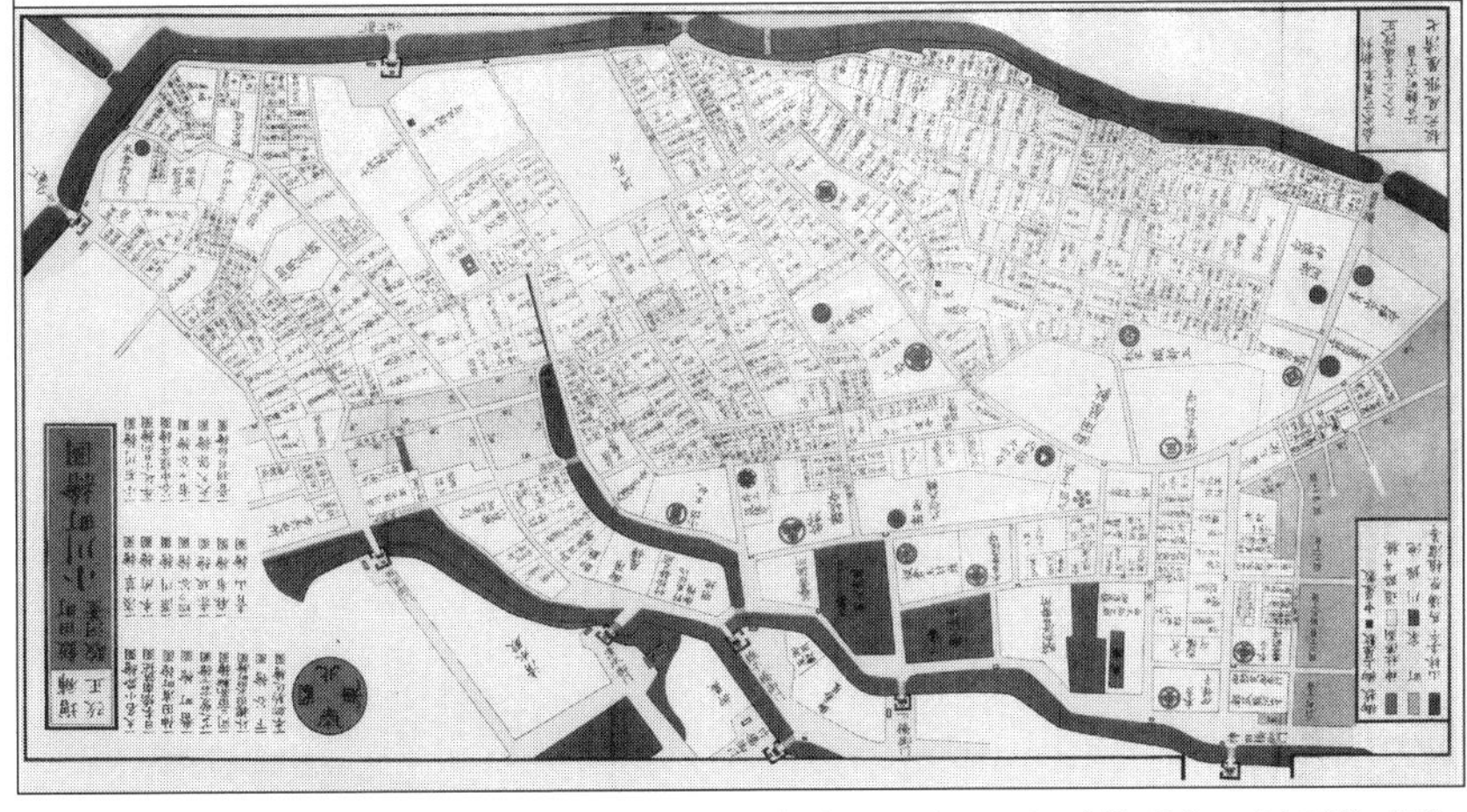

図6-8　幕末期における牛込御門外周辺の武家屋敷（上）と、牛込・小石川御門内の武家屋敷（下）

せていく。

その最も顕著な動きといえるのが、水戸藩上屋敷跡に設置された陸軍砲兵工廠の事例であろう。当施設は、神田川に面した水戸藩上屋敷跡を基準に、周囲の武家地を合筆することで、明治四年に設立された巨大な軍需工場である。陸軍省は、神楽河岸などにも広大な物置場や物揚場を備えているが、地先の市兵衛河岸に関してはとりわけ大規模な区画を専有し、創設当初から積極的に活用していた。敷地内には神田上水が引き込まれ、また目の前を神田川が流れるという立地は、動力、輸送力を水に頼った明治初期の生産拠点としてまさに好都合な立地であった。大名屋敷という場所の性質は、陸軍省という近代における新たな主体によって読み替えられ、水辺と強固に結びつきながら、土地の性質を転換させていった。

2 河岸地拝借人と新開町

旧武家地に開発された新開町をめぐってのケースも存在する。新開町とは、明治時代にかつての武家地跡の敷地と一部の建物を転用しながら開発された明治生まれの商業地であり、多様な職種の人々が入り混じる場所として知られている。下宮比町一丁目は、多くの河岸地拝借人を抱えた町であるが、当地は明治二年に久世平九郎の屋敷跡約一二〇〇坪に設置された新開町のひとつでもある[21]。明治一二年頃には米穀問屋や米穀商、菓物商や煙草商といった多様な商人を確認できることから[22]、明治初年頃から敷地内で段階的に町人地化が進行していったのであろう[23]。このとき、河岸地の存在が商業地の機能を充実させていくうえで重要な役割を担っていく。

例えば、鍋田清次郎は明治一四年から神楽河岸八号地を借地する最初期の河岸地拝借人であるが、借用する河岸地の利用を見てみると、約一〇八坪のうち八〇坪あまりを薪炭置場としていることが確認できる。具体的な職種までは不明だが、これらを用いて下宮比町内で稼業を営んでいたのであろう。また、神楽河岸十二ノ甲号地を借用する菊池栄蔵も同様に、下宮比町内で薪炭を用いた商売を行っている。彼は資材置場に難渋した挙句、三好八十吉が借用する十二号地の一部を分け与えられるかたちで、ようやく河岸地の借用に至っている。河岸地を借地する際の申請を見てみると、周辺の河岸地が次々と貸し与えられる状況にも関わらず、自身の物揚場がないことを嘆いており[24]、数の限られた個人借用の河岸地を借用することは難しかったことが推察される。実際に、神楽河岸の個人借用地の大半を占める人物は、近世期からの町人地である揚場町を居所とする地主層が中心となっている。

これに対して、鍋田清次郎も菊池栄蔵も、下宮比町の借家人・借地人層である。要するに、下宮比町をはじめとした旧武家地において、水辺の地先利用を担いながら地域の変質を担っていったのは、こうした借家人・借地人層が中心であったと考えられるのである。その他の旧武家地においてはどうであろうか。例えば、市兵衛河岸第三号地を明治一三年から借用している椎名藤兵衛は、米穀商を稼業とする人物である。椎名が所在する小石川区新諏訪町もまた旧旗本屋敷跡に成立した町であるが、下宮比町とは異なり、旧武家地一筆ずつの所有者の変更で成立してきた。対岸の三崎河岸においても、旧旗本屋敷である三崎町二丁目八番に所在する借家人である古宇田健が、明治以降に新設された地先の三崎河岸第七号地を稼業の用地として借用しており、同様の動きを確認することができる。彼らもまた下宮比町と同様、新開町に新規に移り住んだ借家人型の河岸地拝借人であった。

地主による地域開発

旧武家地においては、借家人・借地人層を中心に河岸地拝借人の出現を見ることができたが、町人地においてはどうであろうか。対象地のなかで、唯一、近世以来の町人地が隣接するのは神楽河岸である。神楽河岸に隣接する揚場町は、江戸時代から神田川水運の最深部のターミナルとして栄えてきた町である。その立地的な特性を活かしながら継続的に財力が蓄えられてきたのであろう、ここを居所とした河岸地拝借人は、河岸地だけではなく、周辺地域の土地を複数所有する地主層である傾向が強い。ここでは、神楽河岸に面した近世期以来の町人地である揚場町の人物の動向に注目する。

まず、神楽河岸第五号地を借用する野崎治兵衛を見てみたい（図6－9）。野崎治兵衛は、明治五年の段階から揚場町二番地と、近隣の下宮比町五番地（明治一四年までに四番地に変更）、さらに津久戸前町二五番地の土地を所有した地主層である。神楽河岸第九号地の拝借人に、同姓の野崎重兵衛という人物を確認できるが、彼の居所が治兵衛所有の下宮比町の土地であることから、両者は親類関係にあたる人物であると考えられる。また、この野崎重兵衛の居所が、明治五年の段階では揚場町の一番地であることも確認することができる。要するに、野崎治兵

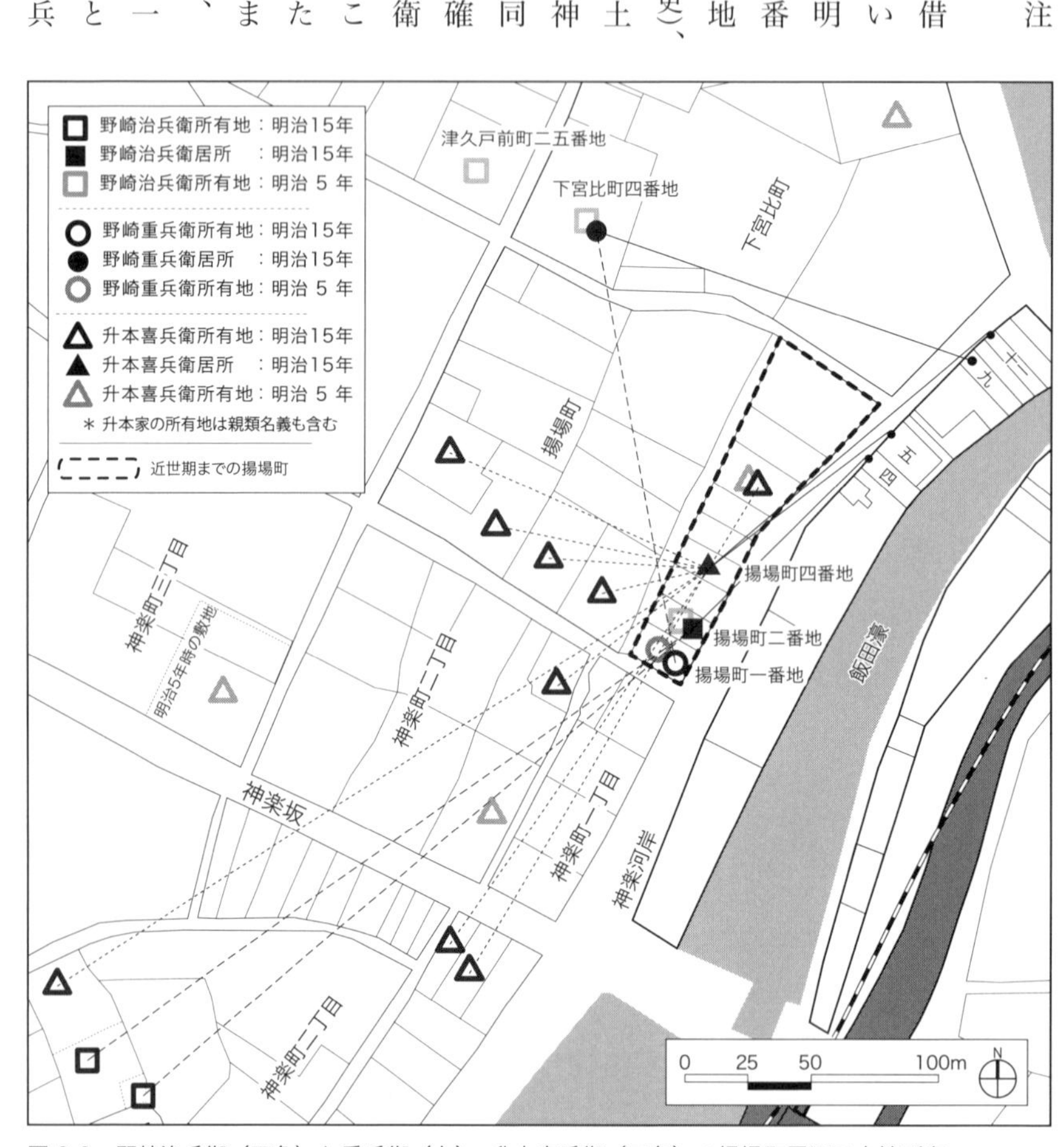

図 6-9　野崎治兵衛（四角）と重兵衛（丸）、升本喜兵衛（三角）の揚場町周辺の土地所有

衛と野崎重兵衛が揚場町を拠点としながら、明治五年から明治一五年までに周辺の土地を取得しながら、所有地を拡大していったことが分かる。近世期と比べて諸々の条件は変化しているものの、揚場町という地区の環境的な利点を生かしながら、水辺と結びつき、地主として地域構造の変容を担っていった様子が浮かび上がる。

さらに、野崎家以上にこうした展開が顕著なのが升本喜兵衛である。升本は明治初年頃に当地にあった酒問屋を引き継ぎ、事業を拡大させた人物で、図6－9からも分かるように、明治一五年までに周辺の土地を多数所有し、明治初期の神楽坂地域に大きな影響を与えていく。図6－10[25]は明治五年頃、高井清典の名義で提出された神楽坂の土地活用に関する申請書に添付された絵図である。その内容は、高井清典の拝領となっていた神楽町一丁目十一・十二番地の神楽坂に沿う間口二十八間奥行七間の土地を、升本喜太郎という人物に貸しつけることを届け出たもので、明治の早い時期における升本家と地域変容との関係が伺える。当地は、明治一五年までに升本喜兵衛の所有となっていることからも、これらは升本家による神楽坂の段階的な開発過程であったと見ることができそうだ。また、こうした動きと並行するように神楽河岸の借用も同時に進められており、水陸の連関した動きとして、こうした都市的な振る舞いを位置づけることができよう。

以上、隣接型の河岸地拝借人の居所の性質とその動向から、周辺地域がいかに変容を遂げてきたのかを見てきた。旧武家地を所在とする借地人・借家人型の河岸地拝借人は、地先の河岸地という新たな回路を築き、地域構

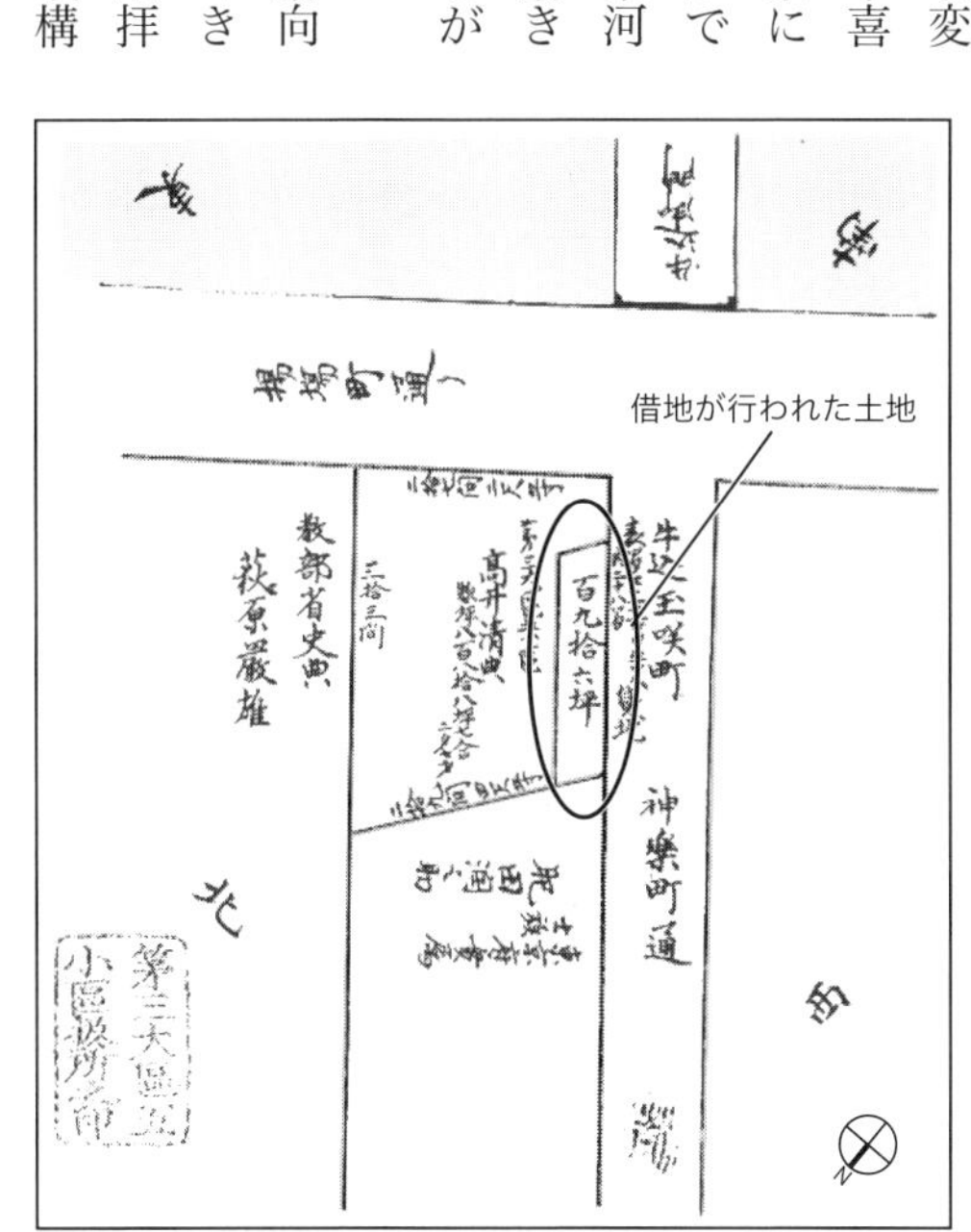

図6-10　升本の名義で借地された神楽坂沿いの土地

造を変質させる新たな主体となっていった。一方で、居付き地主である揚場町の商人が、かつての町人地を核としながら事業を拡大し、土地の集積と水辺利用によって地域の開発を担っていく様子も明らかとなった。旧武家地における「新興の借家人・借地人層」と、近世以来の水辺利用の拠点での「地主層」というふたつの立場から見えてきた地域の変容であった。

3 水辺を介して繋がる周辺の地〈近傍・遠隔型〉

水辺を持たない河岸地拝借人のまち

河岸地と近接しながら発展を遂げてきた地域が存在する一方で、これとは逆に、一見すると水辺とはいえないような地域においても、河岸地拝借人との相互関係は見出せる。ここからは、より広範な地域を居所とする河岸地拝借人が、明治以降その地域の空間構造にどのような影響を与えたのかを、彼らの空間利用の状況や、土地所有の状態から見ていきたい。

水辺に接しない広範な地域から河岸地を借用する人物が多くみられるのは飯田河岸である。飯田河岸の成立は、神楽河岸や市兵衛河岸よりも遅く、明治二二年にようやく築かれた後発の河岸地である[26]。その最初期の拝借人を見てみると、隣接する町の人物は少なく、むしろ河岸地からは離れた地区に居所を構える人物が多数を占めている。河岸地との距離感で見てみると、同一区内の比較的に近傍地といえるものと、区を跨いで全く繋がりのない遠隔地とに分類することができる。本節ではこの分類に即して、それぞれの河岸地拝借人と地域構造の変容との相互関係を検証していく。

1 近傍型河岸地拝借人の水辺利用

図6－1の飯田河岸を見ると、神楽河岸や市兵衛河岸とは対比的に、河岸地からはすこし離れた近傍地域を所在とする拝借人が多数を占めていることに気づく。例えば、二ノ七ノ甲号を借用する芹沢半蔵は、飯田河岸で富士見楼と呼ばれる料理屋を開業し、事業の成功を収めた人物であるが、もともとの居所は神田区猿楽町二丁目八番地にあった。そこでは、油売りと材木商を営んでいたが、その後、運搬の労力の問題から河岸地の借用を思い至ることになる。[27] 河岸地を正式に借用するのは明治二四年からであるが、おそらくその数年前から河岸地内の一部を間借りするかたちで、薪炭の物揚場として当地を継続的に利用していたと見られる。猿楽町から見て、地理的に決して近いわけではないが、それでも最寄りの物揚場であった飯田河岸を、飛び地の搬入口として利用しており（次頁図6－11）、地先利用とは異なるかたちで、近傍の商業地と河岸地が結びついた事例として理解できる。

神田区猿楽町を居所とする人物には、この他にも隣の三崎河岸などで、まとまった人数を確認することができる。三崎河岸は、明治一八年に正式に河岸地へと編入された新設の河岸地であるが、明治三〇年頃までに規模を拡大し、新規に開削された日本橋川の水際も一部が組み込まれている。この拡大部分を拝借していた人物に、五味保や稲富テウといった人物を確認できる。両者はともに、猿楽町三丁目三番地を居所としながら、三崎河岸の十一号地から十五号地（正確な位置は不明）までをそれぞれが一体的に借用している（二一八～二一九頁表6－2）。こうした河岸地拝借人は、水辺が河岸地へと変質したことをきっかけとして出現した新規の水辺利用者であるが、猿楽町の人物がここに集中するのには、どのような要因を見出すことができるであろうか。

2 居所とその周辺地域の性質

こうした点を、河岸地拝借人の居所とその周辺地域の性質から考えてみたい。飯田河岸の周辺地域は、先の神

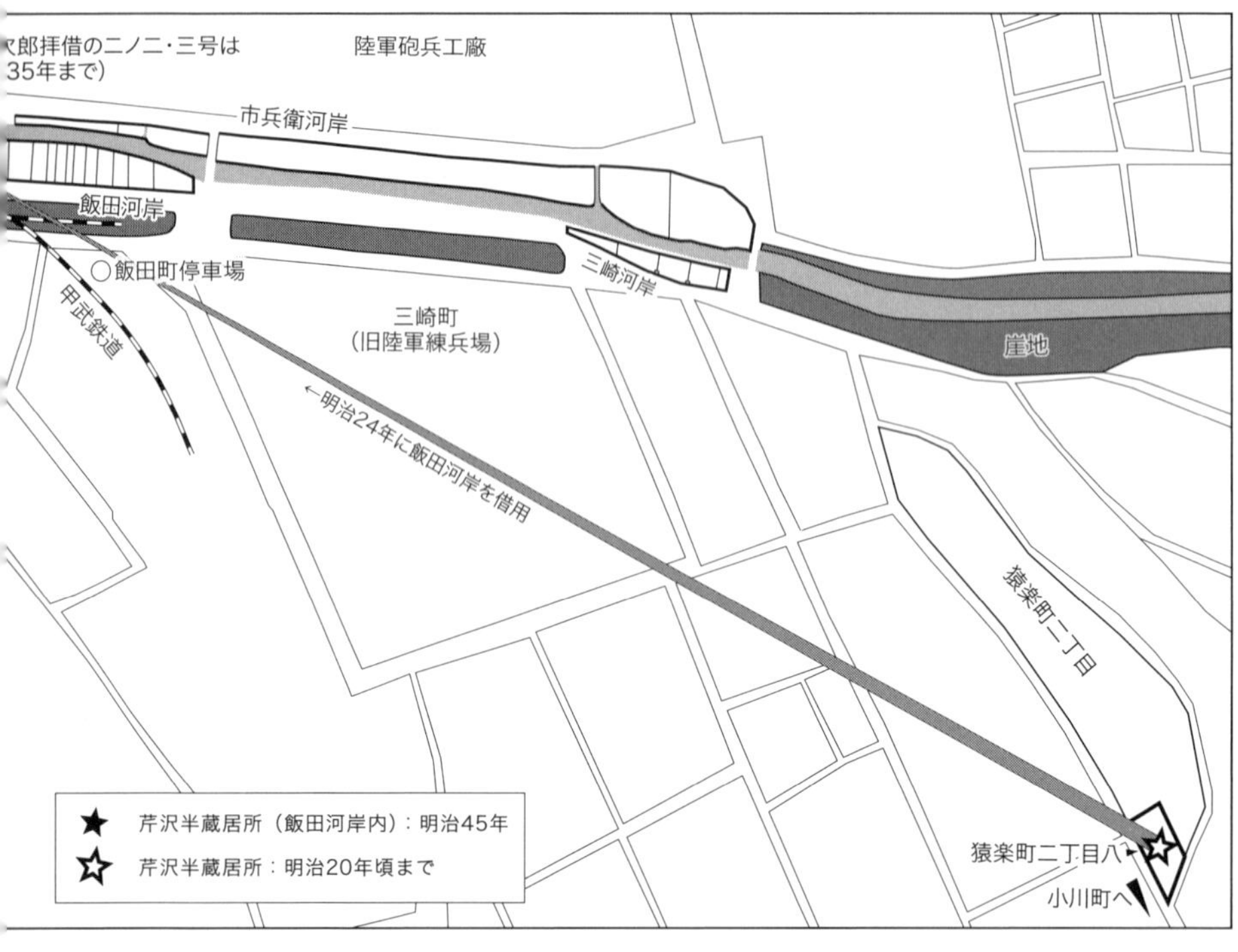

楽河岸や市兵衛河岸と同様に、ほとんどが旧武家地に属している。猿楽町をはじめとした近傍地域からの河岸地拝借人の出現は、こうした土地の変質過程と不可分な関係にあるものと思われる。猿楽町周辺は、近世期まで全域が旗本屋敷によって構成されていた一帯であるし、隣接する小川町も、近世期まで大名系の屋敷地を中心に大規模な屋敷地が隣接した地区であった。こうした場所の性質は明治初期の新開町の開発によって大きく転換する。

小川町の新開町としての開発は明治五年に実施されている[28]。もとは大名屋敷であったこの地が、明治後期まで賑やかな商業地として隆盛していくことになる（図6－12）。こうした影響は、隣接する猿楽町などにとっても決して無縁ではなく、両地区を結ぶ通り沿いには多くの商家が軒を連ね、場所の性質を大きく転換させていった。上述の河岸地拝借人は、こうした土地の変質過程に出現した人物である。

芹沢半蔵は猿楽町に最初の店を出すまでは、

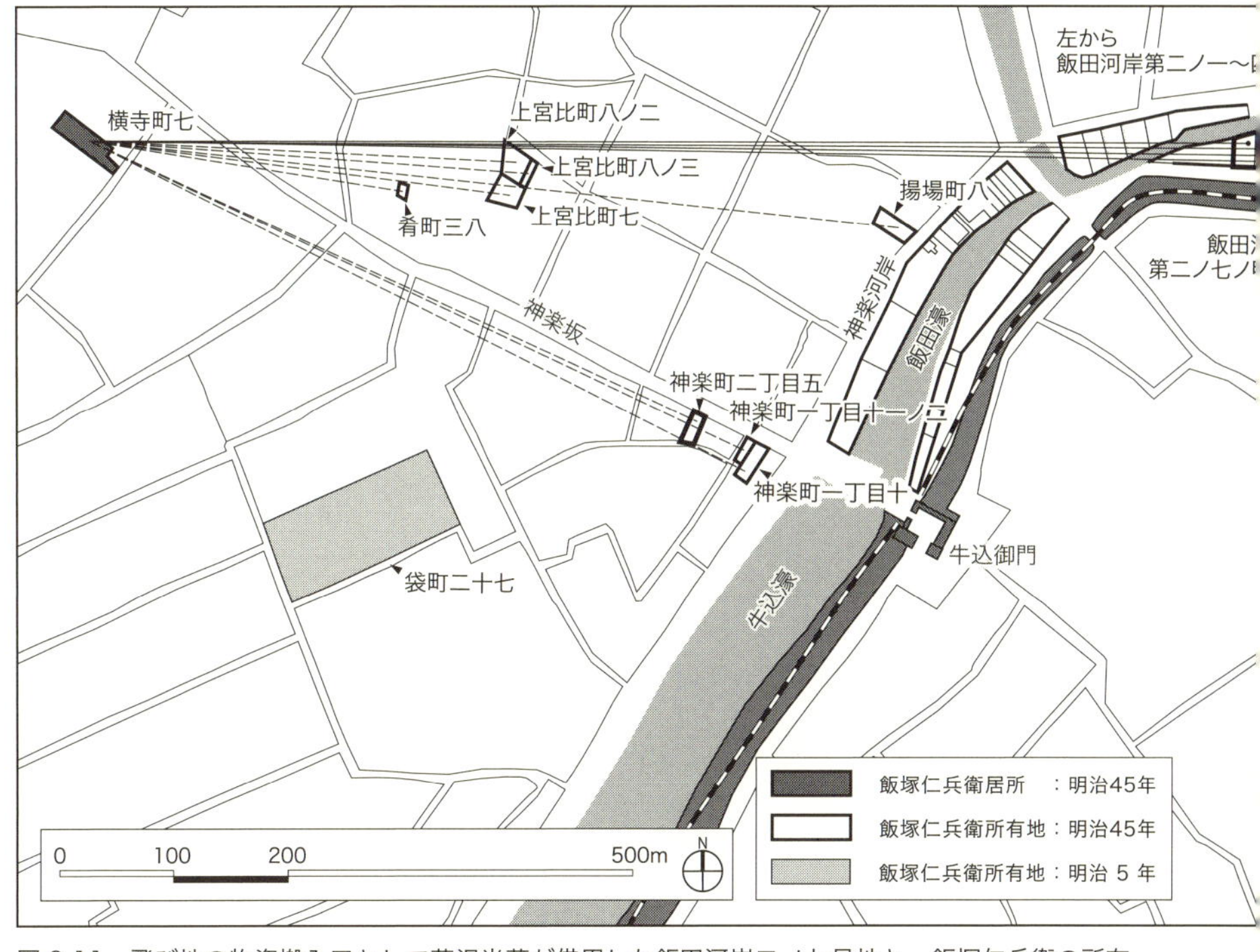

図 6-11　飛び地の物資搬入口として芹沢半蔵が借用した飯田河岸二ノ七号地と、飯塚仁兵衛の所有地および借用した河岸地の分布

万世橋あたりで屋台のおでん屋を商っていた人物である。しかし、それでは立ち回らなくなり、別の商売をはじめるため

図 6-12　明治中期頃の小川町通りの様子

三崎町の拝借人（新設された九～十五号地に五味保や稲富テウを確認できる）

拝借人	拝借人の居所	借地期間	坪数
保科宗兵衛 ＊明治24年7月に 保科シンへ変更	神田区三崎河岸第八号	明治23年1月1日～明治26年5月10日	118.62
杉山直次郎	神田区美土代町四丁目五番地	明治26年5月10日～明治29年9月3日	219.03
高畠新吉	神田区連雀町十一番地	明治29年9月3日～	
樹木敷地			5.9
保科宗兵衛 ＊明治24年頃に 保科シンへ変更	神田区三崎河岸第八号	明治22年8月5日～明治26年5月10日	
杉山直次郎	神田区美土代町四丁目五番地	明治26年5月10日～明治29年9月3日	
高畠新吉	神田区連雀町十一番地	明治29年9月3日～	
加藤傳次郎	神田区三崎町二丁目八番地 ＊明治22年12月に 加藤鐵之助へ変更	明治23年1月1日～明治26年5月31日	132.16
小倉嘉平	神田区淡路町二丁目四番地	明治26年5月31日～明治30年3月11日	
保坂かの	本郷区元町二丁目六七番地	明治30年3月11日～	
内田由太郎 ＊明治28年2月に 内田平次郎へ変更	神田区裏神保町五番地	明治22年11月14日～	119
			5.3
村本クマ	神田区三崎町一丁目九番地 ＊神田区三崎河岸第六号へ変更	明治24年1月1日～	5.8
三崎神社地			92.11
服部キム ＊明治25年11月に 服部幸太郎へ変更	神田区三崎町一丁目九番地 ＊神田区三崎河岸第八号へ変更	明治23年1月1日～	30.79
共同物揚場			50
稲富テウ	神田区猿楽町三丁目三番地	明治31年1月14日～	45.5
五味保	神田区猿楽町三丁目三番地	明治31年1月26日～	81
五味保	神田区猿楽町三丁目三番地	明治31年1月26日～ 明治31年11月9日 ＊一二ノ一、一二ノ二に分割	96
五味保	神田区猿楽町三丁目三番地	明治31年11月9日～	30.67
亀井忠一	神田区裏神保町一番地	明治31年11月9日～	65.35
五味保	神田区猿楽町三丁目三番地	明治31年1月26日～ 明治31年7月23日	99.75
横尾勝右衛門	麹町区上六番町三番地	明治31年7月23日～ 明治34年1月11日	
戸塚忠六	神田区三崎河岸第十三号	明治34年1月11日～	
稲富テウ	神田区猿楽町三丁目三番地	明治31年1月14日～	99.5
稲富テウ	神田区猿楽町三丁目三番地	明治31年1月14日～	101.25

表6-2　明治23年以降の

号		用途（坪）
一（旧八）		木造居宅地（60） 石置場（58.62）
		木造居宅地（160.41） 石置場（58.62）
		木造居宅地（160.41） 石置場（58.62）
二（旧七ノ二）		居宅地
		居宅地
		木造居宅地
		木造居宅地
三（旧七ノ二）		木造居宅地
		木造居宅地
		木造居宅地
四（旧壱・三）		居宅地
五（旧二）		井戸敷地
六（旧四）		木造居宅地
七（旧五）		
八（旧六）		居宅地
九		
十		木造地
十一		木造地
十二		木造地
	一	木造地
	二	木造地
十三		木造地
		木造地
		木造居宅地
十四		木造地
十五		木造地

に明治二〇年頃に猿楽町に移り住んだという。さらに、猿楽町には自身の商家だけでなく、隣敷地にもその後芹沢が買い取ることになる本所木場中川屋勘兵衛の材木屋もあり[29]、当地の商業地的な性質を伺い知ることができる。以上のような地域構造の変質過程において、近傍型河岸地拝借人は出現し、水辺との結びつきをそれらの地域に築いていった。

地主としての近傍型

近傍地からの河岸地拝借人のなかには、さらに直接的に地区の空間変容に影響を与えた人物も存在する。飯塚仁兵衛は、明治三一年以降に飯田河岸の複数の土地を借用した人物で、第二ノ一ノ甲ノ内号の約九〇坪をはじめに、親族である飯塚由次郎と合わせて、合計四筆の河岸地を明治三三年までに借用している。その居所は、飯田河岸とは濠を挟んで反対側に位置する牛込区横寺町七番地で、芹沢半蔵と同様に近傍型の河岸地拝借人であるといえる（前掲図6－11）。

飯塚仁兵衛は、牛込区随一の酒造家としても知られ、また東京府の酒造組合の頭取を歴任するなど、区内屈指の旧家であった[30]。こうした酒造業の興隆を背景に、飯塚仁兵衛は周辺地域の土地取得を積極的に行い、明治後半までには横寺町周辺だけでも、一〇筆以上の土地を所有するに至る[31]。明治五年の「沽券図」では、牛込区袋町二十七番地約二五〇〇坪の所有に留まっているものの、明治一五年にはより外濠の水辺に近い神楽町一丁目や二丁目の敷地も取得しており、明治初年頃から段階的に所有地を拡大していったことが分かる。

　所有地のひとつである神楽町一丁目十一番地の大正期の土地利用を見てみると、敷地内の建物全一〇棟に対して、飯塚が所有するのは一棟のみとなっている[32]。このような土地利用の傾向は、その他の土地でも同様に見られることから、こうした土地取得は不動産経営的な利用を主眼においたものであったことが理解できる。水辺沿いの土地だけでなく、神楽坂の花街を構成する三業地の土地も複数所持しており、地主層として周辺地域の変容に強い影響力を持っていた。

　明治三一年からの飯田河岸の河岸地の取得は、こうした地主層としての動きと時期的に連動している。飯塚仁兵衛の居所である横寺町から見て、最も近場の河岸地は神楽河岸であるが、明治二六年の市区改正事業によって個人借用地の大半が削除されたこともあって[33]、より流動性の高い飯田河岸が選ばれたのであろう。その用途を見ると、家屋や物揚場のみならず庭地としての利用も多く見られ、純粋な物資の搬入口ではなく、商店や住居といった利用が行われていたことを指摘できる。おそらく、飯田河岸の三業会との関係から、待合や料理屋のような利用もあったのかもしれない。つまり、飯塚による河岸地の見立ては、水運を利用した荷揚場のような稼業に関わる副次的な用地というよりは、土地経営のひとつの選択肢として河岸地という場所があったと考えられるのである。

　以上のような動向を通じて、近傍型の河岸地拝借人はそれぞれの居所において、その周辺地域の構造に影響を与えてきた。武家地跡の新興商業地のなかで存在感を表した芹沢半蔵や、地主層として土地集積を行った飯塚仁兵衛は、借家人・借地人層と地主層という違いはあるものの、ともに河岸地拝借人の顔を持ち合わせた地域の空間変容の担い手であった。

遠隔型水辺利用

最後に、河岸地の周辺に所在しない人物、つまり当該地域とは距離を隔てた遠隔地の人物に焦点を当て、その動向を見ていく。対象の河岸地を中心に、さらに広範な地域へと目を向けると、こうした地域からは企業や会社による河岸地の借用を多く見出すことができる。例えば、神楽河岸三ノ内ノ三号地を、明治二四年から代わり代わり借用する三人の名義は、深川区黒江町の米穀倉庫会社支配人となっている。さらに、飯田河岸二ノ八号地を拝借する中川佐兵衛の名義は、機械製氷会社社長である。このような、一見地域とは無縁の地区からの企業による借用は、神田川の舟運による水路体系からその関係性を浮かび上がらせることができる（図6－13）。

神田川は、東京の牛込地区や小石川地区、さらには飯田町や番町といった地域にとって、唯一の水路として機能しており、市内の流通の大部分を舟運に頼っていた明治期の東京にとって、神楽河岸や飯田河岸という河岸地はとりわけ重要な地位を占めていた。こうした水路としての神田川の重要性は、飯田町停車場が明治二八年に設置されたことによってより強

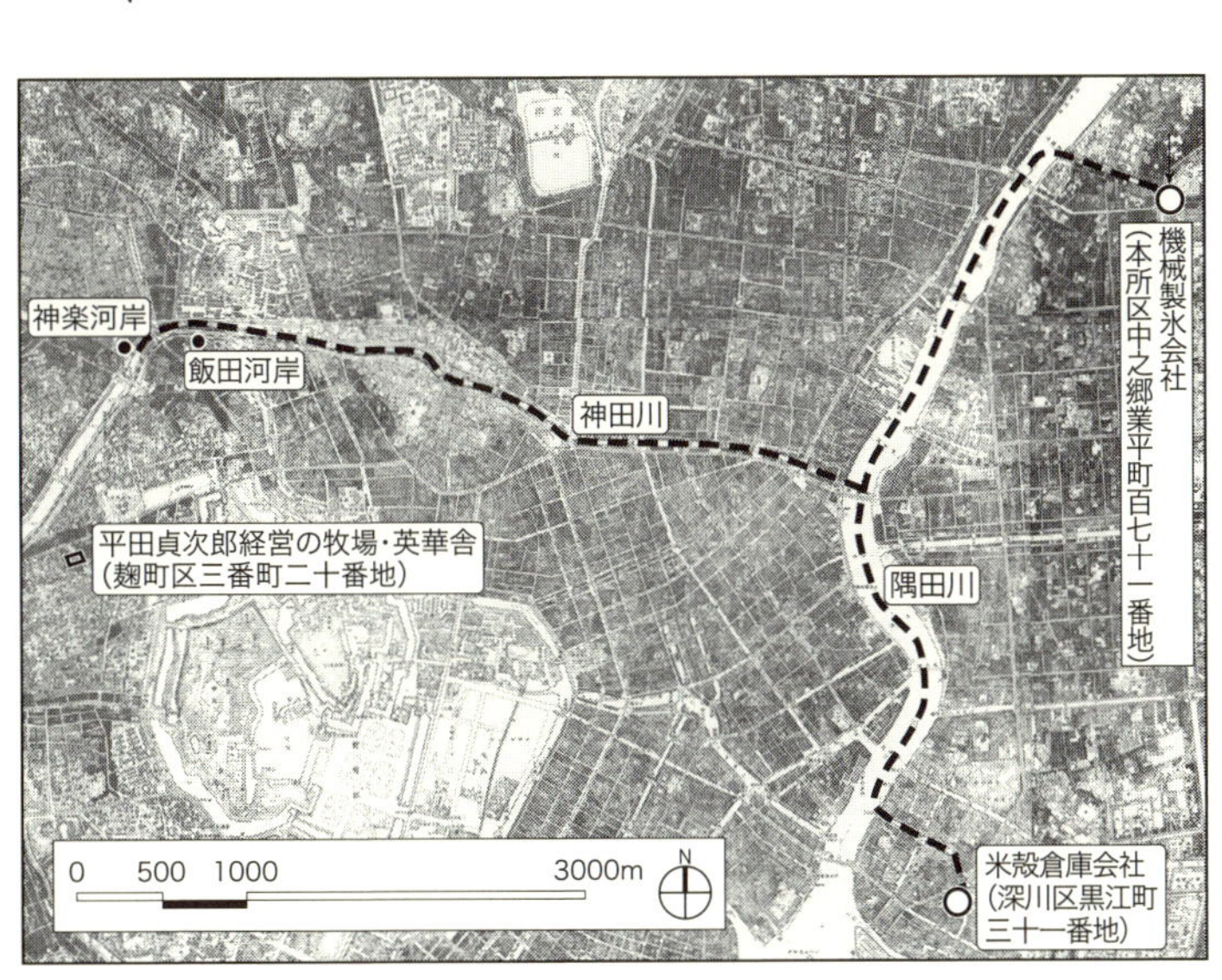

図 6-13　神楽河岸を借用する深川区黒江町の米穀倉庫会社と飯田河岸を借用する本所の機械製氷会社

図 6-14　平田貞次郎の牛乳搾取所

化されていく。当時の飯田町停車場への集荷品を見ると、石炭や木炭、材木といったものが多数を占めるが(34)、停車場に集められたこれらの貨物の市内への発送には、もっぱら神田川の舟運が活用されていた。深川の米穀倉庫会社や本所の機械製氷会社は、このような神田川が担う水路としての重要性から神楽河岸や飯田河岸の借用に至り、流通拠点としてそれぞれの河岸地を機能させていたと考えられる。それは、明治期に生まれた新たな流通体系を担い、東京の都市

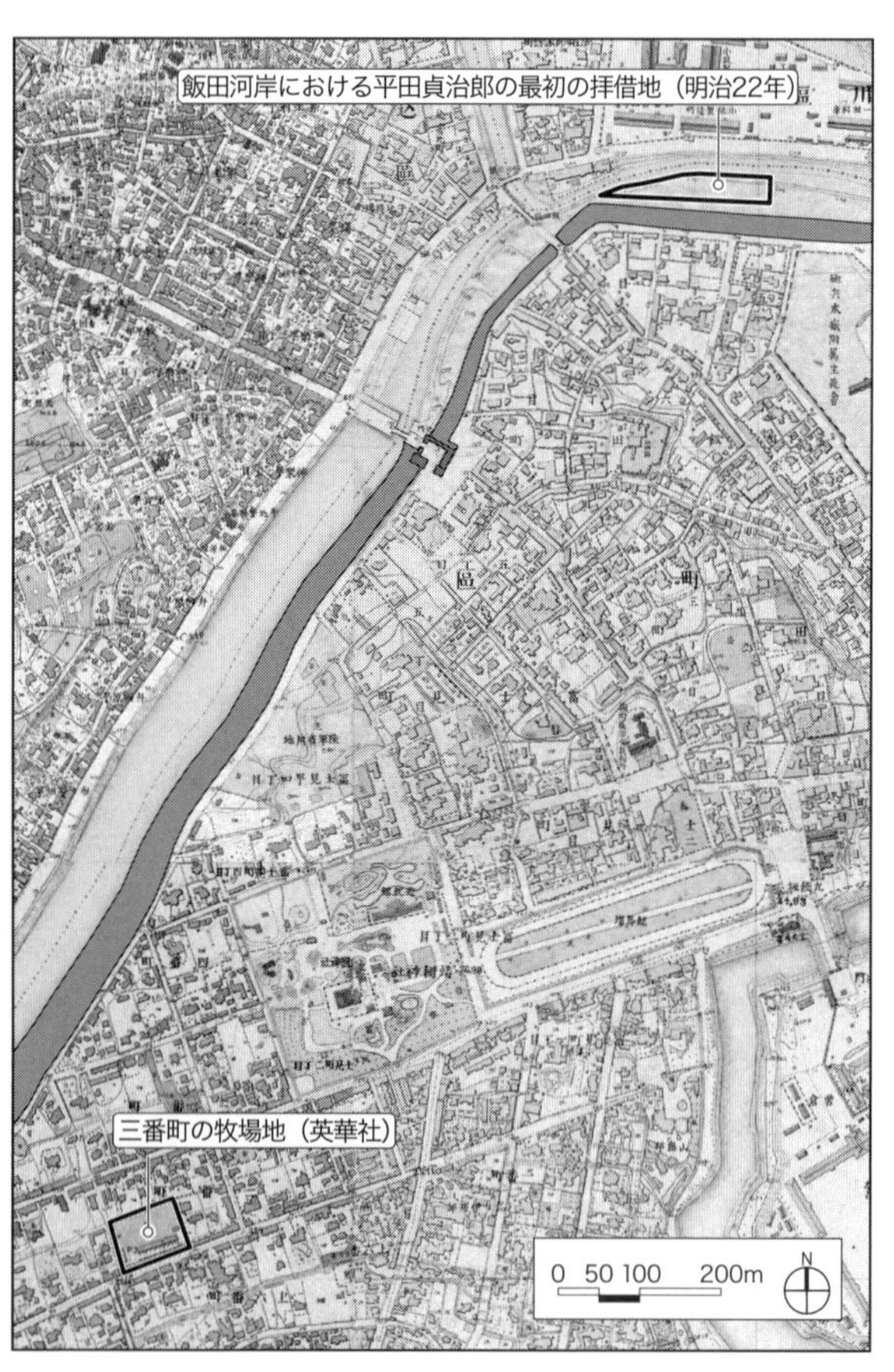

図 6-15　平田貞次郎の最初期の飯田河岸拝借地と三番町の牧場

構造の再編を促していった動きとしても見ることができる。

水路をひとつの軸としながら河岸地の借用に至る他のケースとしては、平田貞次郎の動向も興味深い。平田貞次郎は、豊島郡淀橋町角筈村百二十四番地を居所としながら、飯田河岸が河岸地に編入される以前から土手を使用した最初期の拝借人のうちの一人である。河岸地拝借人として、飯田河岸の空間的な基盤を築き上げると同時に[35]、富士見町で英華舎という牛乳搾取所の経営も行っており[36]、商品や飼料の運搬目的に初期の飯田河岸を利用していた可能性を指摘することができる（図6－14、図6－15）。地域にとって一見無縁であるように思える遠隔地の人物が、同じ地区内の河岸地と市街地の土地との双方を取得し、同時期に運用しているという事実は、飯田河岸を唯一の河岸地とする飯田町や富士見町といった地区の、水辺の町としての側面をつよく特徴づけている。遠隔地からの河岸地拝借人もまた、地域変容の担い手であったといえよう。

4　まとめ

本章では、河岸地拝借人に焦点を当てながら、その周辺地域と水辺との間に築かれた相互関係を描き出すことを目指してきた。明治以降に水辺の空間的な基盤を築いていった河岸地拝借人たちは、一方では地域の変質をも担う重要な主体であり、それぞれの居所での稼業や土地取得を通じて地域構造の再編に関わっていった様子が、ここでは明らかとなった。

まず、河岸地拝借人には居所の位置関係から、隣接型、近傍型、遠隔型のタイプが見られ、水辺との結びつき方という点においてそれぞれの異なった存在形態が確認できた。隣接型の河岸地拝借人のケースでは、地先の稼業用地として隣接地と一体的に利用されるまとまりのある場が形成され、近傍型では遠方の商業地からの飛び地の搬入口や、土地取得のひとつの選択肢としてなど、点と点を結ぶような関係性が都市内部に築かれ、遠隔型では物資の生産地や供給地から水路網を介して結びつく物流の場としての関係を築くに至った。

明治以降に見られたこのような水陸の新たな関係性は、河岸地拝借人を通じて、それぞれの地域の変質過程と連動する。例えば、新開町である下宮比町所在の菊池栄蔵が地先の神楽河岸を借用しながら稼業を発展させていった様子や、近世以来の町人地である揚場町所在の升本喜兵衛が、地先の神楽河岸と強固に結びつきながら、周辺の土地開発から土地取得までを積極的に行い、神楽坂地区の明治以降の空間形成に多大な影響を与えていった様子は、こうした事実をよく表している。同時に、近傍型の河岸地拝借人である飯田河岸の飯塚仁兵衛もまた、升本喜兵衛と同様に複数の土地を取得し地区の開発を進めた地主層であったし、芹沢半蔵も新開町に端を発する猿若町で材木商などを営み稼業を発展させた人物であった。機械製氷会社や米穀倉庫会社、さらには平田貞次郎による英華舎の牧場といった遠隔型の拝借人による動向も、東京の水路網を前提とした都市構造の読み替えとして理解することができよう。明治期における彼らの土地取得や開発といった一連の動向から、河岸地拝借人の周辺地域改変の担い手としての側面が明らかとなった。

本章ではこうした事実を、「河岸地台帳」記載の情報を土地所有と関連づけながら照査し、できうる限り拝借人個人の素性にまで迫ることで読み解いてきた。彼らは、明治期に濠から水路として変質した神田川において、自発的に水辺へと乗り出し、水際の空間を築き上げると同時に、その居所を中心とした地域で稼業や生活を営みながら、水陸の新たな回路を東京のなかに築き上げる主体でもあった。これまであまり強調されることのなかった、水辺利用者からの都市構造の変容過程のひとつの局面が、外濠の水辺を舞台に展開したのであった。

また、こうした事実は、明治期東京における河岸地の成立が、単に水際の空間変容をもたらしただけでなく、より広範な地域、場合によっては都市全体の構造にまで影響を及ぼす事態であったことを表している。東京の都市構造を読み解くうえで、このような水辺からの眼差しが有効であることを、本章のまとめとして提示したい。

注　釈

（1）例えば鈴木理生は、近代初期の明治一〇年代頃までは、東京の流通がほとんど舟運に頼っている状況であったことを示したうえで、神田川や石神井川などでは、工場制工業のための水車要地として河川沿いの土地が積極的に活用され、河川が東京の近代化に貢献していたことを指摘している。鈴木理生『江戸の川　東京の川』井上書院、一九八九年、一八九～一九二頁。

（2）高道昌志「明治期における神楽河岸・市兵衛河岸の成立とその変容過程」『日本建築学会計画系論文集第八〇巻・第七一二号』二〇一五年六月、一四八三～一四九二頁、ならびに、同「明治期における飯田河岸の成立とその変容過程」『日本建築学会計画系論文集第八一巻・第七二〇号』二〇一六年二月、五〇九～五一八頁。

（3）明治期における最初の包括的な制度である明治九年「河岸地規則」において示された「河岸地」の定義とは、それが単に水路や河川の両側の岸であるということを意味している。明治政府の河岸地に対する見方は、隣接町の地先であるという特性や、場所ごとの地勢的な条件、さらには物揚場としての機能など既存の性質を考慮せず、あくまで水際の個別の土地でしかないという認識に留まっていた。前掲（2）の「明治期における飯田河岸の成立とその変容過程」。

（4）特に、吉田による江戸の河岸地に関する研究では、流域都市として江戸を見たとき、そこに運ばれる物資のみならず、それを都市内部へと供給する人々の社会的な構造にまで関心を寄せる先駆的な方法が示されている。吉田伸之「流域都市・江戸」（『別冊都市史研究　水辺と都市』山川出版社、二〇〇五年、一三～二七頁）。

（5）伊藤の研究では、日本橋地区における明治期の河岸地拝借人が、隣接街区の開発にも積極的に関与していった事実を、河岸地―街区空間の精緻な復元作業を通じて明らかとしている。伊藤裕久「都市空間の文節把握」（『伝統都市4　文節構造』日本建築学会、二〇〇七年、八七～九〇頁）。

（6）本稿では、明治一五年発行と、明治二二年発行の「河岸地台帳」を使用する。東京都公文書館所蔵：河岸地免許証台帳〔麹町区、芝区、麻布区、牛込区、小石川区〕全、明治一五年、東京都租税課、一八八二年、請求番号 633.A5.10. ならびに、東京都公文書館所蔵：第一種・河岸地台帳〔麹町区、芝区、麻布区、牛込区、小石川区〕全一六冊の内第一冊、東京都地理課、一八八九年、請求番号 601.B4.13.

（7）東京都公文書館所蔵：明治一一年　区分町鑑　東京地主按内　全、山本忠兵衛輯、請求番号なし（資料 ID000101786）。

（8）岡本による明治期日本橋の研究では、拝借人の公私だけでなくその居所にまで検討が加えられており注目される。しかし、対象とされた地区は河岸地の隣接地に限定され、その視点はあくまで河岸地拝借人の地先の構造の有無に向けられており、拝借人による街区開発や土地取得といった動向に注目するものではない。岡本哲志「明治期における日本橋の河岸地構造の変容に関する研究――明治初期と明治末期との比較」（『水辺都市再生に向けた地域デザインの構図 Vol.4』法政大学エコ地域デザイン研究所、二〇〇七年）。

（9） 東京都公文書館所蔵：明治二二年願伺届録・河岸地〔麴町区、芝区、麻布区、牛込区、小石川区、本郷区〕庶務課、「第二四　神楽河岸地年期継願」、請求番号 617.C8.03.

（10） 本図は、『風俗画報　第三五二号』（東陽堂、一九〇六年、一〇頁に収められた、「火事場の写真」。

（11） 東京都公文書館所蔵：明治一五年回議録・願伺、地理課、「第一〇～二四　牛込区神楽河岸内共同物揚場位置復旧願」、請求番号 612.B3.04.

（12） 前掲（11）。

（13） 東京都公文書館所蔵：明治一二年稟議録・市街地理・第一号、租税課、「第三　小石川橋水道橋中間土手附道路練兵場へ囲込に付更に道路陸軍省於て開設の件」、請求番号 610.D3.01.

（14） 前掲（13）によれば、陸軍省が当地での訓練の際に、土手を障壁として利用すれば都合が良いため、練兵場の敷地として取り込みたいという要望があったことが分かる。

（15） 当図は、前掲（13）に掲載された計画図のうちのひとつである。

（16） 三崎河岸の命名は、明治一七年の東京府による河岸地命名の際に実施されている。東京都編『東京市史稿　市街篇　第六八冊』東京都編、一九七六年、三五九頁。

（17） 東京都公文書館所蔵：第一種　河岸地台帳〔神田区〕全、地理課、一八八四年、請求番号 601.A6.12.

（18） 東京都公文書館所蔵：明治一八年回議録・河岸地〔神田区〕地理課、「第四二　三崎河岸所属崖地並樹木敷地拝借願　古宇田健」、請求番号 614.A4.02.

（19） 図からは、三崎稲荷神社の境内を借用する人物として、村本周助と服部文之助の名前を確認することができる。服部文之助の借用地は、台帳記載の六号地拝借人である服部多喜の借用地と、位置と規模がほぼ一致するため、二人は親類関係にある同類の拝借人であると判断した。また、一号地拝借人である穂積耕雲は神官であったことが判明しており、同時に借用地が本殿の傍であったことから、三崎稲荷神社の重要な役職に就いていた人物であったと推察できる。

（20） 明治五年の「沽券図」（東京都公文書館所蔵：第三大区沽券地図（第三大区五小区）、東京府地券課、一八七三年、請求番号 ZH-656）に記された地主と、嘉永四年発行の『尾張屋版切絵図』を照査すると、当該地ではほとんどの武家屋敷で拝領主が入れ替わっていることがわかる。

(21) 当町は、火除け地であった市ヶ谷田町四丁目に設置されるはずだったが、五人組持地借政次郎の願い出によって下宮比町へ移転となり、その政次郎を地主として武家地から町地へとして変質していく。東京都編『東京市史稿 市街篇 第五〇冊』東京都編、一九六一年、八一五〜八二四頁。
(22) 下宮比町一丁目内の商人は、横山錦柵『東京商人録』(大日本商人録社、一八八〇年)から確認した。
(23) 新開町とは、武家地の商店化によって特徴づけられた存在であるが、単純にそれまでの町人地を拡充したものではなく、既存の建築を転用しながら、多様な職種の人々が入り混じる性質の場であったと定義されている。松山恵「近代東京における広場の行方――新開町の簇生と変容をめぐって」『江戸の広場』東京大学出版会、二〇〇五年、六七頁。
(24) 当申請は、菊池栄蔵が神楽河岸を借用する直前に、船河原橋の袂を物置場として用いたいという内容のものである。そのなかで菊池は、「方今川附地新規御貸附モ有之ヲ觀レハ圖面川附ノ地所御貸附有之候テモ可然」と、周囲の状況に関わらず、自身の河岸地がないことに対する憤りを述べている。東京都公文書館所蔵:明治一四年 回議録・第一号、租税課、「第五四 菊池栄造ヨリ牛込区舟河原橋上流沼地営業物品置場ニ拝借願ノ件」、請求番号611.D2.01.
(25) 東京都公文書館所蔵:明治五年 管民願伺届・第四部、土木掛、「第一五〇 明治五年五月 第三大区五小区士族高井清典より東京府庁へ牛込揚場町附属賜邸の内別紙絵図面朱引の通り同所神楽町通り表間口二十八間奥行七間の間第三大区五小区牛込神楽町三番地地借升本喜太郎へ貸付建家補理仕度に付町規は勿論場所相当の割合を以て区入用等差図次第出銀仕る旨届申上」、請求番号605.D5.03.
(26) 飯田河岸の河岸地への編入は、明治二二年に「区部河岸地處分」を受けて、東京府の基本財産に組み込まれることで実施された。
(27) 芹澤半蔵『私の一生』富士見楼、一九一五年、二七〜三二頁。
(28) 小川町の新開町の開発は、明治五年頃に実施されたものである。なお、同年には小川町の対面に位置する神保町でも新開町が見られ、一体的に場所の特性が変質しつつある状態にあったことがわかる。前掲(23)、六八〜六九頁。図6-12の写真は、国立国会図書館デジタルコレクション所蔵、瀬川光行『日本之名勝』史伝編纂所、一九〇〇年(http://dl.ndl.go.jp/info:ndljp/pid/762809/19)より。
(29) 芹沢半蔵が、万世橋での屋台営業からはじまり、猿楽町に店を開き、隣接地の材木屋の店を買い取っていく様子は、前掲(27)に詳しい。
(30) 飯塚仁兵衛の来歴は、古林亀治郎『現代人名辞典』(中央通信社、一九一二年、一一一〇〜一一一一頁)より引用。
(31) 地図資料編纂会編『地籍台帳・地籍地図〔東京〕第六巻』(柏書房、一九八九年)から、明治四五年時点における、横寺町周辺の飯塚仁兵衛とその親族所有の土地を拾い出すと、神楽町一丁目十、神楽町一丁目十一ノ二、神楽町二ノ五、筑土八幡町五ノ三、揚場町八、筑土八幡町一ノ一、筑土八幡町五ノ二、上宮比町七、上宮比町八ノ二、上宮比町八ノ三、肴町三十八の、全一一筆が確認できる。

（32）大正一一年時点での、神楽町周辺の土地所有者と建物所有については、牛込区史編纂会『牛込町誌　第一巻』（一九二二年）に記載の情報を基に分析を行った。

（33）神楽河岸の個人借用地の大半は、明治二六年に市区改正事業に伴って大部分が削除となった。しかし、揚場町と神楽町一丁目の地先部分に相当する箇所は、共同物揚場と一般の市街地（升本喜兵衛所有）として組み込まれ存続している。

（34）本文で示した飯田町停車場の集荷品は、『大正十二年東京市貨物集散調査書』から引用したものである。なお、本稿ではその復刻版にあたる、山口和雄監修・高村直助編『近代日本商品流通史資料第七巻　東京市貨物集散調査書』（日本経済評論社、一九七八年）を参照している。

（35）平田貞次郎の飯田河岸成立までの動向に関しては、前掲（2）の飯田河岸の論文を参照。

（36）平田貞次郎の経営した英華舎は、富士見町地域で大変に繁盛した牛乳搾取所で、明治一八年刊行の『東京商工博覧絵』にも掲載されている。なお、本稿では以下の復刻版を参照している。山田忠『東京商工博覧絵』湘南堂書店、一九八七年、三六六〜三六七頁。

第7章

外濠とまち II

濠の環境からみる山ノ手の土地と人

1　はじめに

本章の目的

外濠は単に江戸城の城郭であるだけでなく、場所によっては水運機能を備えた水路でもある。特に近代おいては、実利的な土手利用が各地で見られ、河岸地をはじめとした湊機能がより一層強化されていった。ここまで見てきたのは、そうした土手改変の動きと、それと連動するかたちで進行した地域構造の変容過程である。神楽河岸や市兵衛河岸、さらには飯田河岸といった近代の「河岸地」は、それぞれの歴史的な背景や、立地する場所の先行する条件の違いに左右されながら、土手を直接活用することで周辺地域との結びつきを築き上げてきた。

ではその一方で、河岸地を伴わない地区である市ヶ谷濠や牛込濠では、周辺市街地とどのような関係を見出すことができるであろうか（一六七頁図5－1参照）。本書の第5章では、当該地が鉄道用地として活用されながらも、人々の利用に供する場所として開放され、近代における新たな空間を築いてきたことを明らかとしてきた。しかし、そこには水路としての機能が備わっていないために、直接的な営為の対象として周辺地域の人々に水辺が取り込まれるような動きは見られない。

そもそも、市ヶ谷濠、牛込濠の周辺は、明治以降に学者や政治家、軍人をはじめとした近代の有力者の屋敷街として再編されていくため、商業的な地区へと変貌していく下流域のまちとはその性格が大きく異なっている。かつての旧武家地の性格を引き継ぎながら、生活環境がそのまま維持されてきたのである。こうした動きは、主に明治二〇年代頃から顕著となって、明治四〇年頃までに全体の輪郭を確立していくことになるが、このときその開発を担った人々の動向を、外濠との関係から位置づけることを本章では試みたい。

近代東京の屋敷街といえば、早くには番町や駿河台など、明治政府の官員向けに供出された郭内の旧武家屋敷の活用がよく知られているが[1]、その流れは、東京の拡大に伴って徐々に周縁へと拡大していく。より良い生活環境を求めて、かつての大名屋敷跡や山ノ手の高燥な土地が次々と近代の邸宅地へと転換されていった。こうした動きは、明治期の東京に見られるひとつの潮流であるが、その前提には地租改正によって土地が不動産として扱われるようになったこと、そして鉄道をはじめとした都市交通の発展という要素が大きく関わっていたと考えられる。

そのうえで、彼らが土地の取得を進めていくにあたって、利便性や風致といった水辺や外濠に固有の場所の特性が、その選択に影響を与えていたと考える事はできないだろうか。土地取得の経緯や土地所有の構造、さらには屋敷地や庭といった空間利用など、そうした土地に関わる人々の具体的な動きのなかに、外濠という場所性が与えた影響を見出していきたい。

明治二〇年頃の牛込濠・市ヶ谷濠でいえば、甲武鉄道の開通や隣接する飯田河岸と神楽河岸の発達、さらには濠へと向かって傾斜する斜面地であることなど、土地の資質という点から屋敷街の形成に関わる要因を幾つか見出すことができる。この場合、地域にとっての水辺の持つ意味とは、実利的な側面のみによらず、景観や風景といった観点も多分に関わってくると考えられる。本章では、こうした動向に焦点を当て、武家地が屋敷街へと変容していく様子を、外濠からの視点で描き出し、都市における水辺の在り方のひとつの局面を探っていきたい。

方法と資料

分析に当たっては、まず土地所有の観点から復元的に地域構造に迫っていきたい。旧武家地の土地所有が再編されていく過程を、実際に土地を取得し、開発を行った地主層の動きから観察し、地域の空間変容を担った主体の存在を明らかにする。そのうえで、彼らの土地取得や開発行為の動機として、あるいはその動きの要因として、対象地における水辺としての環境や外濠の場所性があったことを、実際の土地利用やその開発主体の言説等から読み解いていく。

こうした方法で見ていくために、土地所有と実際の空間に関する分析を、第2節と第3節に分けてそれぞれ行っていく。まず第2節では、明治初年から明治後期にかけての土地所有の変化を動態的に見ていき、旧武家地としての区画や敷地割りが徐々に解体され、近代の仕組みのなかで新たな輪郭が築かれていくことを明らかとしていく。地域構造の基層としての街区や敷地のラインが、土地所有の変化のなかでどのようにかたちを変えるのか、また、当該地における武家地の敷地規模が、近代の屋敷街にそのまま適合したのか、あるいは読み替えられていったのか、そういった都市組織の変化に注意を向けたい。

こうした分析を踏まえて、第3節では実際の土地利用と成立した空間特性を復元的に見ていく。例えば、屋敷構えや水辺に対する建築の開き方、それに加えて場の使い方や生活といった空間利用の様相から、外濠と都市空間の相互の関係を見出していく。なぜその場所が選ばれ、どのような空間が築かれたのか、またそれを担ったのは誰であったのか、こうした点に注目する。そして地域を捉える枠組みを、行政区や単独のまちに留めることなく、外濠の環境空間にまで広げることで、外濠という水辺が、周辺地域の人々の生活のなかで、どのような存在であったのかを描き出したい。あるときは景観的なことが意識される場として、またあるときは実利的な交通の要所として、さまざまな要件のなかで築き上げられていく外濠空間の一連の動きを、具体的な事例を通じてみていく。

2　土地所有の動態と地域の再編

明治初期から中期にかけての土地の状況

明治以降、江戸の大部分を占めた旧武家地の再編を担っていったのは、実業家や学者などの有力者達である。彼らの土地取得の動きは、屋敷や住宅地としての開発や不動産経営を目的としながら、地域構造の変容に影響力を発揮していく。外濠周辺においても、多くの土地はこのような経緯によって生活空間として開発され、明治後期までに大規模な邸宅が点在する、東京のなかでも特に特徴的な屋敷街となっていく。本節ではまず、明治後期に形成される外濠周辺の屋敷街の構造を理解するため、明治初期から中期にかけての土地所有と、その開発主体に焦点を当て、一連の動向を分析していく。

東京の人口は、明治初年には江戸の最盛期の半分にまで落ち込み[2]、市街地の多くは衰退する。これは江戸に居住する武士階級が、明治維新によって各地へ離散していったことに起因するが、これに伴い武家地の各屋敷は大きく荒廃することになる。このような状況下で、明治二年（一八六九）に明治政府は旧武家地に対して桑茶政策を施行する。これは、申請さえすれば身分を問わず誰でも武家地を桑茶畑として開墾できるというものであったが、実状としては申請者に素人が多く、すぐに枯らせてしまうことが多かったようで、わずか二年のうちに廃止となってしまう。次いで、明治六年（一八七三）に武家地処理の最終段階として、地租改正が行われることになるが、当政策をもって以降の土地は不動産として扱われることになり、旧武家地の土地の流動化が進行することになる。

こうした政策を念頭に、土地の規模と所有者が知れる明治六年の「沽券図」（東京都公文書館所蔵）を参照し、同時代の大規模な土地所有者を抽出すると図7－1のようになる。本図からは、この段階ですでに多数の大規模な地主が出現していることが読み取れ、またその人物の多くは江戸以来の旧大名や実業家などではない商人層であることが読み取れる。そのなかには、後に神楽河岸の重要な河岸拝借人となる升本喜兵衛の存在も確認することができる。こうした状況からは、土地の不動産化に伴って、当該地の武家地が流動化し、複数の地主層によって取得されていった様子が浮かび上がる。

このような明治初期の土地所有の動きと連動して、実際の空間レベルではどのような利用が行われていたのであろうか。図7－2は明治一七年作成の「参謀本部作成東京実測図」と明治二〇年作成の地籍図（内務省地理局　東京実測図）をもとに、旧牛込区側（現在の新宿区側）で江戸から敷地割が大きく変化した箇所をプロットしたものである。小さな土地の統合、あるいは大名屋敷跡のような大規模な土地の細分化が進んでいることが分かる。さらに図7－3は、先と同様の参謀本部の地図から各敷地の土地利用を抽出したものであるが、牛込区側の大部分が畑となっていることが分かる。興味深いのは、図7－2において、敷地の変化が著しい箇所に、畑としての利用が顕著であることである。つまり、地租改正以降に土地を取得してきた主体の意向は、積極的な宅地等の開発を前提としたものではなく、土地経営に主眼を置いた土地取得であったことがここから推察される。この段階で既に、土地を統合し大規模な屋敷地を造成している例も見られる

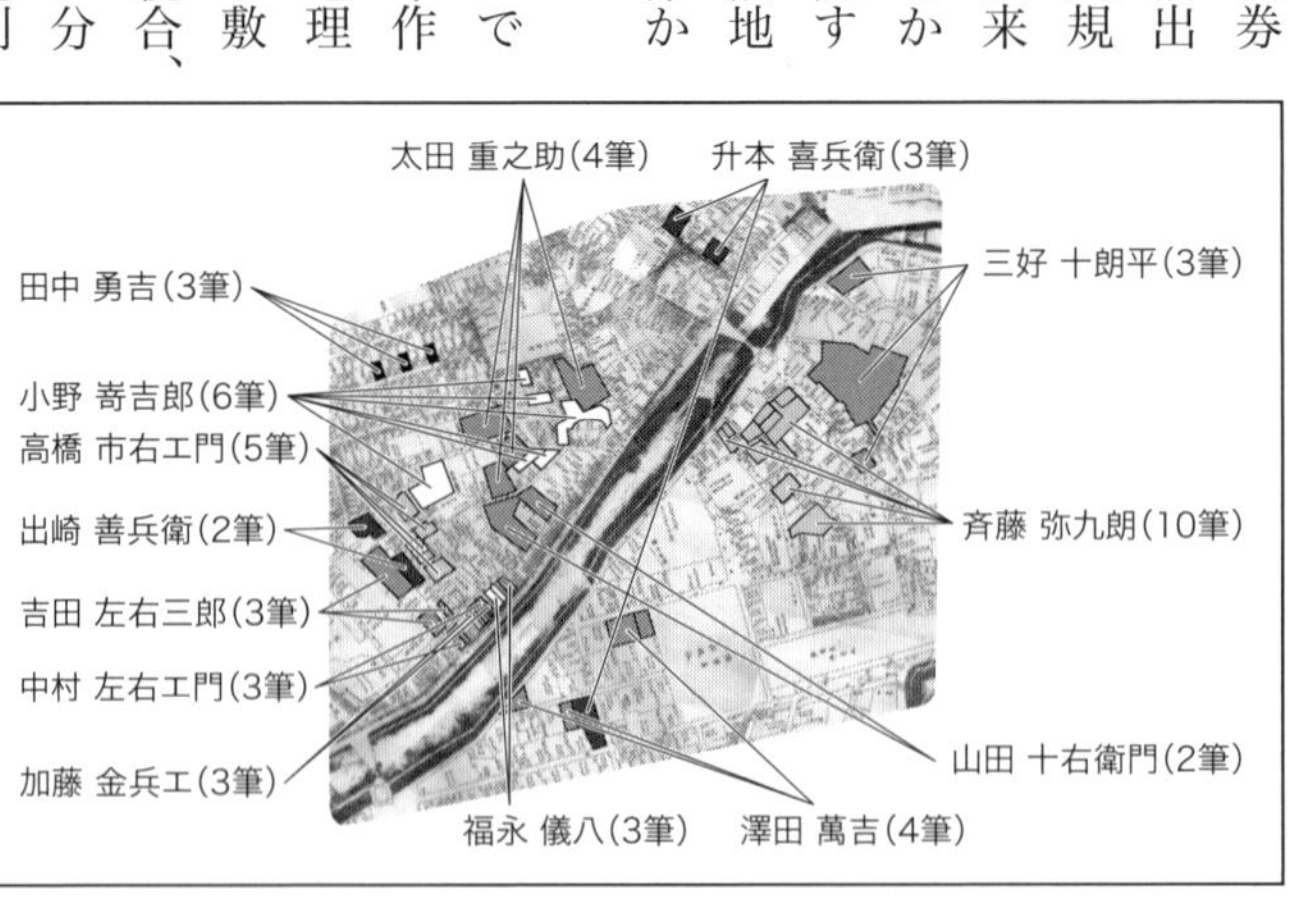

図7-1　明治6年の段階で複数の土地を所有する地主

ものの、大部分の変化のほとんどは敷地規模の改変に留まっており、実際の土地利用に関しては非常に消極的な状況であったことが分かる。

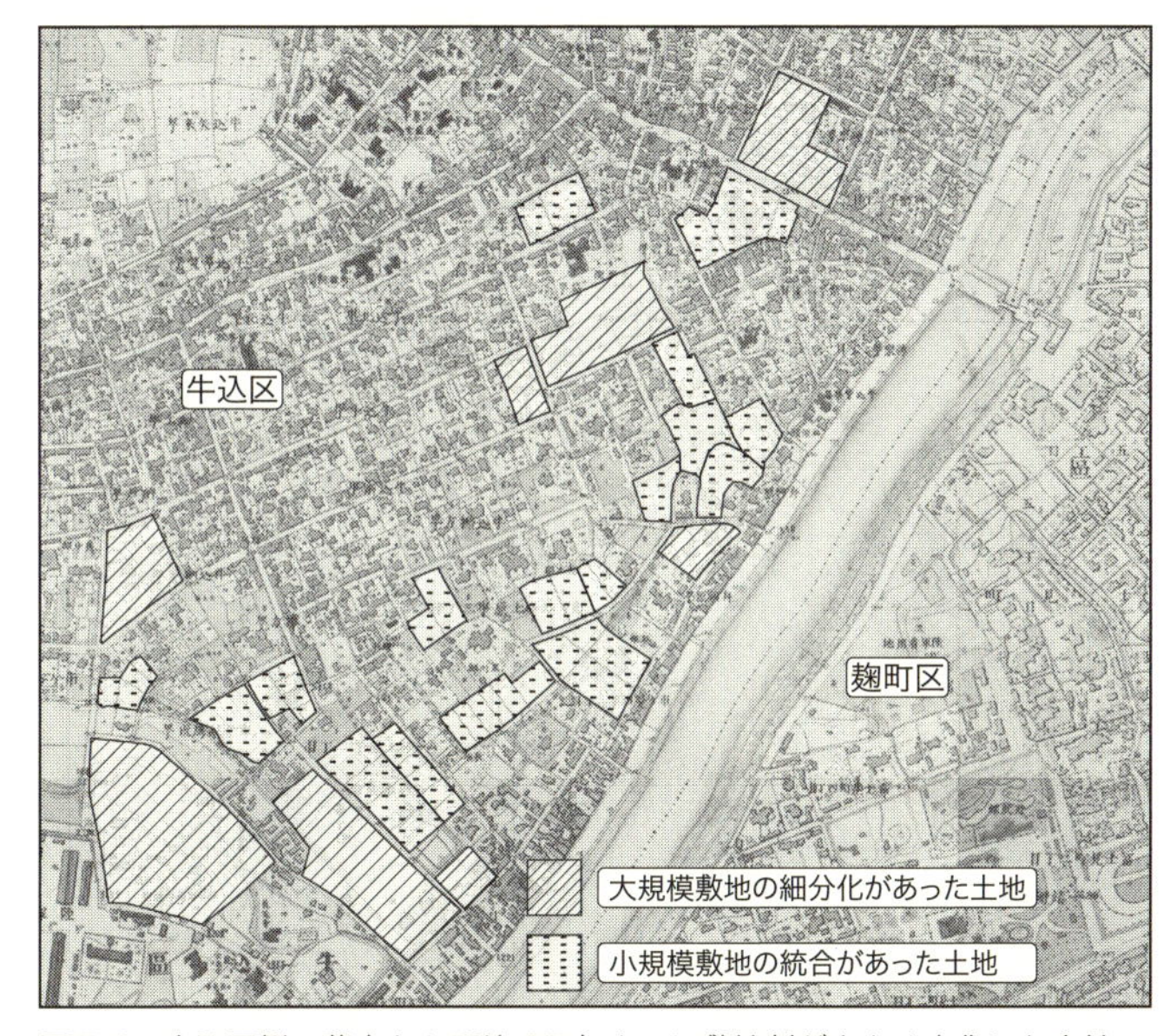

図 7-2　牛込区側で幕末から明治 17 年までに敷地割が大きく変化した土地

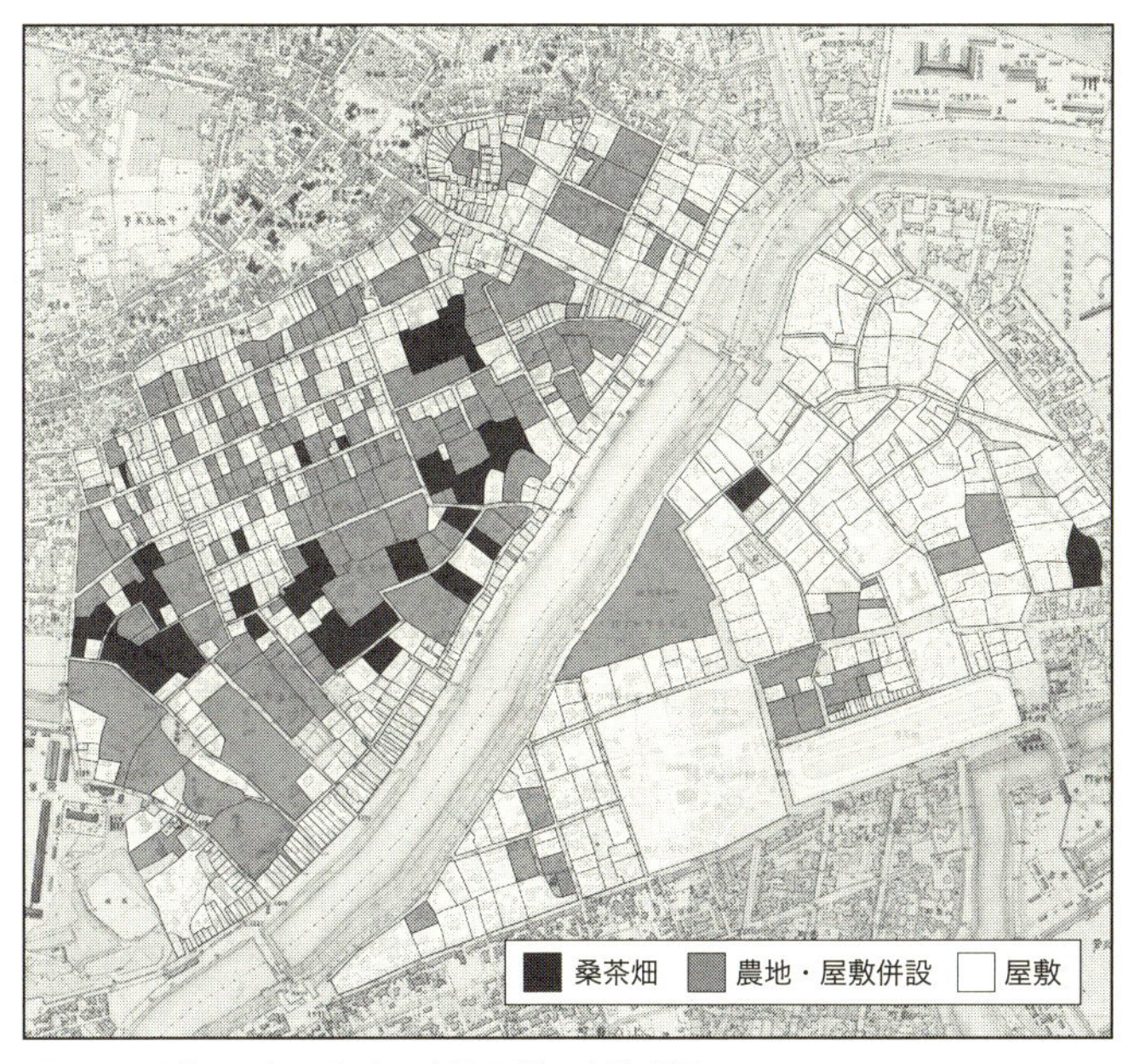

図 7-3　明治 17 年における牛込区側の土地利用

明治後期までの土地所有と屋敷地の開発

こうした低密度な土地利用の状況は、明治中期以降にかけて大きく転換していくことなる。まずは、明治二〇年代から四〇年頃にかけて、外濠周辺の土地が誰にどのように取得されていったのかを、明治四五年（一九一二）の『東京市及接続郡部地籍台帳』[3]を参照し読み解いていく。なお、分析にあたっては、台帳に記載された外濠周辺三六町の土地一一一一筆（麹町区二八七筆、牛込区八二四筆）を対象範囲（図7－4）として設定する。

本台帳によれば、明治四五年の段階で外濠周辺の土地を三筆以上所有する地主の数は、麹町区側で二四名、牛込区側で五〇名の計七四名にのぼることが分かる（表7－1）。その総筆数は三七三筆であり、全体の約三四パーセントの土地が彼らによって所有されている。さらに、上述の明治六年の段階における地主の姿は、このときほとんど見ることができない。つまり、明治中期以降にそれまでの土地所有者は更新され、新たな地主層による土地取得が進むことによって、地域が再編されてきたことが読み取れ

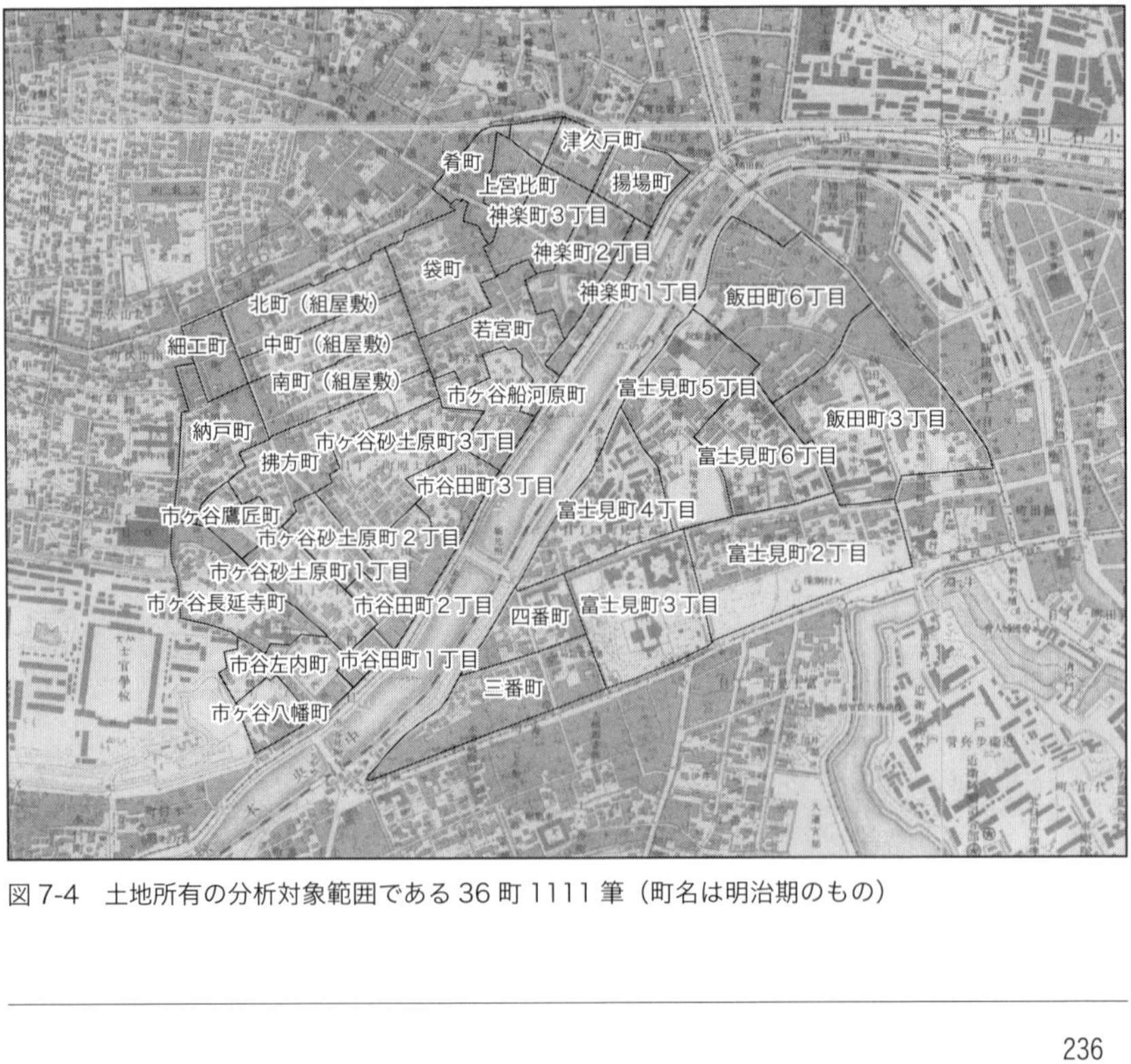

図 7-4　土地所有の分析対象範囲である 36 町 1111 筆（町名は明治期のもの）

表7-1　明治後期における３筆以上の土地所有者数とその筆数

	地主数（三筆以上）	総筆数	一人当たりの筆数
麹町区側	24名	90筆	3.75筆
牛込区側	50名	283筆	5.66筆

表7-2　明治後期における居付地主と不在地主の割合

	総筆数	居付地主	不在地主	官有地
麹町区側	287	97	187	3
		33.80%	65.20%	1%
牛込区側	824	286	510	28
		34.70%	61.90%	3%

る。一方で、一人の所有者に対して一筆の土地のみが対応する所有形態も見られるが、彼らの多くもまた明治六年の土地所有者との連続性はほとんど見られず、明治中期以降に新たに土地を取得してきた人物であることが分かる。

また、地主の在地の状況を見てみると、不在地主が全体の六割強を占めていることを確認できる。しかし、不在地主の数には、地主によって集積された土地がカウントされており、一人当たりの所収地の数が多いことも考慮すると、実情としては対象エリアを居所とする地主が大部分を占めていたと考えられる（表7－2）。この居付地主よる土地利用と、大規模土地所有者による土地集積とが、地域の空間変容に対して影響力を発揮していたと見ることができそうだ。

次に、これらの開発主体による土地利用に注目する。まず、大規模地主による土地所有の傾向を見てみると、隣接する複数の土地を取得し、全体で一つの大きな敷地を形成する集積型の土地所有が多く見られる（次頁図7－5）。これらの開発主体は、主に軍人や学者、実業家といった明治期の新たな名士であり、土地利用は近代建築による屋敷地としての利用が中心である。集積型土地所有の代表的な例としては、穂積陳重邸があげられる。法学者である穂積は、明治二二年に牛込区側の町である牛込区揥方町の土地を取得し移転してきた人物であり[4]、その敷地は六筆の土地を集積することで生成された約一八〇〇坪の巨大な屋敷地を確保している（次頁図7－6）。

これに対して、一筆の土地のみを所有する居付地主の土地利用はこれより小規模で、官員や会社員などの専用住宅としての土地利用が中心となる。図7－

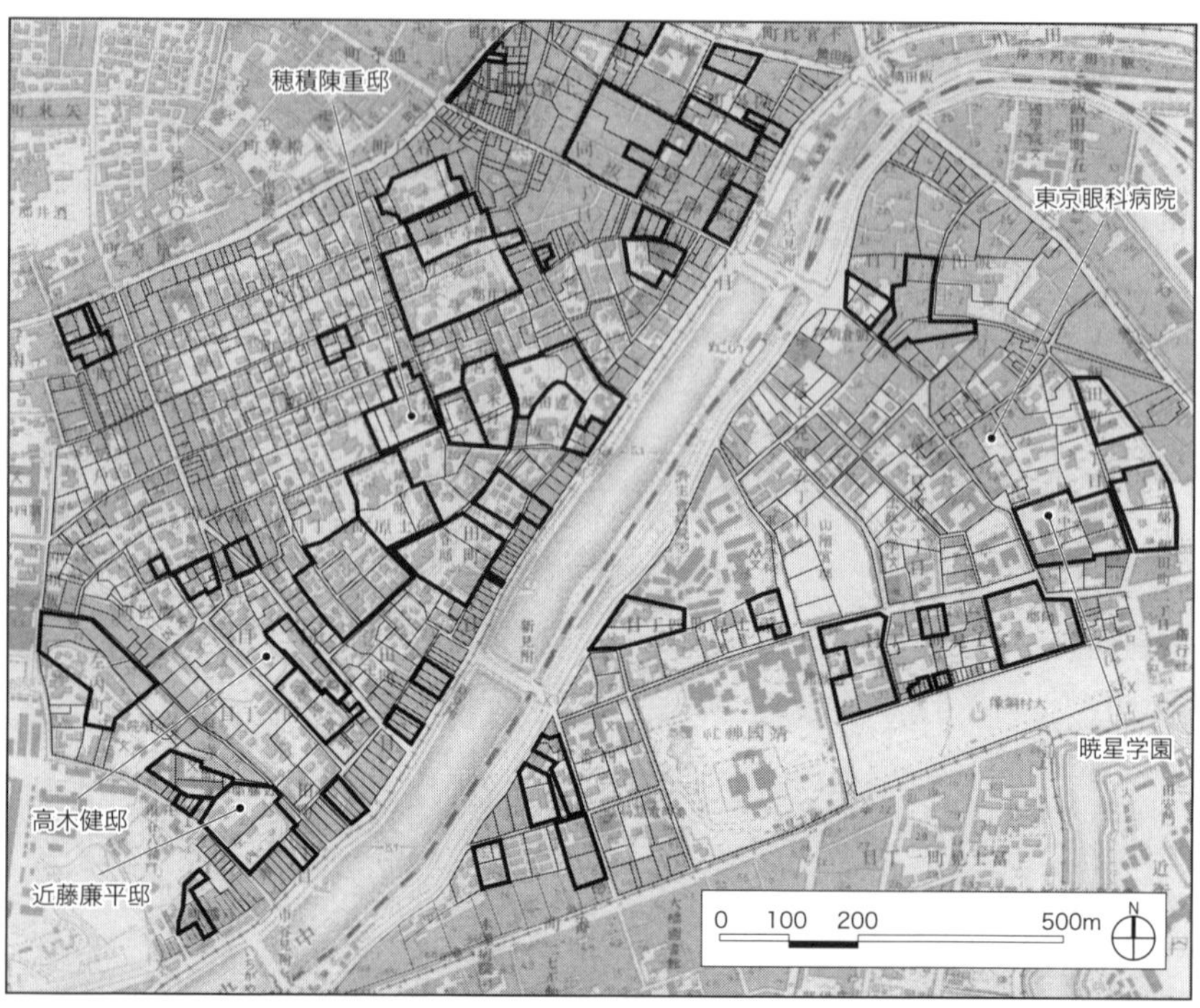

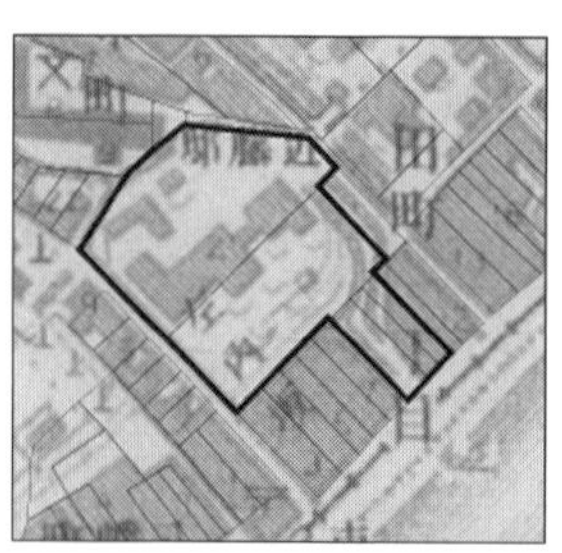

上：図 7-5　明治後期において見られる複数の土地で構成される集積型の土地所有
右：図 7-6　6 筆の土地で構成された穂積邸
下：図 7-7　高木邸の平面図（原図の汚れを一部修正した）とその外観
左：図 7-8　5 筆の土地で構成された近藤邸

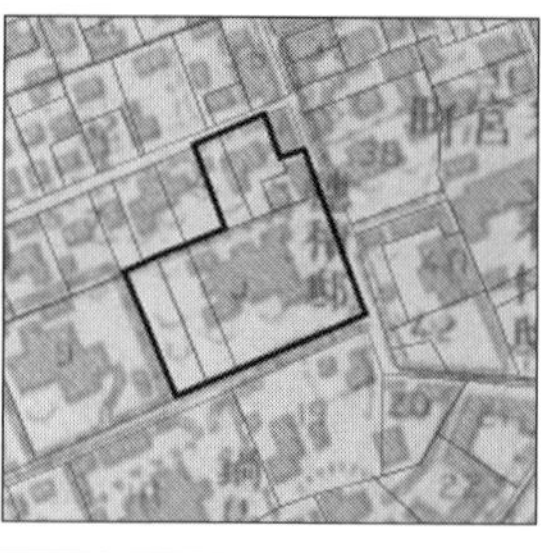

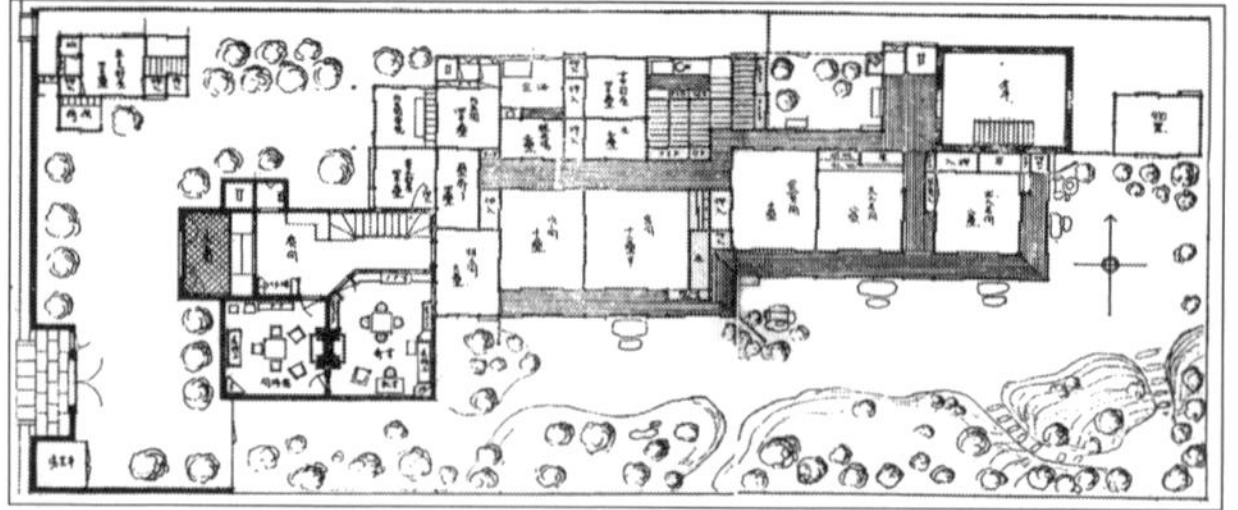

7は、牛込区側の市ヶ谷砂土原町にあった、三菱銀行の行員である高木健の自邸の図面および写真である。[5] その規模は三二〇坪程度で、集積型の屋敷に比べれば比較的に小規模ではあるが、門構え、洋館、和館などを備え、ちょうど大規模邸宅をそのまま小さくしたような土地利用であることが分かる。

また、実業家である近藤廉平の市ヶ谷佐内町の屋敷[6]は、一見すると五筆で三一一八坪の集積型のように見えるが（図7－8）、この土地は明治中期の段階では一筆の土地によって構成されていた。近藤の土地の取得は明治三〇年であり、おそらくその際に何らかの理由で分筆されたものと考えられる。

以上のような土地取得と屋敷地としての積極的な開発は、先述の明治中期までに敷地形状が大きく改変され、主に桑茶畑として活用されていた箇所に集中している。例えば、先に見た高木健邸の敷地は、明治六年で既に敷地の統合が進み、明治一七年までに畑地として利用されていた箇所である。当地はそれ以降に再び細分化され、敷地形状の変化が著しいが、こうした流動的な土地が明治中期以降に屋敷として変質していく傾向にある。

濠の内外にみる開発主体の違い

ここまで明治期の地主層による屋敷地の開発を中心に見てきたが、このような利用が多く見られるのは濠の外側である牛込区に集中している。対岸の麴町区側に見られる集積型、あるいは一筆によって構成される土地利用とその用途は、牛込区側とはその傾向が異なり、学校や民間の病院といった土地利用が多くなる。

例えば明治二三年に麴町区側の土地に移転してくる私立の学校である暁星学園（図7－9）は、複数の土地を集積しながら大規模な校地を確保した集積型の地

図 7-9　明治期の暁星学園の鳥観図（学校法人暁星学園所蔵）

主である。[7] 学園の母体であるマリア会が所有する集積型の土地は、明治四五年までに九筆で約五〇〇〇坪という広大なものになっている。また、眼科医である井上豊太郎が明治二九年に設立した東京眼科病院は[8]、居付地主である井上の八六一坪の土地に築かれた施設で、敷地内には井上の自邸や二階建ての看護師のための宿舎などが建てられていた（図7－10）。

このような主体と用途の違いは、江戸以来引き継がれてきた、外濠の境界性に起因するものと考えられる。明治政府は、桑茶政策と地租改正の段階で、官員の屋敷としてすぐに転用できるようにと、郭内の土地の取得に対してある程度制限をかけていたことが知られている。[9] 近世期から引き継がれてきた濠の内外の差異が、明治政府による政策の違いに反映され、土地所有とその開発主体の違いに結びついたといえよう。

盛り場の形成

以上、土地の所有状況から、明治以降に外濠周辺の敷地規模や土地利用が改変されてきた状況を見てきた。主に屋敷地としての開発が進んだこれらの地区に対して、一方で商業的な開発が進んだ地区として神楽坂界隈を見ることができる。

神楽坂とは牛込濠と飯田濠に挟まれた牛込見附から、真っすぐに牛込台地へと上る坂の名称であり、地域を示す場合はその周辺部を含んだ界隈を意味する呼称である。江戸時代までは武家地や社寺地であった大部分が、明治期に町として開かれ、その後山ノ手随一の盛り場として繁栄していく。特に、界隈の大部分は待合や置屋を備えた花街が開発され、戦前までは「山ノ手銀座」と称されるほどの賑わいを誇った。ここでは、江戸から明治へ

図 7-10　明治期の東京眼科病院

と地域構造が変容していく過程を、土地の所有状況から分析することで、先述の屋敷街とは異なる変遷を示し、そのうえでそれぞれの地区の発展を連関する動きとして位置づけていきたい。

神楽坂が町として本格的に開かれるのは明治期のことである。江戸時代から町人地は幾つか存在するが、その大部分は旗本屋敷によって構成されていた。「江戸名所図会」には坂に沿って門塀が連なる様子が描かれ（図7-11）、現在とは様子が大きく異なることが分かる。また、本多対馬守の屋敷をはじめ、坂沿いに比較的規模の大きい武家屋敷が幾つか存在し、間口の広い敷地が坂沿いに連なっていた。時代が幕末から明治になっていくと、江戸の武家地の多くはその主を失い荒廃していくことは先に触れた通りであるが、神楽坂界隈の武家地も同様の状況にあったと考えられる。神楽坂の開発は、こうした状況からはじめられていく。

戦前期の神楽坂界隈の歴史、地理、人物などがまとめられた『牛込町誌第一巻』[10]には、この時期から徐々に発展していく神楽坂の様子が詳しく記されている。

維新ノ當時曲馬師水吉ノ後妻お亀、始メテ文字越ナル藝名ニテ肴町ニ常盤津ノ師匠トシテ軒燈ヲ出シ次デ小代七（中村てつ）同ジク師匠トナリ酒席ニ侍スルニ至レリ其ノ後相次デ、りよ吉（文字越ノ弟子）小竹（小代七ノ弟子）等ノ出現ヲ見タリ。

明治二年ノ頃（一部略）りよ吉ノ抱妓鶴吉ハ容姿及技藝ヲ以テ盛名ヲ走スルニ至リ間モナク「りかく」ト稱スル藝妓屋ヲ開業セリ

明治十七年肴町二十一番地ニ稲本ナル看板ヲ掲ゲタリ是レ此ノ地待合ノ元祖ナリ

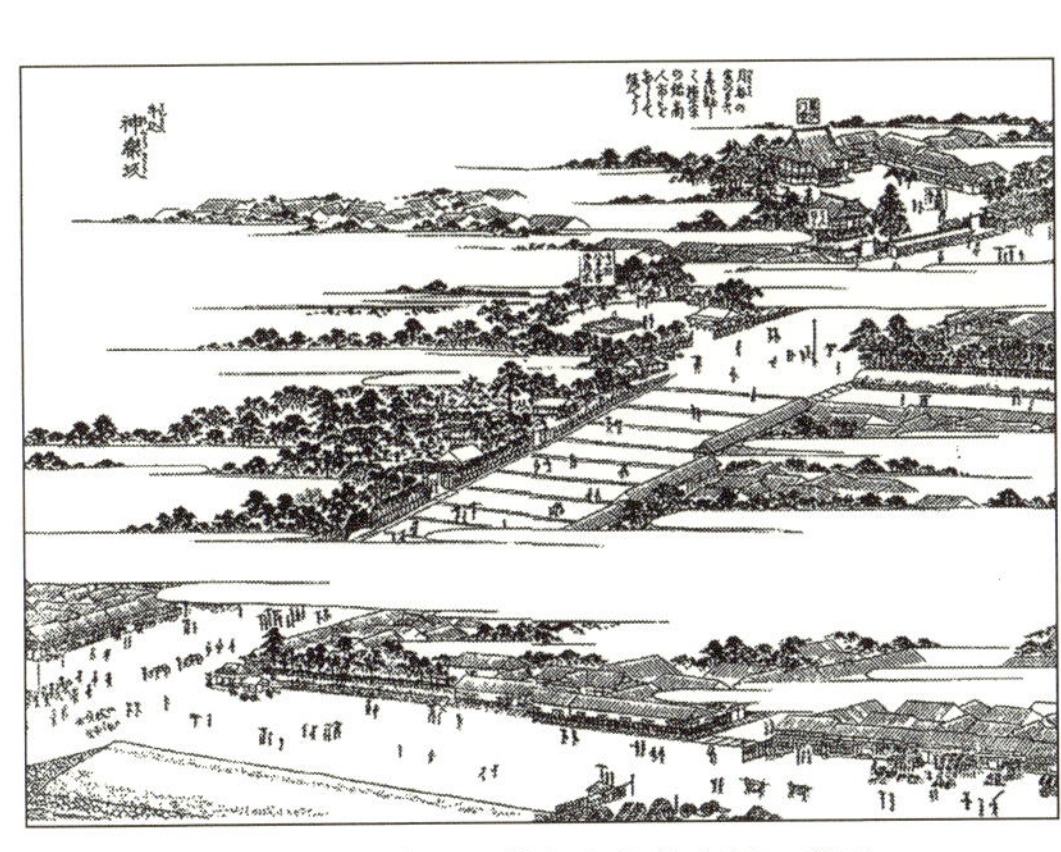

図 7-11　「江戸名所図会」に描かれた神楽坂の様子

明治二十九年神樂三丁目ノ伯爵松平家ノ四谷ニ移轉スルヤ其ノ地ニ大弓場、寄席等ノ設置ト共ニ其ノ地一帯ヲ更メテ花柳界ノ許可地トナリ今日ニ及ベリ

神楽坂の花街が、幕末から明治時代にかけて段階的に拡大していった様子が読み取れる。明治四〇年まで現在の神楽坂五丁目に行元寺というお寺があり、肴町とはその門前の一帯に当たる。神楽坂通りを挟んだ向かい側には、かつて岡場所があったことでも知られているが、神楽坂の花街としての発展は、こうした江戸以来の場所性を引き継いだ坂上の旧町人地から進行していった。

ここで土地所有を見てみたい。明治六年の「沽券図」で神楽坂界隈の全体を見てみると（図7－12）、敷地の細分化や統合はほとんど見られず、江戸の地割りをほぼ継承しながら所有者だけが入れ替わることで推移してきたことが分かる。複数の土地を所有する地主層も、幾つもの土地を統合する大規模な開発も見られず、個々の敷地内での所有者と土地利用の更新によって地域構造の再編が図られていた。次に、明治四五年の地籍図・地籍台帳を見てみる（図7－13）。ここでは、神楽町三丁目（旧武家地）を中心に大規模な敷地の細分化が見られる。それと対照的なのが肴町の土地所有であり、明治六年の状況から外形上の変化がほとんどなく、細かい敷地にそれぞれ異なる所有者が存在する状況が引き継がれている。つまり、明治中期頃からはじまる旧武家地に対する開発は、肴町のような小規模な個々の敷地を改変するものではなく、より大規模に街区単位で

図 7-12 「沽券図」に描かれた神楽坂の土地所有（原図の汚れは部分的に修正した）

一体的に行われる傾向にあることを確認することができる。

生活の拠点

この肴町と神楽町三丁目は、神楽坂における花街の中心的な場所であるが、前者が江戸以来の寺社の門前町に形成されたのに対して、後者は旧武家地に形成されており、それぞれの土地の条件の違いによって異なる推移を辿ってきた。ここではそれぞれの街区構造を細かく見ていきたい。

昭和初期に作成された「火災保険特殊地図」を見ると（図7-14）、肴町の街区には幅の狭い路地が細かく幾つも通され、それに沿って小規模な待合や置屋が並んでいる様子が分かる。一方神楽町三丁目の街区は、建物の規模こそ大きな違いはないが、直線的で比較的幅の広い路地によって構成され対照的である。ここで、『牛込町誌　第一巻』から大正期の神楽町三丁目の建物の所有者・規模・構造を参照することで[11]、より細部の状況が浮かび上がる。ま

図 7-13　明治 45 年の肴町と神楽町三丁目の敷地割

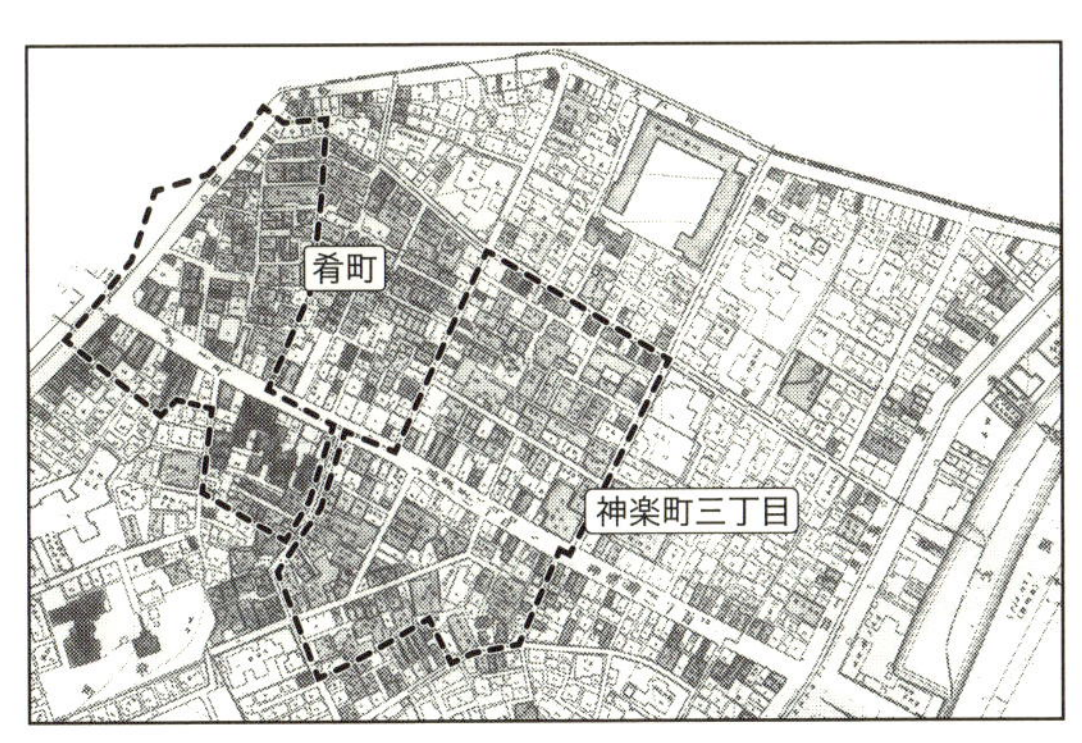

図 7-14　昭和初期の神楽坂、路地に沿って小規模な建物が連なる

ず神楽町三丁目一番地の建物所有について見てみると、一筆の敷地内に八八棟の建物と、五五人の建物所有者が存在していることが分かる。建物所有者の分布の状況から、一筆の敷地内が細かく分割され、それぞれが貸地として区分けされている様子が分かる。次に、建物の規模・構造を見てみると、大半が木造瓦葺二階建てで、建坪二〇〜三〇坪前後の母屋に対して、一〇坪前後の付属屋が二、三棟付随するというのが一般的な構成のようである。このような建物が高密に集合することで、神楽坂花街の街区は構成されている（図7-15）。

さて、こうした神楽坂界隈の土地所有と開発の状況は、先述の屋敷街の推移とはその様子が大きく異なっている。しかし、明治二〇年ごろから大規模な開発が見られるという点では、両者の動向は時期的には連動している。つまり、神楽坂の町としての発展はこうした周辺の屋敷街の消費に依存する側面が強かったのではないか。実際に、普段の生活のなかで神楽坂は地域の商店街として良く利用されており、買い物や食事などに出向く様子が当時の日記などに記されている。「明治三十二年　十二月二十日（水）快晴されども大に寒し。午前重遠貞三晴子うめてつとビシャモンテン（神楽坂）前の新勧工場に行く。百戦百勝の画本と進物帯どめ二つ求む。晴子の人形古くなり損じたれば、此度重遠と律之助にて歳暮として求めて遣したり。[12]」この日記は、集積型の大規模屋敷地の開発を行った拂方町の穂積陳重の妻歌子によって記されたものであるが、この他にもちょっとした散歩で立ち寄ったことや、中華料理を食べに行ったことなど、生活の舞台として神楽坂の描写が幾つも登場する。

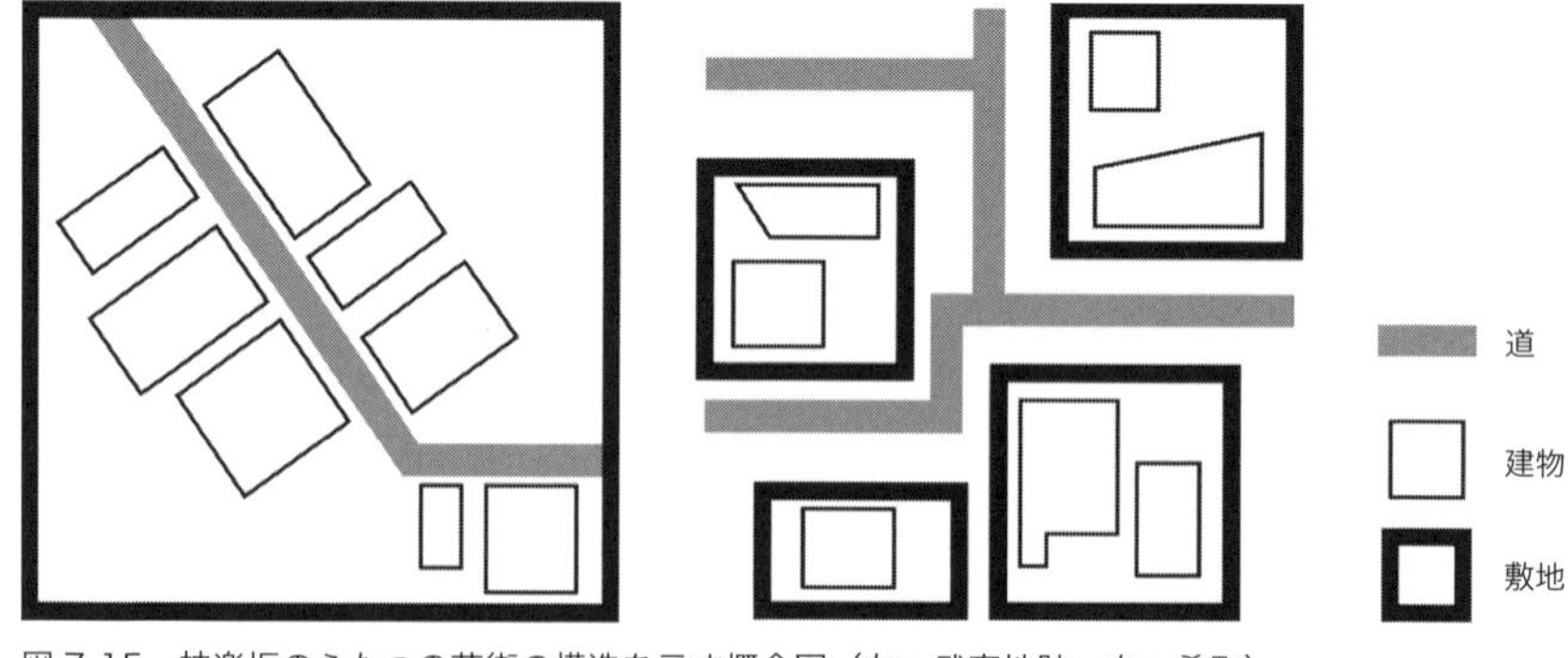

図7-15　神楽坂のふたつの花街の構造を示す概念図（左：武家地跡、右：肴町）

また、神楽坂がこのような気軽に訪れる地域の商店街という性格を持っていたことは下記の引用からも窺える。「普段着のまま漫歩する夥しい人の群れでなまめかしいお座敷着の藝妓衆が、その人中を縫って、右から左、左から右へとお出先への行き戻りに、ふりまく脂粉の香りといふものは、大変親しみ易い情感を與へていますが、これも神楽坂ならではみられぬ風俗でございます。[13]」なお、神楽坂がこのように発展していく明治二〇年以降は、神楽坂の重要な物流の拠点であった神楽河岸の発展が著しい時期にも相当する。[14] 坂上の寺町を拠点にはじまった神楽坂の花街は、明治二〇年代を境に坂下の旧武家地にも波及し、河岸地の隆盛も関わりながら、生活の拠点として全体の構造を築いていった。

3 水辺のまちの土地利用

山ノ手としての外濠地区

明治初期から中期にかけての土地の所有形態の再編に伴い、外濠の周辺に有力者の屋敷地や学校、病院といった近代施設が成立していった。加えて、神楽坂地区においては、一体型の花街の開発によって街区構造も大きく転換したことが理解できた。これらを踏まえながら、本節では具体的な土地利用を復元的に分析し、その空間特性を水辺との関係性から指摘していきたい。

次頁の図7－16は、明治四五年の段階で複数の敷地を統合し成立した集積型の屋敷地の一覧である。その主は、学者や軍人、実業家といった近代の新たな名士が中心となっている。ここではまず、これらの移転時期に注目し、土地取得をめぐる人々の動向から、同時代の外濠周辺地域の性格について確認していく。正確な移転時期が明らかとなっているのは、穂積陳重の明治二三年や、近藤廉平の明治三五年であるが、こうした事例と他の状況を鑑みて、屋敷地の成立はおおよそ明治二〇年代から徐々に進行したものと推測できる。また、それ以前から成立している大規模屋敷も幾つか確認できるが、これらは明治政府から下賜されたものを含め、明治初年から継続的に利用されていたものと考えられる。自らの意思で敷地を選定できる前者を移転型、後者を拝領型とすると、移転型では敷地の選定経緯とその後の敷地改変から、拝領型では下賜された後の敷地の変化に注目することで、同時代の人々の外濠周辺地域の場所性に対する応答を見て取ることができるのではないか。その特徴的な事例を順番に見ていきたい。

まず、移転型の有力者には、穂積陳重、近藤廉平、雨宮敬次郎[15]、木村長七[16]などが挙げられる。穂積陳重は明治期を代表する法学者で、その他の三名は実業家である。彼らの屋敷は複数の土地による敷地群で、どれも一〇〇〇〜二〇〇〇坪と広大であり、外濠一帯の旗本屋敷が四〇〇〜七〇〇坪程度であったことを考慮すると、いかにこれらが異質なスケールであったかが分かる。規模的な

図 7-16　明治後期の外濠周辺の大規模屋敷地

不釣り合いにも関わらず、外濠周辺に屋敷地を求めた経緯としては、明治三五年に外濠に移転してくる実業家・近藤廉平が屋敷の移転について語った言葉にその意図が表れている。

「三井・三菱等の大會社には輪奐の美を盡した別邸又は倶楽部があって、それへ御客を招くといふ仕組みになって居る。然るに郵船會社にはそれがない。さりとて偶まのお客の爲に、株主に迷惑を掛けるのも心苦しいから、據ろなく倶楽部兼用の私邸を造ったわけである。さもなくば斯る手廣の邸宅を造營することは夢にも欲しない所である。[17]」

風致に優れ良好な環境でありながら手広な土地が求められている事が読取れる。それは、逆の見方をすれば、外濠の牛込区側一帯がこのような条件を満たした土地であったことを示しているといえよう（図7－17）。

また、法学者・穂積陳重は明治二二年に市ヶ谷佛方町に移転してくる。彼は、明治一五年には実業家・渋沢栄一の娘である歌子と結婚した後、しばらくは深川の渋沢栄一邸で暮らしていたが、明治二一年に渋沢邸が兜町に移転したことを契機として、外濠周辺の地へ屋敷を移転する事になる。渋沢栄一の居所移転の動きと、穂積陳重による土地の取得とは時期的に見て相互に深く関わっていた可能性が高いが、ここでは彼らの居所に対する意識に注目したい。穂積陳重の妻が記した『穂積歌子日記[18]』から関連する言説を取り上げてみる。

図7-17　近藤廉平の邸宅

「明治三十八年　四月二十八日（金）
半晴、昼頃一寸雨ふり後やみ快晴。寒し。午後四時より旦那様と電車にて兜町邸へ行く。同属会開会。尊大人始め一同出席。議事の末深川邸移転問題出づ。深川は健康上も子弟教育上も宜しからず、永遠の居住地にあらざれば、山の手辺りに追て地所を求め深川邸建物を引越すべき計画の由。篤二君は勿論一同賛成なれど（以下一枚白紙）
帰りも電車にてと思いしが、後段の話長くなりし為甲武線に間に合わずなりしかば、送りの人力車にて十一時十分過帰宅す。」

これは深川に住まう甥の篤二の屋敷の移転について歌子が記した日記である。山ノ手が、下町に比べて健康、教育などの面で優れた環境であるという認識が持たれていたことが伺える。記事は明治三八年のものであるから、このとき既に穂積家の居所も深川から拂方町に移転しており、山ノ手に対する評価は自身の経験も踏まえたうえでの発言のように思われる。こうした発言からは、優れた住環境としての山ノ手、という意識が垣間見える。また、敷地である市ヶ谷佛方町周辺についての記事もあるのでそちらも引用したい。

「明治三十六年　四月十四日（火）
半晴、夕風あり。午前旦那様と共にさびしき道の辺散歩す。元山内侯の地面内に路を通し小さくしきり、貸家らしき家数十軒建つべき計画の様なり。大なる邸に作らばいとよくなるべき地面なるに惜しき事なり。午後三時旦那様と共にグリフィン氏のアットホームに行く。同氏邸は小石川水道町岡の上にあり。隣邸の庭の桜を始め牛込小石川の花一目に見え、誠によき場所なり。」

これは、現在の法政大学市ヶ谷田町校舎の向かいにあった旧大名華族に当たる山内家の邸宅（これも元は集積型の屋敷地）が他に移転し、跡地が住宅地として開発された際の記事である。さびしき道とは、穂積邸の南側の道のことで、山内邸はその先のほど近い場所である。屋敷地が細分化され住宅街となってしまうことを惜しんでいるが、後半のグリフィン氏の屋敷を賞賛している内容から見ても、屋敷地の造成に当たっては土地の風致や眺望といった環境が強く意識されている事が読み取れる。自身の居所にしても、外濠に向かって傾斜する斜面上の高台という場所の特性が、生活環境の評価に結びついていることは想像に難くない。良好な環境を備えかつ風致的であり、そのうえ手広な土地を取得しやすい手頃な山ノ手という資質を外濠の牛込区側の一帯は備えていた。

屋敷地の拡充

こうした場の特性を踏まえながら、ここからは実際に見られた土地利用から、外濠周辺の空間的な特徴を考察していく。まずは牛込区側に見られる拝領型の屋敷で、代表的なものをひとつずつ確認しておきたい。

はじめは谷儀一邸である。谷儀一は、西南戦争や戊辰戦争で活躍した土佐の軍人である谷干城の長子で、その屋敷地は明治六年までに父の干城が明治政府から下賜されたと見られる土地を相続したものである。市ヶ谷田町三丁目二十一番地に在り、明治六年の段階で敷地の規模は七五六坪であったが、明治四五年までに周囲の土地を取得し、最終的には三〇三八坪にまで規模を拡大した集積型の屋敷地でもある（図7－18）。

続いて遠田注邸である。遠田注は、幕府の奥医師として脚気治療などで名を馳せた遠田澄庵の子息にあたり、その屋敷の立地は江戸から明治にかけて変わっておらず、近隣において江戸の屋敷がそのまま拝領された数少ない例の一つである。市ヶ谷船河

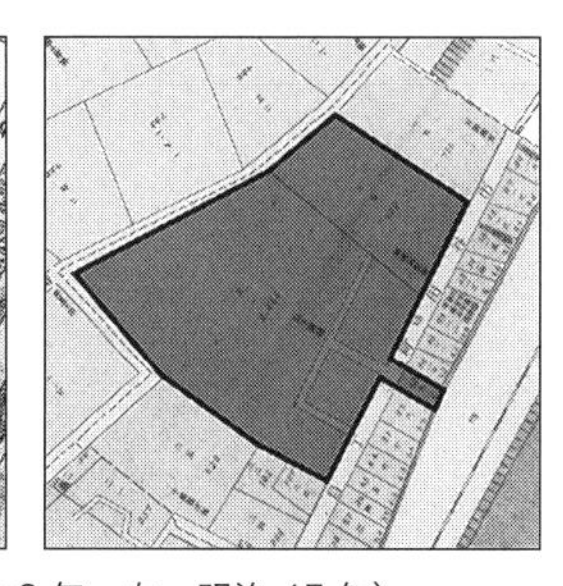

図7-18　谷儀一邸（左・明治６年、右・明治45年）

原町十五番地に在り、明治六年での敷地規模は六五六坪で、これが明治四五年になると一二六八・七八坪まで規模を拡大しており、こちらも集積型の屋敷地として位置づけられる（図7－19）。

そして、牛込区側の最後は川田鷹邸である。川田鷹は。明治時代の漢学者である川田剛の長子で、その屋敷は明治六年の段階で隣接する二筆を合わせた一四六〇坪である。これが、明治四五年の地積台帳によれば、隣の首藤諒邸の敷地一一六〇坪に組み込まれていることが確認できる。この首藤邸は集積型の屋敷地であるが、規模を拡大していく過程で川田邸の敷地はこれに取り込まれていった（図7－20）。拝領型の屋敷地が、集積型の屋敷地に合流する特異な事例である。

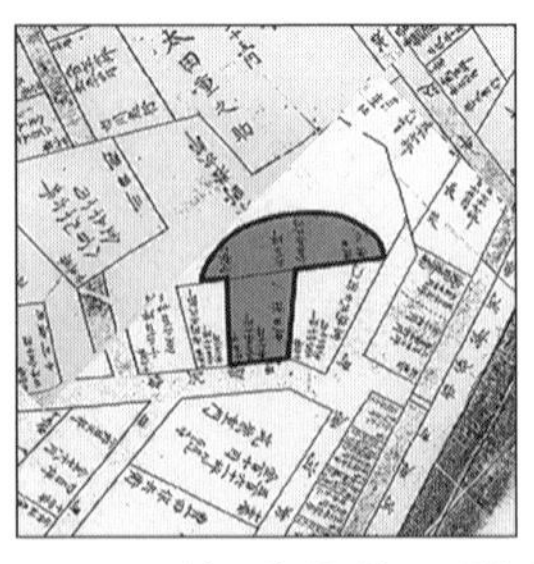
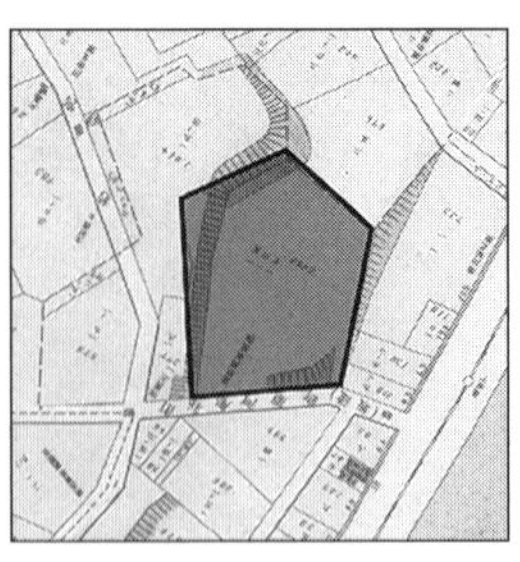

図 7-19　遠田注邸（左：明治 6 年、右：明治 45 年）

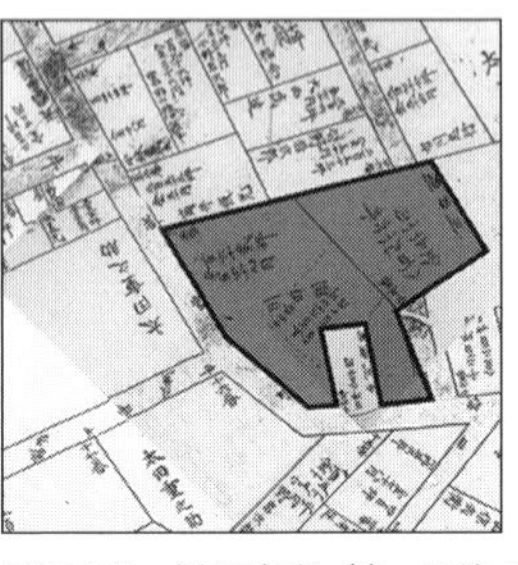
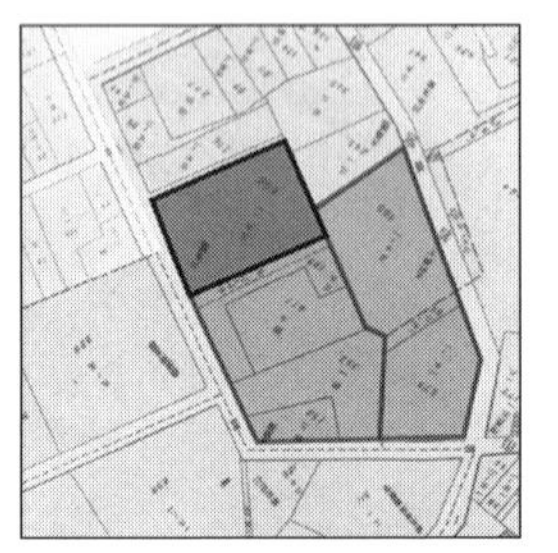

図 7-20　川田鷹邸（左：明治 6 年、右：明治 45 年、薄灰色は隣接する首藤邸敷地）

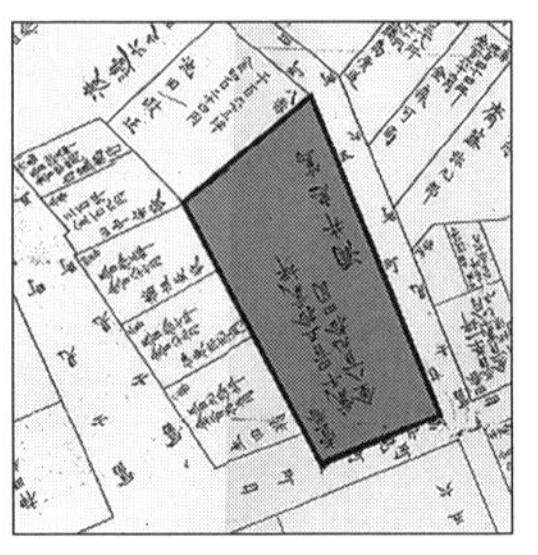
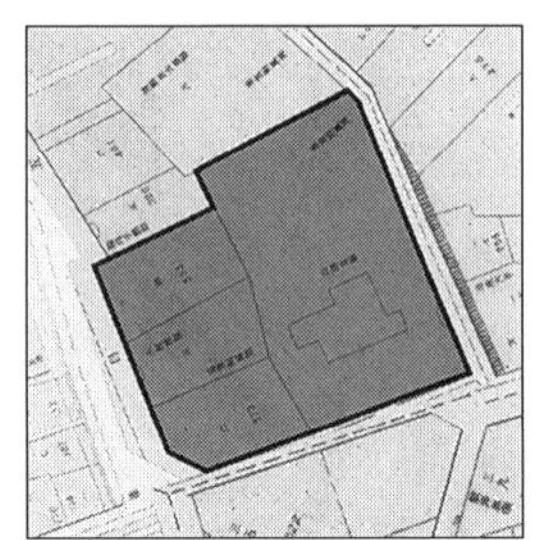

図 7-21　山階宮邸（左：明治 6 年、右：明治 45 年）

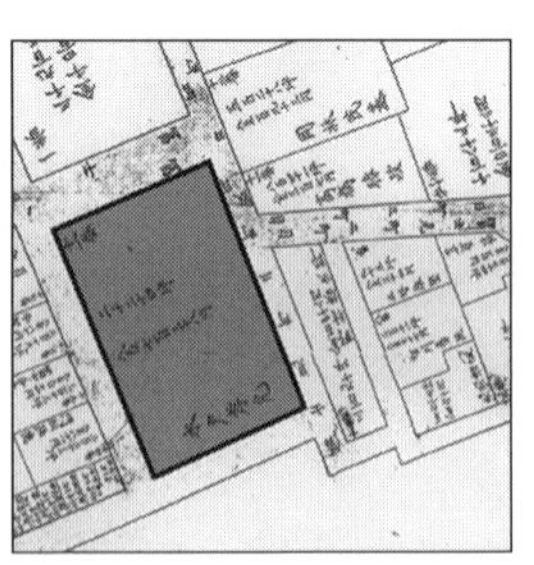
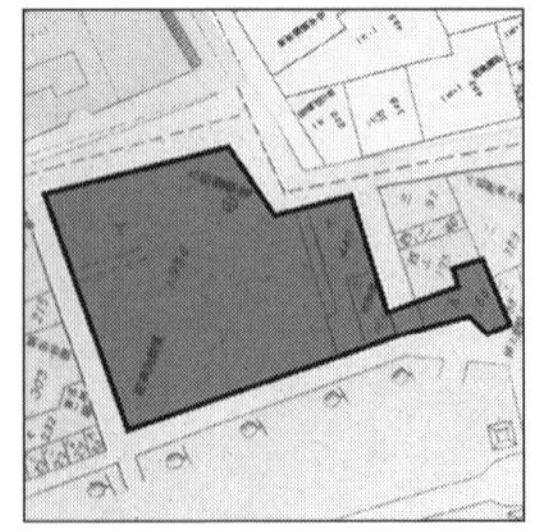

図 7-22　尚典邸（左：明治 6 年、右：明治 45 年）

次に、麹町区側の屋敷地を見ていきたい。まず、宮家である山階宮は、明治一二年に富士見町五丁目一番地の屋敷を構えている。この屋敷は、同じく宮家である伏見宮の旧邸宅で、当地は彼らが明治政府に掛け合いようやく手に入れた高燥で優良な土地であった。[19] 元々の敷地規模でさえ二四五二坪にもなる巨大な屋敷地であるが、山階宮家は移住後に周囲の土地を取得しながら、さらなる土地の拡充を図っている。明治三〇年に実施された隣接地の購入をきっかけに、明治四五年までには官有、私有を含めて四〇〇〇坪近い土地を有するに至っている（図7－21）。拝領型から土地を拡充していく屋敷地の、外濠周辺では最大規模の事例である。

同じく麹町区側の拝領型の屋敷に尚典邸（図7－22）がある。尚典は琉球王国最後の国王である尚泰王の長子であり、明治になって華族に列せられた人物である。明治一二年に父である尚泰に、明治政府から東京居住のための屋敷、一九九六坪が下賜された。[20] 富士見町二丁目八番地、靖国神社の参道のちょうど裏側である。明治四五年の地積台帳を見ると、新たに三筆の土地七三九・三一坪が取得され、合計で二七〇〇坪の屋敷地を築いている。

さて、こうした土地拡充の動きを見比べると、牛込区側において特にその動きが顕著であることが分かる。新たに土地を取得し全体の規模を増加させた割合は牛込区側で高く、それに加えて麹町区側で取り上げた二つの事例も宮家と元王族という特権的な階級においての事例であることを考慮すると、やはり牛込区側の動きのほうが外濠周辺の土地の動きとしてより一般的であるように思う。明治以降、流動性の高い土地の性質を築いた牛込区側において、こうした屋敷地の拡充という動きは特徴的に観察される。

水辺に開いた生活空間

以上のような土地の動きに対して、実際の土地利用である屋敷構えに注目することで、その特性を指摘していきたい。次頁の図7－23は、上述の拝領型も含めた、外濠周辺に位置する集積型の屋敷地を抜き出したものである。図からは、どの屋敷地も外濠方向に対して開放的に庭を配し、母屋が敷地の奥にセットバックしている状態を見て取ることができる。こうした屋敷構えは、敷地規模の拡充という動きと連動して、徐々に構築されてきた構成である。ここでは具体的な例を幾つか取り上げ、その動態を見ていきたい。

木村邸は、足尾銅山の鉱業所長などを務めた実業家木村長七の居宅であり、若宮町三十番及び、市ヶ谷船河原町十九番地を合わせた約一二〇〇坪の土地に当たる。三つの土地を統合することで、外濠に対して角度をふりながら奥に長い敷地形状となっており、母屋が敷地の一番奥の北側に配置され、庭が外濠側の南に配置されていることが分かる（図7-24）。外濠へと心地よく下る逢坂のちょうど中腹に面した、とても開放的な構成をとった屋敷地である。

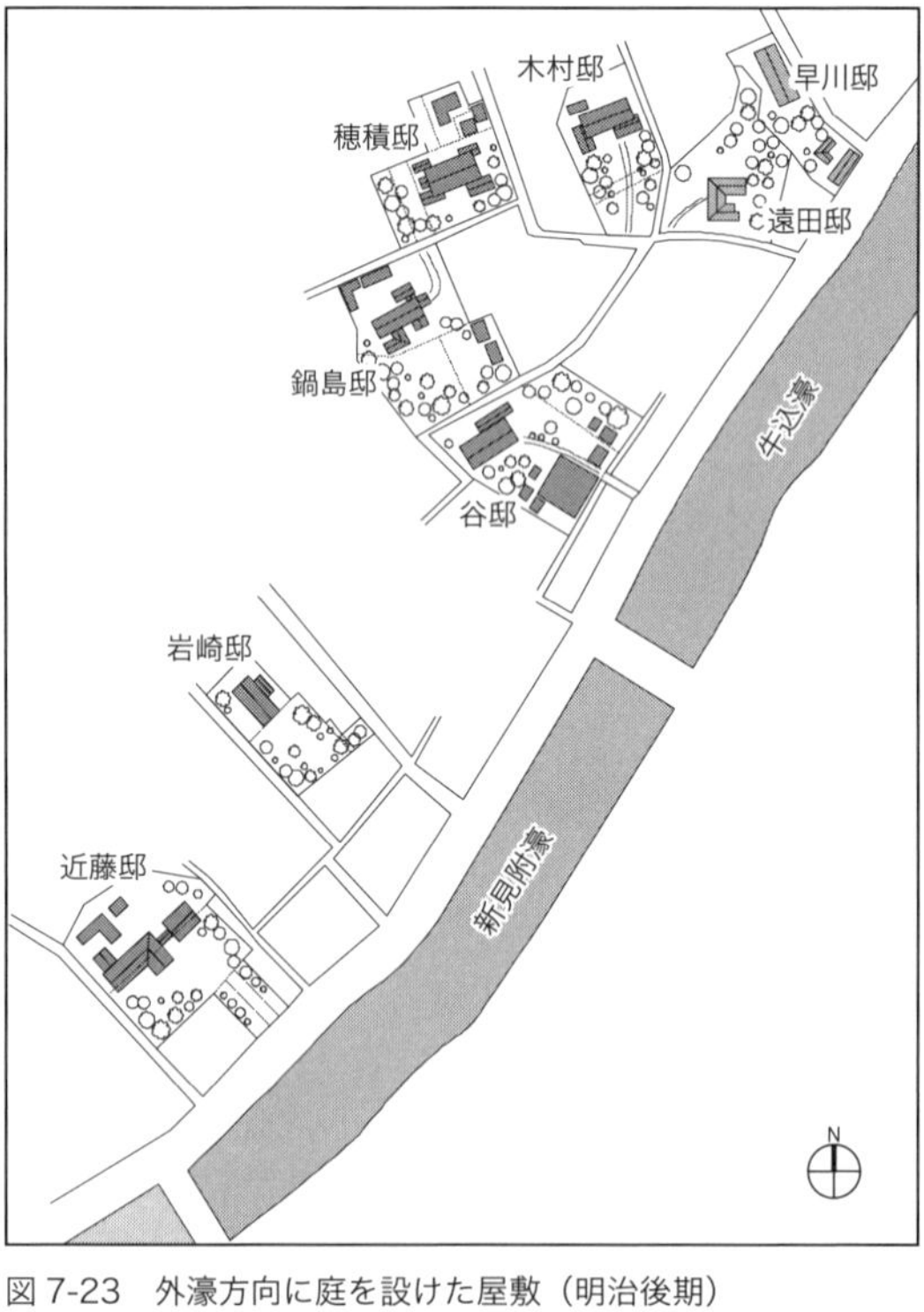

この木村邸と同様に逢坂に隣接するのが遠田邸である。遠田邸は上述の通り三筆の土地を統合した約一八〇〇坪の規模を持った屋敷地である。その形状は、外濠に沿って平行にやや横長に伸びており、間口も大きく、余裕のある土地利用がなされている。このため、母屋はむしろ逢坂沿いに建てられ、外濠方向に向かって傾斜する東側の斜面地に庭が配置されている。通りからのアプローチこそ異なるものの、外濠、庭、母屋が段階的に連続する構成は他の事例と共通する（図7-25）。なお、当地は現在、建築家・坂倉準三の設計による日仏学院の敷地となっているが、外濠方向に向かって開放された庭の構成は引き継がれており、当時の面影を偲ぶことができる。

図7-23　外濠方向に庭を設けた屋敷（明治後期）

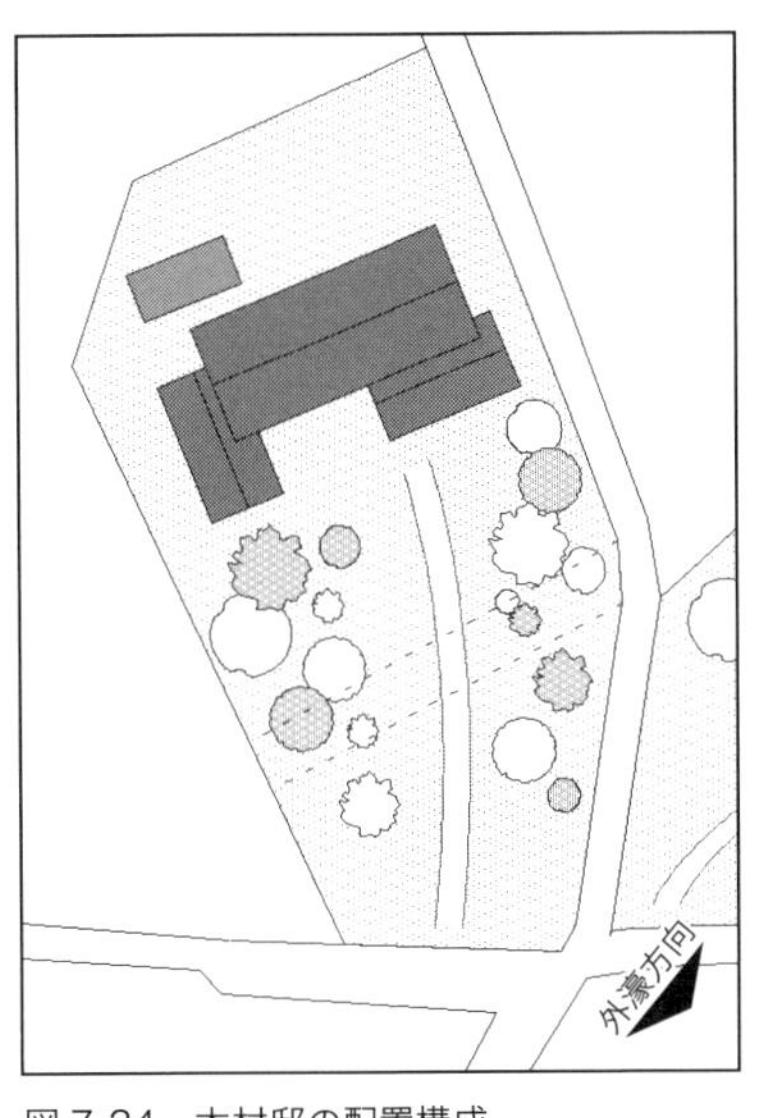

図 7-24　木村邸の配置構成

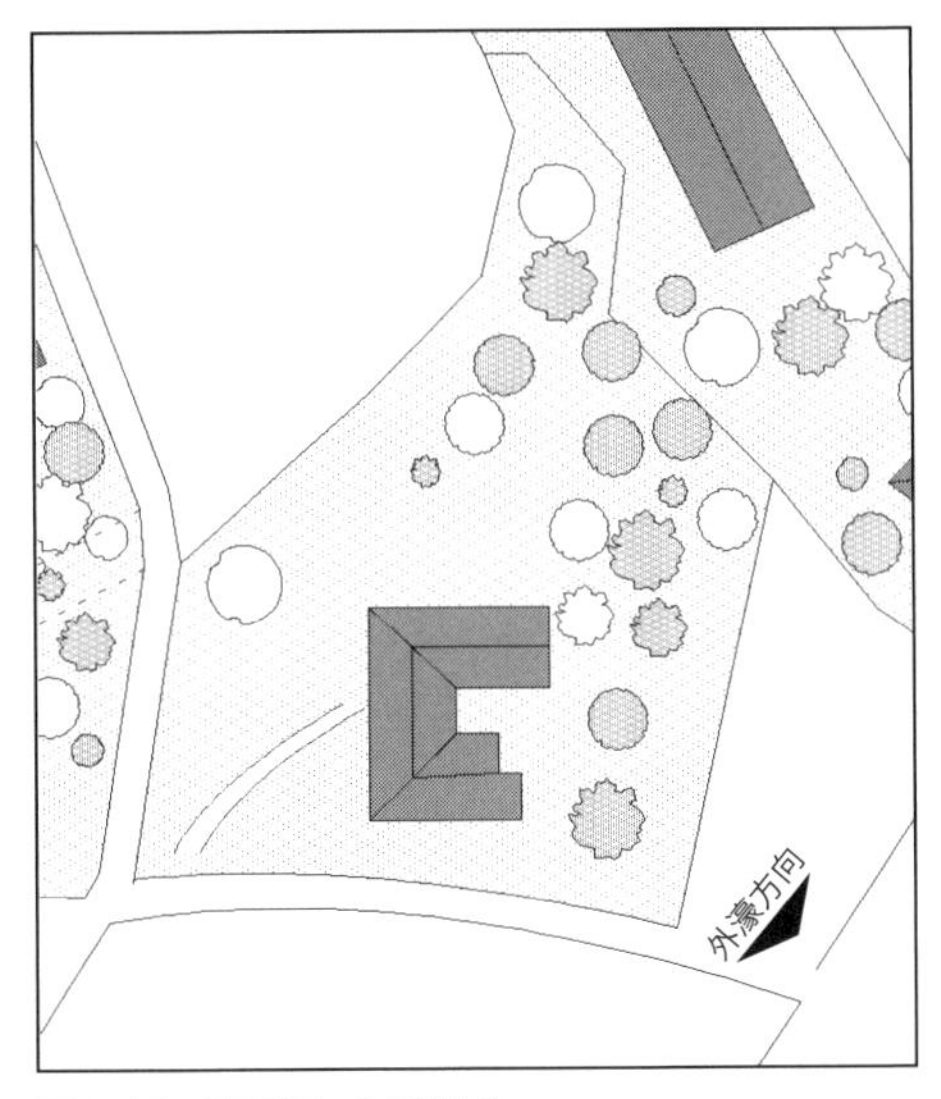

図 7-25　遠田邸の配置構成

次に、市ヶ谷砂土原町十八番地、十九番地、二十九番地の鍋島邸をみていく。鍋島直虎は、肥前佐賀藩主の鍋島直大の七男であり、自身も肥前小城藩の藩主であった明治期の政治家である。その屋敷地は約三〇〇〇坪にもなる大規模なもので、三つの敷地を統合することによって成立した集積型の屋敷である。敷地形状はやや外濠に対して角度をふった比較的方形に近いもので、屋敷構えを見てみると外濠方向である南側に広大な庭が配置され、反対側の北側に

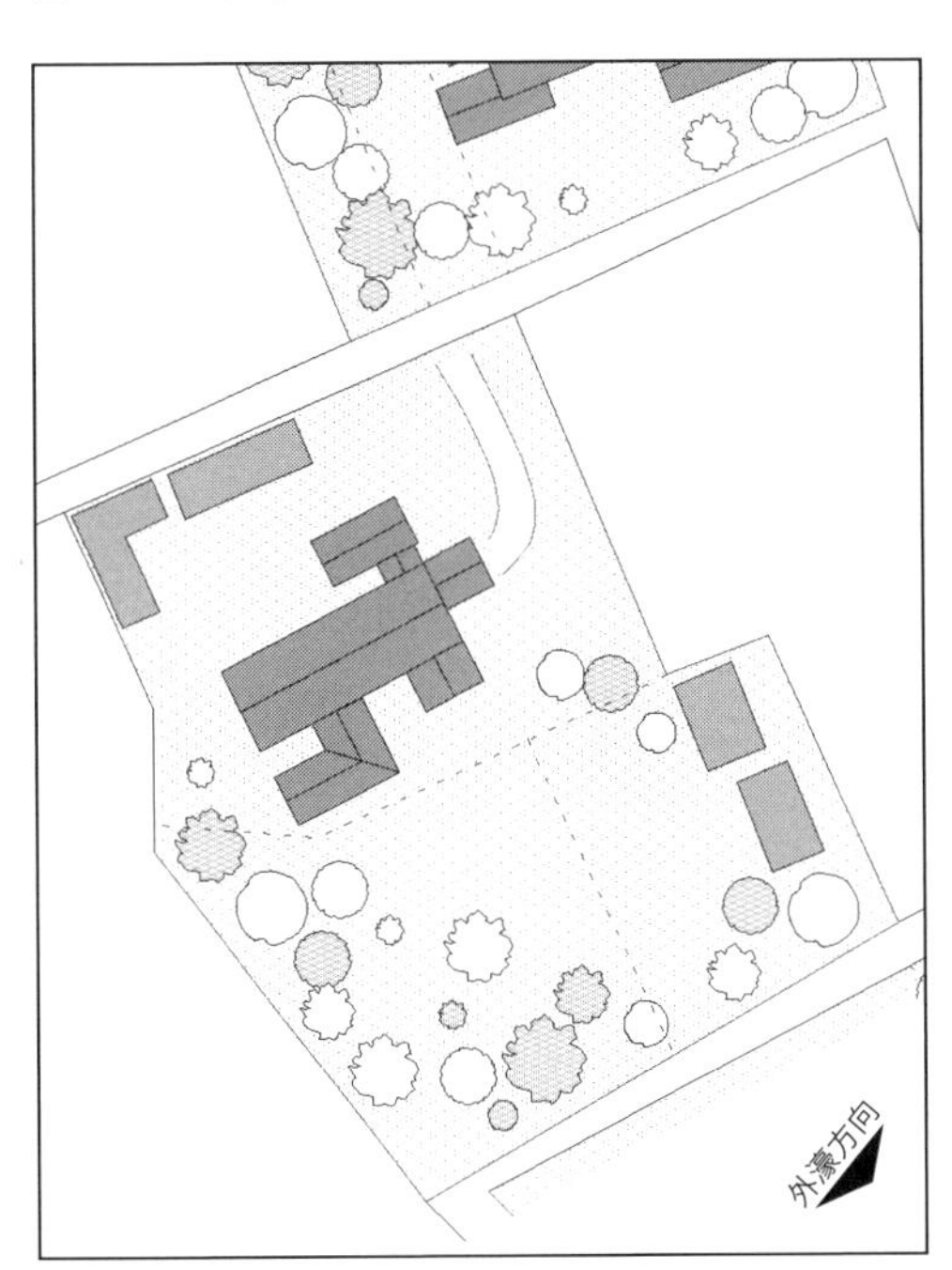

図 7-26　鍋島邸の配置構成

母屋が寄っている構成を読み取ることができる（前頁図7－26）。

その南側にあるのが岩崎豊彌邸である。砂土原町二丁目の岩崎豊彌邸は、六つの土地を統合した約一六〇〇坪の規模で、外濠に対して垂直方向に細長い敷地形状を持った屋敷である。外濠方向と反対側に当たる敷地の北西側に屋敷が建ち、外濠側である南東側に庭が配置されており、他と同様に、外濠、庭、屋敷という明確な構成をとる屋敷構えとなっている（図7－27）。

最後に、拂方町の穂積邸は、高台に位置する集積型の屋敷地であるが、その屋敷構えはエントランスを東側の通りに向け、庭を敷地の西側と南側に対して開き、北東側に母屋が配されるという構成をとっている。こうした配置は増改築を経て生まれた構成で、明治二三年の移転当時から存在していた部分は図7－28[21]の点線の枠外に限られている。土蔵とその北の二部屋は二〇年代の末、書斎と西南の日本間は明治三二～三三年の増築によるものであるが[22]、こうした動きからは、南側の庭を中心としながらその周囲を取り囲むように段階的に増改築が進められたことが読み取れる。

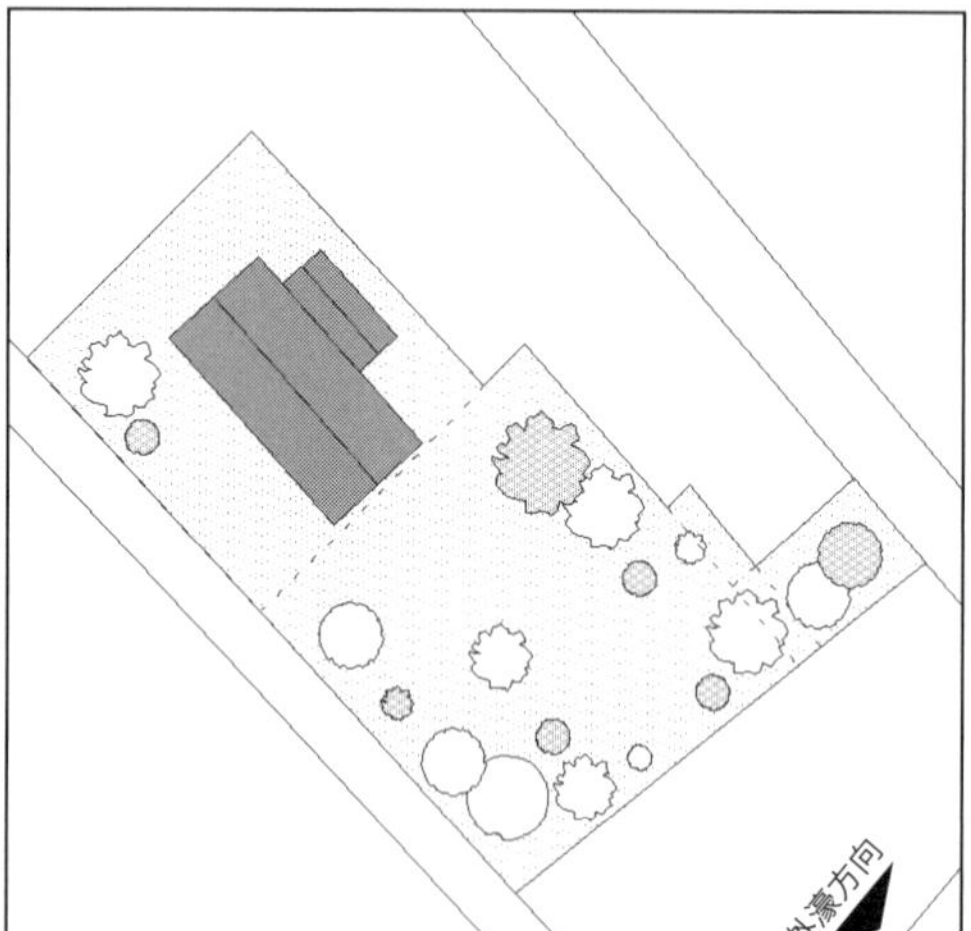

外濠方向

図 7-27　岩崎邸の配置構成

地形と眺望

以上のように、明治後期までに築かれた牛込区側の屋敷群には、外濠方向に対して解放的に庭を配するという場所に対する対応が見られた。こうした土地利用の状況は、周囲の地形的な特徴を重ねることで、それぞれの土地と外濠との関係をより鮮明に浮かび上がらせることができる。先の穂積陳重の妻である歌子の日記から、地形

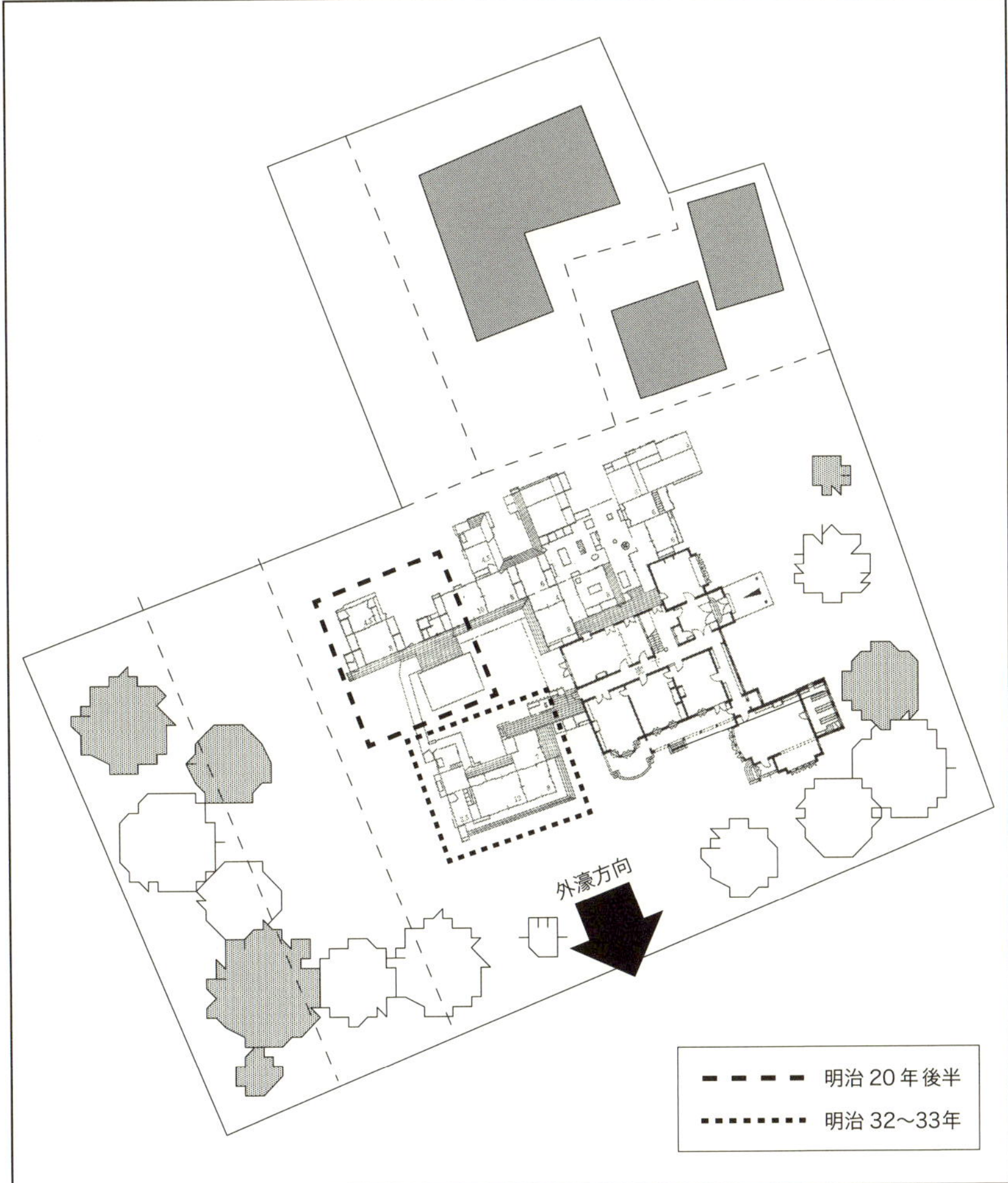

図 7-28　穂積邸の庭の配置（上・復元断面図、下・庭まわりの増築の過程）

図 7-29　上：穂積邸の庭の様子、中：穂積邸の二階ベランダでの食事の様子、下：穂積邸の洋館の外観

に依拠した眺望に関する記述を抜き出してみたい[23]。

「明治二十五年　四月十九日（火）

空に一点の曇もなく、日かげのどかにて実によき日和なりけり。大に暖し。今日より下着ぬぎて綿入一つになる。昨日の雨に一重は少し盛りすぎたれども、二階より見渡せば九段及び近隣の桜は今見頃なり。遠きは雲の如く近きは雪にまがひ、こき紅ひなる花に緑なる柳をこきまぜて、錦のとばりをはりわたせしが如し。

度々二階に上りて花見す。暮方にはそよとの風もなく、夕ばえの景色又えもいはれず。」

二階というのは、穂積邸の洋館の二階である[24](図7-29)。当時、一層か二層の建物が主流であった東京の市街地において、高台に位置する穂積邸からの眺望がいかに開けていたかがよく分かる。九段及び近隣の桜とは、対岸の靖国神社周辺の桜を指していると考えられるが、穂積家の屋敷が外濠からかなり奥まった場所に立地しているにも関わらず、外濠の対岸の桜が見渡せるのであるから、地形的にもかなりの高台に位置していたのであろう。この他にも、旧暦の十五夜に、洋館二階のベランダに敷物をしてお月見をしたという記事なども見られ、高台からの眺望という空間利用が、普段の生活のなかで度々強調されている。

さらに、こうした高台であるという地形的な条件を求めて、元々は低地部にあった屋敷を、周囲の土地を取得することで敷地を拡大し、高台に移動するという事例も見られる。牛込区側の市ヶ谷田町三丁目にある谷儀一邸は、外濠側方向に向かって低くなる斜面地に建てられているが、江戸時代までその敷地は低地部と高台で背中合わせに分

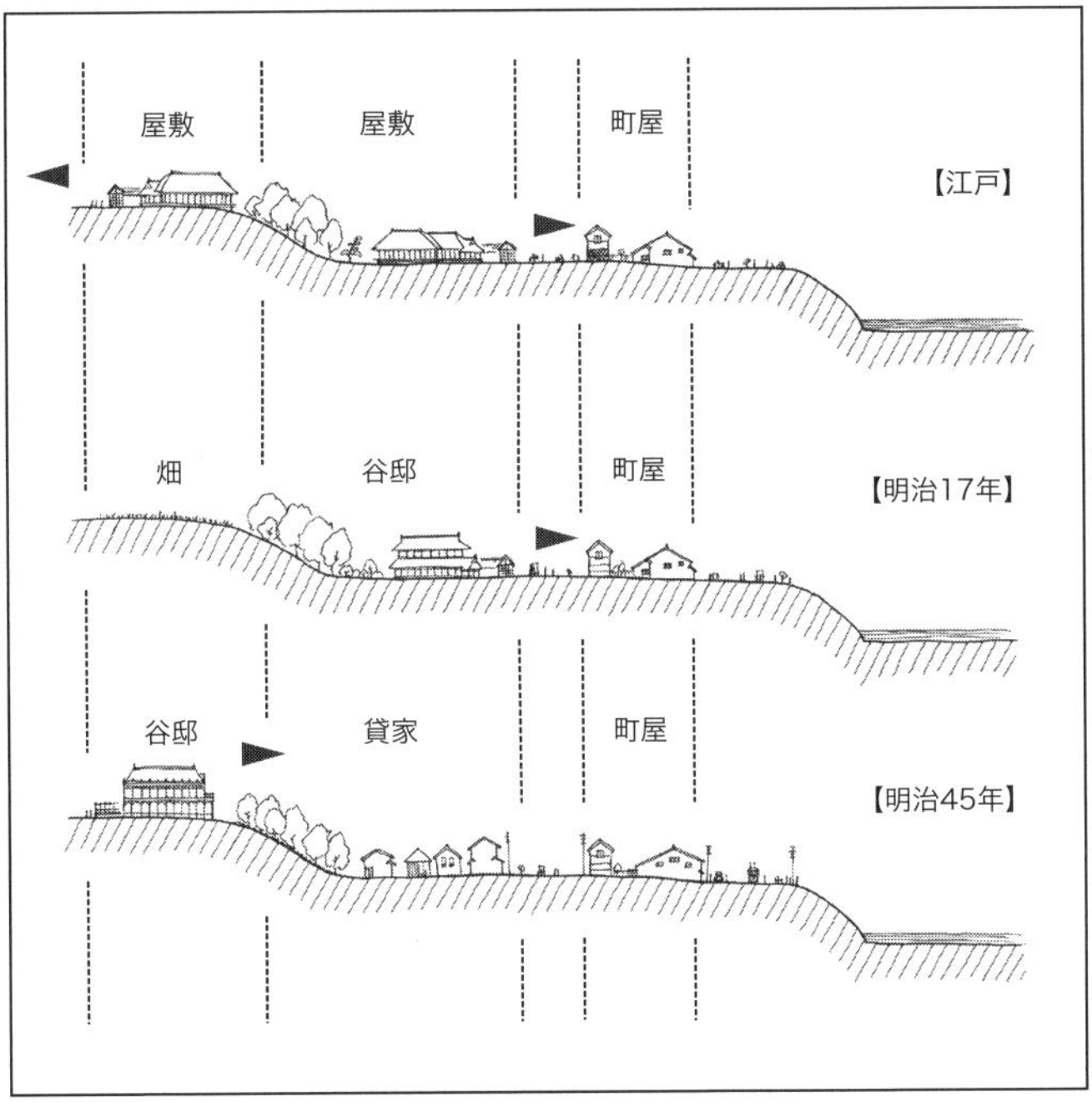

図 7-30　谷邸が高台へと移転する過程

割された構成を持っていた。明治初期に谷干城が拝領した段階では敷地割に変化はなく、屋敷は外濠側の低地部に建てられていた。しかし、前頁の図7－30および図7－31からは、明治一七年の段階においては低地部が屋敷で、高台の敷地は畑地となっていたものが、明治後期の段階では、背後の高台部の土地を取得し、屋敷も高台の方へと移転されていることが見て取れる。つまり、谷邸における敷地の変遷とは、高台へ屋敷地を移すことで敷地内の土地利用を再編するという、地形に対する反応として見ることができる。

そして、こうした外濠の地形との関係性は、何もこのふたつの事例に限ったことではない。ここまで見てきた屋敷地をすべて取り上げ、周辺の地形の上でこれらを表現すると、図7－32のようになる。注目されるのはその立地である。図を眺めると、ほとんどの屋敷地は高台の際（きわ）に集中し、ここまで見てきた庭の部分が斜面の上端に位置していることに気づく。要するに、高台で眺望の開けた土地が、屋敷地の開発の過程で優先的に取得されてきたことが図からは読み取れるのである。外濠の環境特性に対する開発主体の反応が、山ノ手の屋敷地というかたちで結実しているといえよう。

一方で、高台であるという条件とそれぞれの土地との関係性には、麴町区側においても同様の傾向を見ることができる。そもそも麴町区側の土地は、実業家や軍事による屋敷地としての開発を受けてきた牛込区側とは異なり、主に学校や病院といった近代施設がその主要な開発主体となっている。図7－33は麴町区側に移転、あるいは設立された近代施設の一覧であるが、こう(25)

図 7-31　高台へ移転した母屋の跡地には宅地が開発された（左：明治 17 年、右：明治後期）

した分布からも対岸とは異なる町の性格を知ることができる。そのうえで、このなかから主要な施設を取り上げ、明治四五年頃の状況を地形

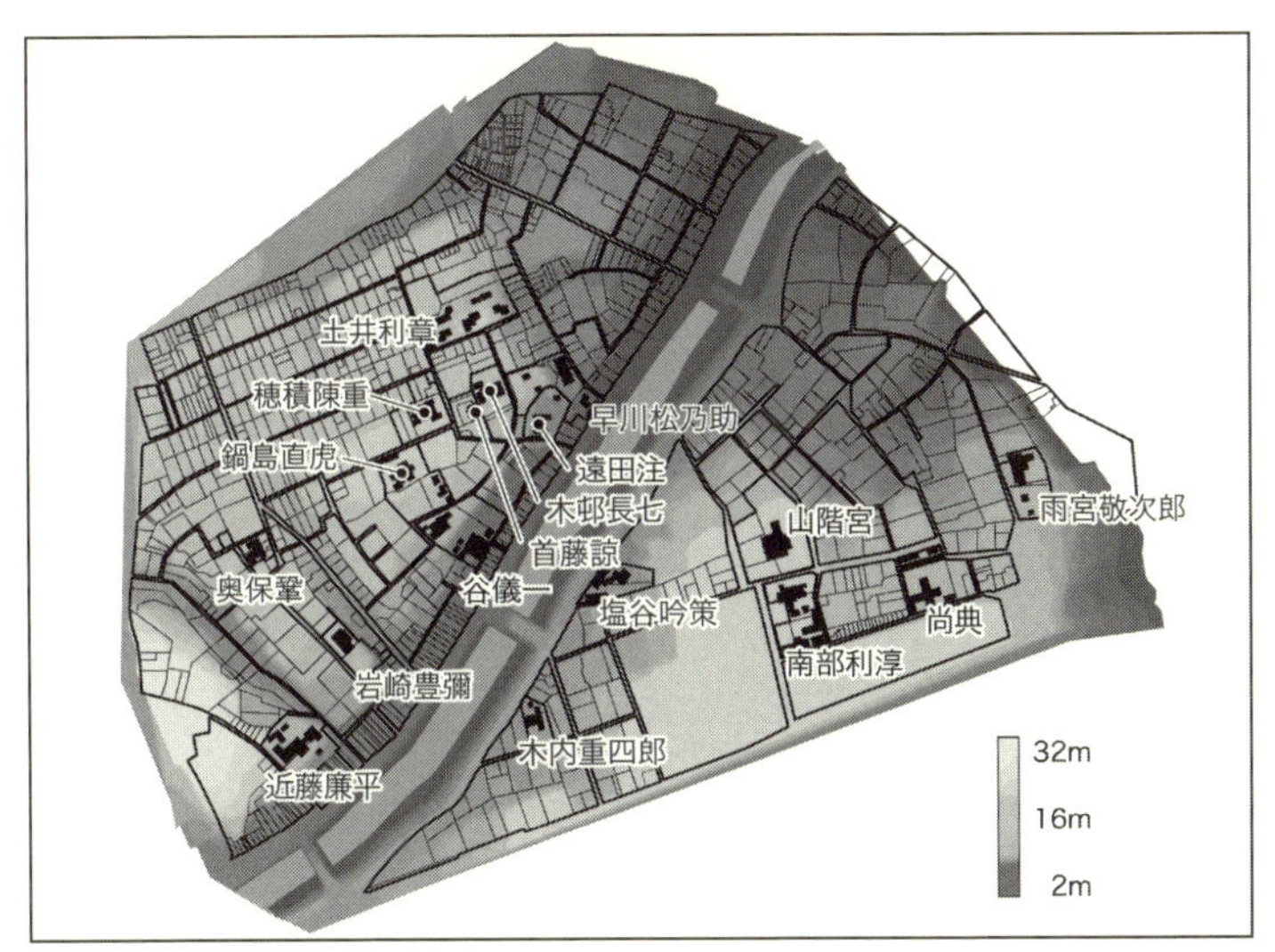

図 7-32　外濠周辺の地形と高台の屋敷群

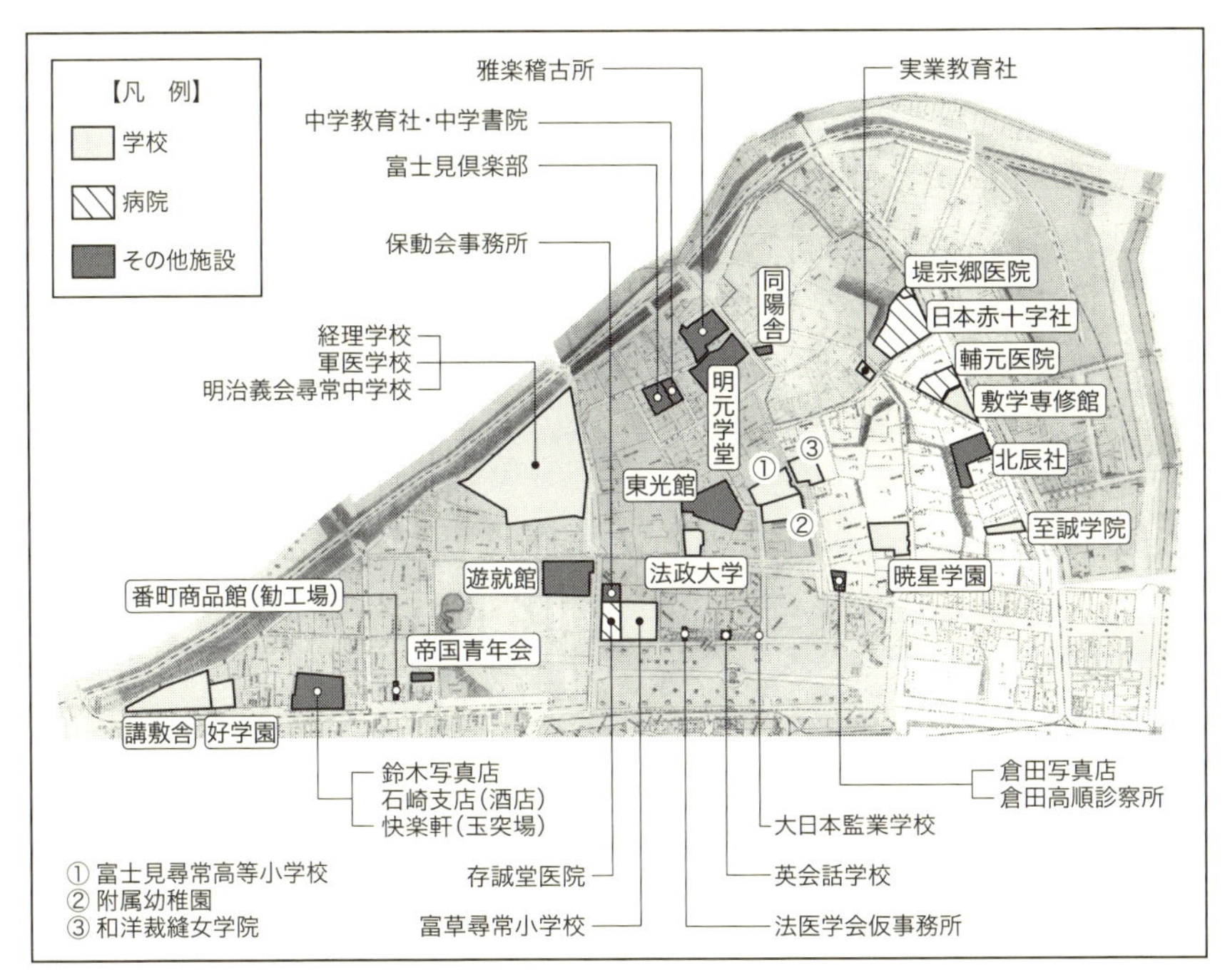

図 7-33　明治 25 年頃の麴町区側の近代施設

表現の上に重ねていくと、図7−34のようになる。先の牛込区側と同様に、地形の際(きわ)にこうした主要施設が集中することが見て取れるが、こうした構成こそが、近代の外濠空間を強く特徴づけるものであった。

交通拠点としての河岸地

以上、外濠周辺市街地の具体的な土地利用を、場所の性質との相互関係のなかで位置づけ、その空間的な特性を示してきた。最後に、当時の重要な都市交通である舟運との関係から対象地を特徴づけたい。

外濠周辺はここまで見てきたように、特に牛込区側において純然たる屋敷街としての性格が強い地域である。彼らの普段の生活のなかでは、舟運という水辺の機能もまた重要な要素であったと考えられる。神楽坂に面して設けられた神楽河岸は牛込御門の袂にあって、舟が入り込めない牛込濠周辺の地域にとっての最も近場の舟運基地である。この神楽河岸の船宿が、江戸時代から物流の重要な拠点であり、隣の市兵衛河岸や対岸の飯田河岸とも相まって、明治以降においても交通の面で重要な役割を担っていく。当地区の屋敷街での生活者にとって、こうした外濠の水路としての特性が重要であったことは、以下の引用からも知ることができる。(26)

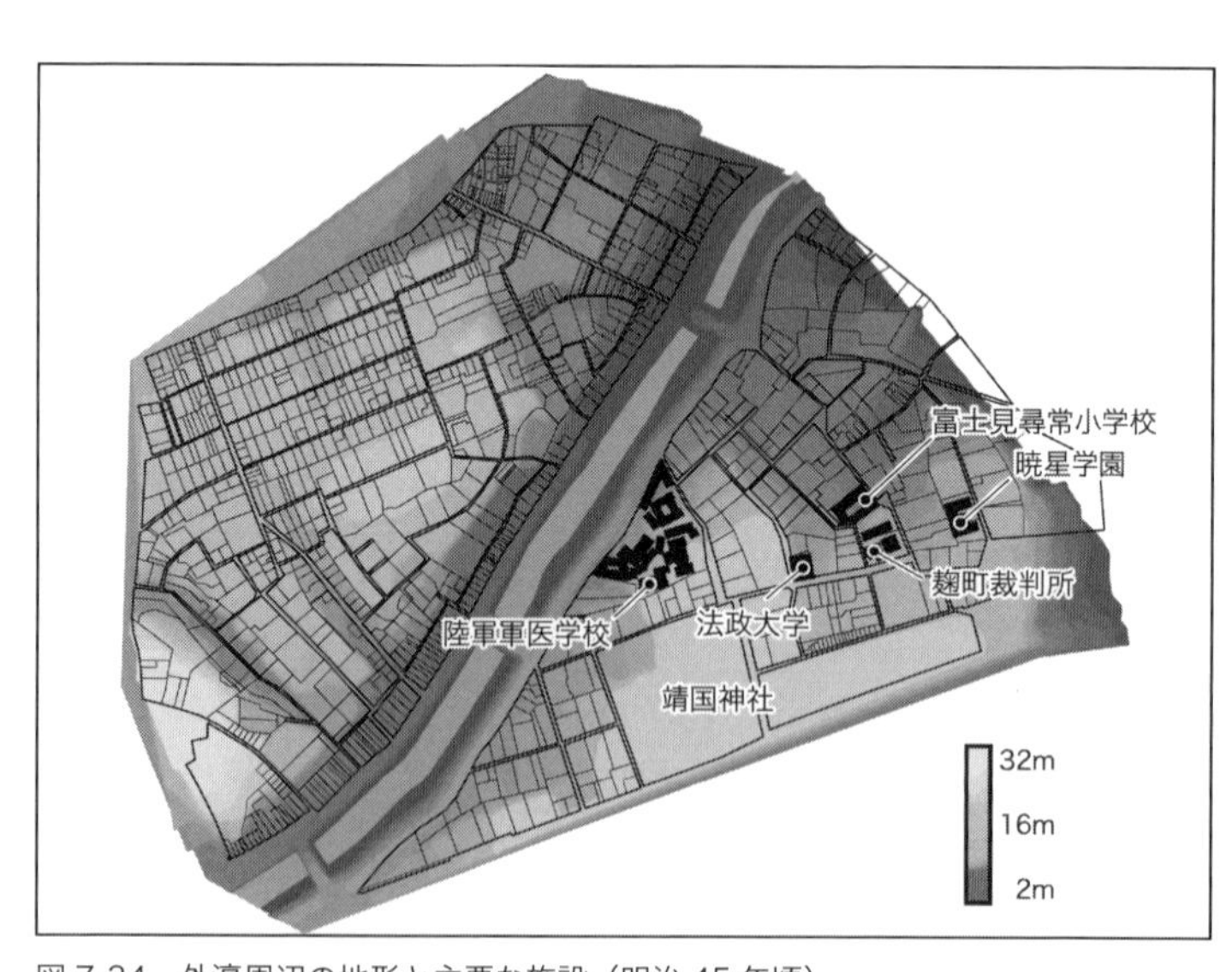

図 7-34　外濠周辺の地形と主要な施設（明治 45 年頃）

「明治二十九年　八月二十五日（火）
午前四時半頃深川より使来る。篤二君より書状、今晩三時安産男子誕生のよし。大慶の至りなり。旦那様お喜びかたがた長き手紙遣し玉う。午前十一時みね渡辺つれ出かけ、歩行にて富士見町丸屋（飯田橋の船宿）へ行く。川さらひのため先刻通船留になりしとて水道橋まで又あゆみ舟にのり深川邸へ行く。平河町両所来り居らる。あつ子さん少しも疲れなく、御小児も殊の外発育よく、いとよき御子にて渋沢家のため此上の大慶なしと皆々話し喜ぶ。夕飯後八時すぎ又舟にて帰る。富士見町にて上陸し、帰宅は十時半頃なり。」

「明治二十九年　九月二十六日（土）
半晴、午後晴れ夜月清し。午前かみゆひ風呂に入る。深川新盛座開場中ならば、今一夜とまり明日見物する様旦那様へおすすめ申さんとせしに、此頃休のよし。午前は支那料理馳走になる。午後両所と共に舟にて兜町へ行く。大人御機嫌よし。平河町も同時に来り、旦那様は少し後でお出、同族会開る。夕高木先生来る。大人キカンシは略御全快のよし。お寝汗も大に減ぜしよし。ホテル料理にて晩餐後綾之助の浄るりあり、酒屋かたる。夜十時半舟にて大川へまはり、富士見町河岸より上陸帰宅す。十二時すぎなりけり。」

明治二八年から同二九年までの、船宿で舟を利用したという記事を抜粋した。これらの描写からは、普段の生活のなかで舟が一般的に使われている様子が読み取れる。深川の邸宅に子が誕生した際に急遽舟を手配し駆けつける様子と、川さらいのため舟が出ず目的地まで歩いたという記事が示しているように、様々な場面で舟が活用されている。特にふたつ目の記事は、目的地への移動だけではなく、乗り合いや寄り道も可能で、さらには時間的な拘束も少ない手軽な交通手段であった様子が読み取れ興味深い。この他にも、競漕を見物した後に飛鳥山の別荘へと舟で向かう様子、家族で舟を利用して競漕の見物に向かう様子、明治座へ舟で歌舞伎を見に行く様子など、その利用頻度は高い。

「明治二十五年　四月十六日（土）
終日うららかなる好天気なり。午前十時娘二人真六郎たけれんつれ、揚場より屋根舟にて出かける。引汐なりしかば思ひの外早く大川へ出づ。浅草へ上り大金にて昼食し、又舟にて隅田川へのぼり、商業学校競漕一二番見物し、なほ上に上りて王子へ行く。豊島川の岸に舟付きしは六時頃なり。それより歩行にて飛鳥山別荘へ行く。（一部略）
隅田飛鳥の花も今を盛りにて、またとなき遊山なりけり。舟の中にても子供ら殊の外おとなしかりき。」

「明治二十九年　四月十一日（土）
空うららかにいといとあたたかくよき日なりけり。午前十時半旦那様と共にふさてつ柏原氏つれ、飯田橋の船宿より中屋形と云う船にて乗り出す。舟出発に律貞真らは学校帰りがけ直にここへ来て舟に乗りたり。柳橋へ行くに丁度重遠は学校より来たり、少し待ち孝子光子ふみも来り、船中にて持ち行きたる弁当たべ、女子等衣服着かえなどする。こととひ辺に来り船をとめ、旦那様柏原氏上陸して艇庫にて番付をもらひお出、又舟を上にのぼせ、決勝点の辺にとどめて短艇競漕を見る。（一部略）旦那様ここより上陸。帰りの舟中は子供ら疲れねぶけを催し、あたり暗ければ途中いと長きよう覚へたり。十時前帰宅。旦那様法科慰労の宴へお出、例により大酔、一時すぎお帰り。」

「明治二十九年　十月四日（日）

終日曇天、昼後より夕まで雨ふりたり。揚場丸屋前より船にて明治座へ行く。潮時あしく水少なきため同座五六丁前より上陸し歩行にて行く。総体皆にぎやかにて面白き方なれども、大蔵卿は先年慈善会の時程にあらず。鬼一は殊の外面白く、殊に左団次の知恵内は無類の出来なり。佐野は作はあしけれど芸よければ可なり。とにかく久々にて大楽しみなりけり。帰途座の前より丸屋前まで船にのり、帰宅せしは十時四十分頃なり。」

明治中期頃までは普段の生活のなかで舟運が、公的な場面でも遊びや花見といった私的な場面でも積極的に利用されていたことが理解できる。舟宿の立地する河岸地とは、地先というような位地関係にはないものの、都市交通の拠点としての河岸地が対象地にとって重要な機能を備えた場所であったといえよう。水辺であるという土地の資質が、外濠地区には備わっていたことを示す事例である。

4 まとめ

市ヶ谷濠・牛込濠は、河岸地をはじめとした実利的な機能をもたない純然たる濠である。隣接する地域にとって、直接的な営為の場とは成りえない条件のもとで、当地ではむしろ間接的に水辺と地域が相互関係に結びついていく過程を明らかとしてきた。

外濠周辺の土地は、近世期においては大部分が武家地によって構成されていた。明治以降の地域再編の動きは、こうした先行する土地のかたちを解体することによって進行する。明治政府による桑茶政策をはじめとした土地処理の問題は、不動産として土地の流動化を招き、外濠周辺においては特に牛込区側において、土地の代謝を促していく。こうした動きのなかで出現した大規模土地所有者は、土地を取得、さらには複数の土地を集積することで近代の屋敷地としての規模を確保し、外濠周辺の空間構造を改変していった。

ここで形成された大規模屋敷地の空間構成は、斜面地という地形的条件に対応するように、外濠方向に庭を配し、奥に屋敷を建築する段階的な構成を築いていく。牛込区側で見られた明治中期以降の土地取得による屋敷地の規模拡充は、こうした空間構成を築いていくことがひとつの動機となっていたと考えられる。それぞれの敷地拡充の段階と、その結果生まれた土地利用の状況は、開発主体による場所の特性に対する反応を示しているといえよう。さらに、高台からの眺望という観点からも、外濠周辺の空間を特徴づけることができた。牛込区側の高台に位置する屋敷地からの眺望は、生活の一場面として特徴的に表れてくるし、麴町区側に分布する近代施設の状況は、この時代における外濠空間の新たな特徴として捉えることができる。

一方で、明治初期から商業的な発展が見られた神楽坂界隈では、大規模敷地は花街としての開発が顕著であった。もともとは坂上の寺町を中心にはじまった神楽坂の花街は、周辺の屋敷地の成立、神楽河岸の発展という時節に沿うように、徐々に坂下へとその範囲を広げていった。このとき開発されたのが、上記の大規模敷地による街区型の花街である。周辺の屋敷地にとっての消費の場、さらには神楽河岸を中心とした坂下の商業的な地区の広がりのなかで、神楽坂全体の性格はかたちづくられていった。また、神楽河岸と対岸の飯田河岸に存在した舟宿の存在も、地域にとっての重要な機能として位置づけることができた。鉄道開通以前の外濠周辺にとって、河岸地を拠点とする舟運は、重要な都市交通として頻繁に活用され、様々な場面で登場することが確認された。

以上、本章では地形や眺望、河岸地や盛り場の形成など、こうした環境特性や地域の性格が、土地の開発主体によって読み込まれ、その応答の結果として外濠地区の空間特性がかたちづくられてきたことを見てきた。例えば、屋敷地からの眺望や庭の構成といった風致的な観点、さらには舟によるアクセスといった場の資質は、牛込区側に大規模な屋敷が他にはみられないほど集中したことや、神楽坂が周辺地域や神楽河岸との相互関係のなかで発展してきたという事態と深く関わっていたと考えられるのである。そして、明治以降の開発主体にとって、場の特性が土地の選定に一定の影響を与えていたとすれば、外濠という水辺に地域特性を育む場所としての意味を見出すことができるのではないだろうか。都市における水辺の存在形態のひとつとして、こうした事例を位置づけたい。

注釈

(1)『都史紀要一三　明治初年の武家地処理問題』(東京都、一九六五年)に、外濠の内外での武家地処理の対応の違いと、主に麴町区側が官員の住居として優先的に上地されていく様子が詳しい。

(2) 小木新造『東京庶民生活史研究』(日本放送出版協会、一九七九年、三七頁)を参照。

(3) 使用したのは、地図資料編纂会『地積台帳・地積地図〈東京〉地図編』(柏書房、一九八九年)、並びに、地図資料編纂会『地積台帳・地積地図〈東京〉台帳編』(柏書房、一九八九年)。

(4) 明治期を代表する法学者(一八五六〜一九二六)。日本初の法学博士の五人のうちの一人で、和仏法律学校(法政大学の前身)講師、貴族院議員。枢密院議長を歴任。英吉利法律学校(中央大学の前身)の創立者の一人でもある。妻の歌子は渋沢栄一の娘。明治二二年から拂方町九番地に居を構える。

(5) 図面並びに写真は、岡本定吉編『新住宅図譜　第四集』(建築工芸協会、一九一九年)所収の、「高木邸建築平面図」と「高木氏邸正門及び本館(洋館)外観」。

(6) 徳島藩の生まれで、明治期に活躍した実業家である(一八四七〜一九二一)。日本郵船会社社長を務めた人物。妻の従子は岩崎弥太郎の母・美和及び岡本寧浦の妻・ときの姪であるため、岩崎家とは姻戚関係にある。明治三五年に佐内町二十一番地に居を構える。官位は男爵。

(7) 本文中の図版、並びに学園の概要については、暁星学園『暁星百年史』(一九九九年)を参照した。

(8) 本文中の図版、並びに病院の概要については、津田安治編『東京眼科病院年報』(東京眼科病院、一九〇一年)を参照した。

(9) 松山恵「「郭内」・「郭外」の設定経緯とその意義——近世近代移行期における江戸、東京の都市空間(その五)」(『日本建築学会計画系論文集』第五三〇号、二二九〜二三四頁、二〇〇四年)によれば、郭内は中枢にいる人物が占有する場として、郭外は民間が主体的に利用しやがて所有していく場として、近世近代移行期の東京の都市空間が二元構造化したことが指摘されている。
(10) 牛込区史編纂会『牛込町誌 第一巻』一九二二年。
(11) 前掲(10)には、若宮町及び神楽町の建物所有とその建物構造が記されており、ここからそれぞれのデータを算出した。
(12) 穂積重行『穂積歌子日記 1890-1906――明治一法学者の周辺』(みすず書房、一九八九年)より引用した。
(13) 蒔田耕『牛込華街讀本』(牛込三業会、一九三七年)より引用した。
(14) 明治二〇年は、市兵衛河岸、飯田河岸もそろい、物流拠点として神楽河岸周辺が一層賑わった時期に相当する。詳しくは本書第3・4章を参照。
(15) 甲斐国山梨郡牛奥村出の、明治期に活躍した実業家である(一八四六～一九一一)。「天下の雨敬」「投機界の魔王」と呼ばれた。結束して商売にあたった甲州商人、いわゆる「甲州財閥」と呼ばれる集団の一人である。東京商品取引所理事長、東京市街鉄道会長、江ノ島電鉄社長、甲武鉄道社長などを歴任。明治三〇年に飯田町三丁目十三番地に居を構える。
(16) 京都出身の、明治期に活躍した実業家(一八五二～一九二二)。足尾銅山鉱業所長、古河鉱業会社理事長などを歴任。明治二〇年代頃、若宮町三十番地に居を構える。
(17) 末廣一雄『男爵近藤廉平傳』審美書院、一九二六年より引用した。
(18) 前掲(12)。
(19) 鈴木博之『東京の地霊』(筑摩書房、一九九〇年、二五六～二五八頁)を参照した。
(20) 東恩納寛惇『尚泰侯爵実録』(原書房、一九七〇年、四〇四～四〇七頁)を参照した。
(21) 図上は著者作成、下は前掲(12)に所収の図を基に著者が加工した。
(22) 前掲(12)。
(23) 前掲(12)。
(24) 掲載の図は、国立国会図書館所蔵の、渋沢篤二『瞬間の累積』(渋沢敬三、一九六三年)から引用した。
(25) 本図は、松本徳太郎『明治宝鑑 全 明治廿五年版』(一八八二年)から、対象地周辺の施設を抜き出し作成した。
(26) 前掲(12)。

結章

城郭から水辺へ

地域をかたちづくる都市の水筋

都市の水辺は、人々の営みのなかで実に多様な表情を見せる。その根源的な資質が人々を惹きつけ、様々な状況で利用されながら、ときに地域のかたちすらも変えてしまうような影響力を発揮してきた。都市が変容・変質していく過程において、水辺という場所がどのような意味を持つのか、本書ではその相互関係を見出すことを試みてきた。

具体的な対象として取り上げた外濠は、既に本文のなかで何度も触れているように、近世期までは城郭として、生産的な都市活動が積極的に行われるような場所ではなかった。古くからの物流拠点である神楽河岸や、その他の一部の利用を除けば、近代初頭において、外濠の土手は都市的な機能を帯びない空白地帯といった様相を呈していた。物揚場をはじめとした湊機能を備えず、また市街地でもないという性質によって、土地としてはニュートラルな状態で取り残されてきたのである。城郭であることから、内と外の差異や、隣接する地区の性質によってその条件は異なるものの、これらの土手は明治以降に様々なかたちの要請を受けながら、場所の意味と空間を再構築していくことになる。ここではまず、本書で明らかとなった事実を以下のように整理してみたい。

土手で異なる営為の受容過程

明治以降に変容を遂げた土手のなかで、その動向が最も特徴的なのは、かつての牛込区側での河岸地の成立過程であろう。部分的ではあるものの、近世期から連続的に物揚場を運用してきた当地区は、明治の早い時期から周辺地域の要請によって、都市の生産活動のなかに取り込まれることになる。明治政府による包括的な河岸地制度である「河岸地規則」の公布前から、自発的にその機能を拡幅していく動きが見られたのである。

神楽河岸では、近世期の物揚場を拠点に、土手の利用域を拡大し、隣接する町人地である揚場町、さらには明治初期に開発された新開町の人々から水辺利用が求められ、近代における河岸地の基盤を築いていく。隣接する市兵衛河岸においても、その開発主体が個人ではなく、陸軍砲兵工廠という巨大な官営工場であるという点を除けば、神楽河岸と同様に、隣接地の主体により取り込まれ、河岸地が成立していく様子を確認することができる。変容する地域構造のなかで、地先の土手の意味が読み替えられ、川―河岸―町という相互の結びつきを構築しながら一体的な空間利用がなされていった。

対岸の飯田河岸では、これとは異なる状況を見出すことができる。近世期から連続的な土地利用がなされず、堤防によって囲まれる地勢的な条件は、地先というよりむしろ独立した個別の土地としての開発を招き、堤防内で完結する空間利用がなされていった。数名の開発主体による大規模な区画を基盤として形成された飯田河岸の初期構造は、「河岸地貸渡規則」をはじめとした、近代河岸地としての制度を背景に、徐々に細分化されていくことになる。その過程で多様な河岸地拝借人を受け入れ、更新頻度の高い流動的な性質を築いた飯田河岸は、周辺地域に留まらず、対岸の河岸地も含めた広範な範囲から利用が求められることで発展していく。都市的なひろがりのなかで、ひとつの磁極のように様々なかたちで人々の営為を受けとめ、水辺空間の輪郭をかたちづくっていった。

近代への転換期において見られる土手空間の変容は、こうした河岸地成立を通じての動向に限ったものではない。舟の乗り入れができない純然たる濠である市ヶ谷濠・飯田濠を構成する土手もまた、明治期においては都市活動のなかに取り込まれ、その空間を変容させていく。きっかけとなったのは、甲武鉄道会社による鉄道の市内延伸計画であった。それまで都市の障壁として、手つかずの状態で維持されてきた当該地の土手は、鉄道計画という近代事業に取り込まれたとき、様々な要請が寄せられる都市の表舞台としての意味が与えられていくことになる。甲武鉄道会社、市区改正委員会、陸軍省といった異なる主体による土手に対する意向は、それぞれの立場を反映するかたちで主張され、計画の全容に一定の影響を与えていく。東京の近代化を推進するという全体合意に基づいて、鉄道用地としては積極的に活用されながら、一方で濠の持つ防衛力、あるいは風致に対する配慮が求められ、実際の現場レベルにおいて土手形状の維持が図られた。同時に、甲武鉄道による自発的な土手の改良も試みられ、近代における水辺空間は新たな輪郭を帯びていった。

こうした土手ごとに異なる独自の展開は、それぞれの水辺に備わっていた歴史的な経緯や、都市的な意味と機能が、明治期の一連の動向に影響を与えたことに起因する。神楽河岸・市兵衛河岸のように、近世期から湊機能を引き継いだ地区では、その性質をより強化しながら水路としての機能が強調されていったし、飯田河岸地区においては、河岸地としての資質を備えない土地であったがために、全体的な基盤を近代の新たな住人自らが築くことによって、土手の意味と機能が転換することになっていった。市ヶ谷濠・牛込濠においては、空地としての側面から近代の事業用地に取り込まれながらも、土手の持つ城郭としての意味・機能が残照のように留り、土手形状の維持や植樹といった対応を生みだした。都市空間の要害から開かれた土手空間への転換は、こうした背景の結果として導かれたものであった。

その一方で、明治政府による水路や河岸地に対する政策は、水辺ごとの先行する性質の違いを考慮したものではなく、外濠や神田川に関しては一律に水路と位置づけ、その両岸をすべて河岸地とすることで処理していくものであった。それにも関わらず、それぞれの水辺で実態化してきた空間に違いが生じたのは、場所ごとに培われた水辺の性質が、河岸地成立の段階において、区画や土地利用、拝借人の属性といった傾向に作用し、影響を与えていった結果に他ならない。市ヶ谷濠・牛込濠に関してはやや特殊で、官有地に組み込まれる以外には特別な処置はなされていないようであるが、そこでは開発主体側が場の特性を読み替えることで空間形成が進行した。同様に、神楽河岸の発展も、飯田河岸の転換も、土手に関与する主体側の意向によって導かれたものである。明治初頭、それまでの意味的・機能的な拘束から放たれたとき、水陸の結節点である土手空間は、水辺が潜在的に備える資質から様々なかたちで営為を受け止め、都市空間との有機的な結びつきを再構築するに至った。

水辺利用者と都市の空間変容

このような土手そのものの変化に加え、それに呼応するように変容していったのが、その周囲に広がるまちである。本書はこうした一連の動向を、そこで躍動する人々の動きから描き出すことを試みたものであるが、そのなかでも河岸地の生成を主導してきた河岸地拝借人の振舞いは、近代の水辺空間にとって重要なポイントであった。神楽河岸において見られた、升本喜兵衛をはじめとする揚場町を拠点とした河岸地拝借人や、飯田河岸の初期開発を担った山嶋久光などの初期拝借人、同じく飯田河岸に三業会を築いた富士見楼の創業者である芹沢半蔵など、彼らは近代における土手空間の新たな展開を牽引していった人物である。生産活動の場として活用するため、外濠という水辺に呼応するように新たな空間利用を築いていった。

このとき、水陸の有機的な結びつきを築いていった彼らのなかに、地域の変容を担う地主や開発主体としての一面も持ち合わせた人物が多く存在したという事実は注目される。神楽河岸では隣接型の拝借人である升本喜兵衛や野崎治兵衛、さらには対岸の飯塚仁兵衛といった人物が、明治初期から神楽坂周辺の土地を集積し、地主層として地域開発の一端を担う主要な主体として影響力を発揮していた。加えて、下宮比町から神楽河岸を拝借した菊池栄造や、飯田河岸に移り住む以前に猿楽町を居所とした芹沢半蔵もまた、旧武家地跡に成立した新開町のなかで稼業を発展させ、それと同時に近代の河岸地拝借人としての顔も持ち合わせた人物であった。こうした事実は、武家地再編という明治初期の動向が、水辺空間の変容と連関する問題であったことを示唆している。

さらに、市ヶ谷濠・牛込濠周辺の土地所有の変容からは、水辺としての場の特性が、屋敷地の形成や神楽坂の発展など、地域全体の輪郭をかたちづくっていくうえでの重要な要素となっていたことが明らかとなった。外濠方向に開放的に構成された屋敷地や、神楽河岸を介した神楽坂の発展、さらには土手に築かれた近代建築による新たな風景の獲得にいたる動向は、開発主体側が場所の特性を読み解き、それに応答するように空間を築いていった結果であったといえよう。

こうした各章の整理によって見えてきたのは、明治期に現れた水辺の人々が、水際のみで完結しない地域変容の担い手でもあったということである。水路である上流と、濠である下流とで彼らの性質に違いはあるものの、それぞれに個別の展開を見出すことができた。人々の要請を受け止める場としての水際と、そこに関わる水辺利用者の存在、それらが一体となって外濠の水辺空間はかたちづくられたのである。

都市にとっての水辺とは

外濠が城郭から人々に開かれた水辺へと変貌を遂げているとき、東京もまた、その姿を変えようとしていた。近世城下町江戸は近代東京へと読み替えられ、首都として体裁が整えられていくが、そうした流れのなか、様々な場所で新旧のせめぎ合いが起こってくる。それは、それまでの場所や空間に対して、新たな意味づけがなされていく過程といえるが、本書で見てきた外濠の状況もこうした時代のひとつの局面として位置づけることができる。江戸から東京へと都市のかたちが変わっていくなかで、外濠地区という場所がどのような意味を持つのか、ここからはその変化の意味について考えたい。

まず、ここまでの整理で見てきたように、明治期の外濠をめぐる動向のなかで、特に都市の空間変容に対して大きな影響を果たしたといえるのが、河岸地拝借人をはじめとした、水辺の人々による周辺地域の改変である。それまで城郭であった外濠の土手が、近代においてその制約から解き放たれ、明治期の法制度のなかで再び構造化されるなか、水辺との相互関係を自ら切り開いていった存在こそが彼らの実態であった。その際、水陸の相互の結びつきは、土地所有という観点から見れば、旧武家地に対する個人や産業資本の介入であるし、具体的な土地利用の実態として見たときは、下地としての江戸を塗り替える、あるいは新たに要素をつけ加えていく過程であったといえる。要するに、なにが新たに付与されたのか、また何がそのまま残り、あるいはそれが維持されたのかという、変化の過程における新旧の混在状況から、外濠地区の特質が見えてくるよう思う。

外濠地区の旧武家地や城郭としての土手の空間特性は、全体の区画や形状は維持されながらも、明治期における新たな水辺の意味が付与されることで、独自の存在形態がかたちづくられていく。おそらく、外濠地区ほど水陸の空間変容がダイナミックに展開した地域は、東京全体のなかでもなかなか見られるものではない。例えば、日本橋などの地域変容は、近世河岸地からの連続的な発展過程として捉えることができるが、外濠地区でみられた地域や水際の変容は、そうした連続性を内包しつつも、一方では開発主体や空間利用の新規性と独自性を兼ね備え、江戸の城郭とは思えない新たな空間像が生成されていく過程であった。近世以来の舟運利用や隣接地と結びついた地先利用が見られるだけでなく、工場生産地や三業会といった要素、さらには鉄道の敷設やターミナルの設置をはじめとした近代の要素も混在しながら築かれていく全体性に、外濠という場所の変化の特性を見出すことができる。そして、その混在の状況は、それまでの要素を排除してしまうようなものではなく、並置されながら共生するものであった。近世の物揚場を拠点に発展した神楽河岸に対して、近代的な要素がより直接的に与えられていった飯田河岸との対比的な関係がこうした状況をよく表しているように思う。

東京の外濠という場所とは、こうした新たな要素の受容過程において、単に濠が水路化したということではなく、より多様な意味を内包することで、地域全体まで影響を与えていく存在であった。武家地や町人地といった近世城下町の骨格を失った東京が、新たな要素を受け取りながら、再度その基盤を構築する際のひとつの軸としての役割を外濠は担っていたのである。

そしてもうひとつ、場所の変化の意味を考えるうえで忘れてならないのが、水辺としての枠組みである。それは、言い換えるなら、水辺としての場所の資質が、都市の変化にどのように作用するのかという問題である。本書では外濠の具体的な事例を通じてこうした動きを見てきた。

例えば、舟運利用を目的に地先の土手利用が求められるケース、花街のような遊興の場として活用されるケース、さらには都市風景として生活環境のなかに取り込まれるケースなど、様々な場面で水辺の環境が求められることを確認してきた。こうした特性は、逆の見方をすれば、水辺の存在が都市内での様々なアクティビティの動機となり得ることを表している。人間の活動に不可欠な資質を備えた水が、都市と物理的に接触するひとつの結節点を土手とするならば、この水際の土地に対して作用する人々の営為が、地域のかたちを築き上げていくうえでの、ひとつの要素であるという見方を当てはめることができる。

さらに、水辺は変化が激しい流動的な場であるが故に、その空間の輪郭も頻繁に更新されていくが、それは同時に水辺と地域の関わり方が多様な広がりを持つことを意味している。つまり、水辺には地域の変化を共鳴しながら拡張し、より一層掻き立てていくひとつの核としての側面があるように思えるのである。外濠においても、水の持つこうした性質が、人々を惹きつけ、その姿を変容させていく流動的な空間の様子を見て取ることができた。土手の持つ歴史性や地勢的な条件に左右されながらも、個人事業から近代の公的事業まで幅広く人々の営為を受け止め、水と陸の結節点にあって両者を緩やかに結びつける潤滑油として、地域構造の変容に重要な役割を果たしてきたのであった。

外濠地区の再生に向けて

最後に、本書がこれまでの整理を通じて提示したかったこととは、外濠という地区が、東京にとって重要な地域のひとつであるという場所の認識である。水陸の相互関係の下で、更新を繰り返しながら地域の発展を後押ししていく水辺空間の在り方を評価し、現在の外濠地区をかたちづくっている原型を理解することが、外濠再生のビジョンを描いていくために必要であると感じたからである。そしてそれを通じて、これまで歴史遺産として、あくまで保全という観点からの評価に留まっていた外濠の価値を、濠だけでなく周辺地域も含んだ一体的なものへと広げ、その全体構造から、未来へ向けての空間的なイメージを摑んでいくことが本書の最初の動機でもあった。

しかし、外濠とその周辺地域を取り巻く状況は、あまり良好であるとはいい難く、様々な問題が山積しているのが現状である。第1章で示したとおり、外濠はこれまで水辺としての評価がほとんど与えられてこなかった地域である。神田川下流域では、船着き場の設置や、旧萬世橋停車場跡の再開発などもあって、水辺を舞台とした新たな活動が幾つか見られるようになってきているが、外濠地区に関しては事態が硬直化しており、具体的な動きは表れていない。それればかりか、近年では土手への立ち入りすら禁じられてしまい、公共空間としての存立はますます危うくなっているように感じる。こうした状況を、上記のような視点に立ちながらいま一度解きほぐし、都市の表舞台としていかに位置づけ、公共の財産として管理しながら、地域との結びつき再構築していくことが必要であるように思う。

本書で見てきた近代の外濠とは、都市における表舞台としての姿である。それはいい換えるなら、人々が様々な立場から関わっていく、積極的で動的な空間のイメージといえるかもしれない。流れる水は決して腐ることがないように、外濠地区にもまた現代という時代に対応した、新たな流れを生み出していきたいのである。水辺の存在が、人々を結びつけ、場所の代謝を促していくことができるとすれば、そこから新たな地域像をかたちづくっていくことも可能ではないだろうか。かつての姿を一方的に褒め称える郷愁的な考え方には陥ることなく、歴史的な視点から紐解かれた空間イメージを持って、新たな水辺の在り方を求める創造的な視点を深めていきたい。本書で描かれた外濠をめぐる様々なエピソードには、そのような未来へ向けての思いの一端を託している。

初出一覧

第1章　東京と外濠――水都へのアプローチ
新稿。

第2章　外濠の土手空間――その管理と制度
新稿。

第3章　近代河岸地の成立と展開Ⅰ――堀端から河岸地へ〈神楽河岸・市兵衛河岸〉
原題「明治期における神楽河岸・市兵衛河岸の成立とその変容過程」『日本建築学会計画系論文集第八〇巻・第七一二号』（二〇一五年六月、一四八三～一四九二頁）をもとに再構成。

第4章　近代河岸地の成立と展開Ⅱ――明治生まれの水辺のまち〈飯田河岸〉
原題「明治期における飯田河岸の成立とその変容過程」『日本建築学会計画系論文集第八一巻・第七二〇号』（二〇一六年二月、五〇九～五一八頁）をもとに再構成。

第5章　「御郭の土手」の変容――鉄道敷設事業と水辺空間
新稿。

第6章　外濠とまちⅠ——河岸地拝借人からみた地域の変容

原題「明治期東京の河岸地拝借人からみた地域構造の変容に関する研究——神田川の神楽河岸・市兵衛河岸・飯田河岸の周辺を対象に」、『日本建築学会計画系論文集第八一巻・第七三〇号』（二〇一六年一二月、二八四九〜二八五六頁）をもとに再構成。

第7章　外濠とまちⅡ——濠の環境からみる山ノ手の土地と人

原題「江戸東京のまち「外濠」——復元的考察から読み解く近代の空間・生活とその歴史性」『平成二二年度「千代田学」調査・研究実績報告書』（法政大学エコ地域デザイン研究所、二〇一一年三月、三五〜一一一頁）および『外濠　江戸東京の水回廊』（鹿島出版会、二〇一二年四月）の著者が担当した部分をもとに再構成。

結　章　城郭から水辺へ——地域をかたちづくる都市の水筋

新稿。

あとがき

外濠という言葉を聞いたとき、東京のどの場所が真っ先に思い出されるだろうか。おそらく、人によってその答えはばらばらであると思う。無理もない、外濠といってもその範囲は広いし、そこに寄り添うまちの性格も異なっている。例えば、「牛込濠の北端」という言葉を頼りに待ち合わせをするとしよう。おそらく多くの人はそこにたどり着くことができない。しかし、それを「飯田橋駅の西口」と言い換えてみれば、それがどこであるかはすぐに明らかとなる。著者自身も、以前はこの巨大な水辺が、江戸城の外濠であることを知らなかった。外濠の存在は、現代の都市生活のなかに溶け込んでしまって見えにくい。

著者がはじめてこの場所を意識するようになったのは、卒業論文のテーマとしたときからで、指導教員であった高村雅彦准教授（当時）に薦められてのことだった。いまから十年も前のことである。当時、法政大学エコ地域デザイン研究所（二〇一六年度に研究所からセンターに改名）では、歴史エコ回廊という理念を打ち出して、その根幹である外濠の再生ビジョンの構築を目指していた。その基礎とするための歴史研究として、外濠の水際の景観や、土地利用の変遷の調査を託されたわけである。恥ずかしながら、外濠のことはよく知らなかったし、特に縁があったわけではない（当時、法政大学の建築学科は東京の郊外である小金井市にあって、著者の生活圏と外濠は遠く離れていた）。それにもかかわらず、そこと向き合うことに不思議と迷いはなかった。ときおり利用する、中央線や総武線の車窓から見える水と緑の光景が、どことなく郷里と重なって見えたからかもしれない。

本書の冒頭では、現在、外濠再生や環境改善を掲げる、様々な社会的な動きが立ち現れてきたことに触れた。

当時では思いもつかない状況である。というのも、近年に見られるような水辺の再生や利活用に関する社会的な動きは、この十年で目覚しく進展したものであって、その当時は、まだまだその助走期間といった雰囲気があったからだ。ちょうど大阪の道頓堀川沿いの遊歩道整備が話題になりはじめた頃である。普通の水辺でもそうなのだから、外濠に対する社会的な関心は、とても進んでいる状況とはいえなかった。

それでも二〇〇八年には、千代田区、新宿区、港区の三区合同による、外濠の保存管理計画がまとめられ、具体的なビジョンに向けての萌芽もようやく表れはじめていた。著者もちょうどその頃、歴史研究に勤しむ傍ら、先輩や同期生と協力しながら、地域に向けての外濠水上レクチャーなどを企画していた。微力ながら、そうした機運に少しでも助力できるよう、奔走していたのだ。それから十年、状況は大きく転換した。高度成長を経て、やや停滞していた外濠の可能性は、まだ十分とはいえないまでも、傾きを取り戻し、未来へ向けて再び転がりはじめたのである。こうした動きを止めないために、「外濠とまち」という眼差しを提示する本書が、その一助となることを願って止まない。

さて、外濠ほどではないものの、実は著者の郷里も水路に寄り添う水辺のまちである。江戸時代の新田開発によって開墾された山間の農村だ。舟倉用水と呼ばれる文化年間に完成した灌漑用水が、毛細血管のように張り巡らされ、その水筋がそれぞれの集落を支えている。徒歩や自転車で移動するとき、いつも目印になるのはこの用水路で、溜池の場所も、分水樋の立地も、水に関わるあらゆる構築物が、どこまでも続く田園風景のなかでの限られた道標だった。地域のかたちとは、即ち水域の広がりと一体のものであると、このとき無意識のうちに学んだように思う。そして、卒業論文から本書に至るまで、外濠と向き合う意識をいつも下支えしてくれたのが、こうした感覚だった。

そしてもうひとつ、本書を支えているのは、お世話になった方々の暖かいご厚意である。まず、恩師である高村雅彦先生には、研究のみならずあらゆる面において終始ご指導いただき、感謝の念に堪えない。建築・都市研究の面白さを、ときに厳しく、長きにわたってご教示いただいた。私がいまの道に進むことになったのは、ひとえに高村先生の存在が大きい。

都市と水の重要性を、常に社会の先頭に立って説いてこられたのは陣内秀信先生である。その陣内先生と近い環境で研究に取り組むことができた経験は本当に貴重なものであった。研究のみならず地域での活動に至るまで、積極的に後押しをしてくださった。深く感謝申し上げたい。

大学院の専攻が異なるにもかかわらず、福井恒明先生には、外濠研究のみならず、地域連携に際しても多大なご支援をいただいた。また、水辺や河岸地に関する取り組みを続けてこられた岡本哲志先生や、外濠を中心に据えた歴史・エコ回廊の構想を提言されてきた髙橋憲一先生にも、多くのアドバイスも頂戴し、研究を進めるうえでの大きな力を得た。

千代田区の小藤田正夫さんには、外濠の近代計画史に関してご教示をいただいたばかりか、地図や写真などの歴史資料を幾つも参照させていただいた。神楽坂商店会の福井清一郎さんには、地域の歴史をはじめ貴重なお話を頂戴し、研究に大いに役立てることができた。長く外濠に携わってこられた方々からのご意見には、ほんとうに多くのことを学ばせていただいた。

研究と並行して取り組んでいた地域での外濠市民塾の活動では、自身の研究の意義を考えるうえで貴重な経験となった。大日本印刷株式会社ソーシャルイノベーション研究所の亀田和宏さん、滝川芳男さん、廣田幸司さん、渡辺安広さん、新宿区立四谷図書館の遠藤ひとみさん、中都留彩音子さん、陣内研究室OGの小松妙子さん、日本大学大学院まちづくり研究科の柳川星さんとは、いつも貴重な機会を共有させていただいている。また、東京理科大学の宇野求先生、伊藤裕久先生にも、外濠市民塾のみならず、様々な場面での研究活動を通じて、多くの事をご教示頂いた。

そして、本書の編集を担当してくださった秋田公士さんにも、心から感謝御礼申し上げたい。タイトなスケジュールにも関わらず、粘り強く、著者の乱筆、乱文に手を加えてくださった秋田さんの厚意がなければ、本書は決して完成を見ることはなかった。また、出版に当たってお世話になった、法政大学出版局の郷間雅俊さん、奥田のぞみさんにも、この場を借りて御礼申し上げる。

最後に、自分がここまで好き勝手にやってこられたのは、なによりまず父母の支えと深い理解があったからに他ならない。遠く富山の地で安否を気遣い、思いを寄せてくれている父母に、心からの感謝の気持ちを伝えたい。

なお本書は、「二〇一七年度　法政大学大学院博士論文出版助成金」を受けて、刊行されたものである。

高道　昌志

二〇一八年二月四日

著　者

高道 昌志（たかみち まさし）

1984年富山県生まれ．2008年法政大学工学部建築学科卒業．2016年法政大学大学院デザイン工学研究科建築工学博士後期課程修了．博士（工学）．現在は，法政大学江戸東京研究センター研究補助員，ならびに一般社団法人千代田まちづくりプラットフォーム社員．2012年から地域活動「外濠市民塾」を運営．著書に，法政大学エコ地域デザイン研究所編『外濠――江戸東京の水回廊』（鹿島出版会，2012年）など．

外濠の近代――水都東京の再評価

2018年３月９日　　初版第１刷発行

著　者　高道 昌志 © Masashi TAKAMICHI

発行所　一般財団法人 法政大学出版局
〒102-0071 東京都千代田区富士見 2-17-1
電話 03（5214）5540／振替 00160-6-95814

組版：秋田印刷工房，印刷：平文社，製本：積信堂

ISBN 978-4-588-78610-5
Printed in Japan

水都ヴェネツィア　その持続的発展の歴史
陣内秀信 著 ……4000円

都市を読む＊イタリア
陣内秀信 著（執筆協力＊大坂彰）……6300円

水辺から都市を読む　舟運で栄えた港町
陣内秀信・岡本哲志 編著 ……4900円

イスラーム世界の都市空間
陣内秀信・新井勇治 編 ……7600円

水都学Ⅰ　特集「水都ヴェネツィアの再考察」
陣内秀信・高村雅彦 編 ……3000円

水都学Ⅱ　特集「アジアの水辺」
陣内秀信・高村雅彦 編 ……3000円

水都学Ⅲ　特集「東京首都圏 水のテリトーリオ」
陣内秀信・高村雅彦 編 ……3000円

水都学Ⅳ　特集「水都学の方法を探って」
陣内秀信・高村雅彦 編 ……3300円

水都学Ⅴ　特集「水都研究」
陣内秀信・高村雅彦 編 ……3400円

河　岸
川名　登 著…… ものと人間の文化史 139／2800円

港町のかたち　その形成と変容
岡本哲志 著 ……水と〈まち〉の物語／2900円

江戸東京を支えた舟運の路　内川廻しの記憶を探る
難波匡甫 著 ……水と〈まち〉の物語／3200円

用水のあるまち　東京都日野市・水の郷づくりのゆくえ
西城戸誠・黒田暁 編著 ……水と〈まち〉の物語／3200円

タイの水辺都市　天使の都を中心に
高村雅彦 編著 ……水と〈まち〉の物語／2800円

水都アムステルダム　受け継がれるブルーゴールドの精神
岩井桃子 著 ……水と〈まち〉の物語／2800円

水都ブリストル　輝き続けるイギリス栄光の港町
石神　隆 著……水と〈まち〉の物語／2600円

表示価格は税別です